中国碳交易经济效率
及其试点市场效率评价

常　凯　著

科学出版社
北　京

内 容 简 介

我国拟开展全国性碳交易市场，碳交易经济效率及其试点市场效率评价研究将弥补国内相关研究的短板和空白。本书是以我国碳交易经济效率和试点市场效率作为研究对象，采用规范的理论论证、模型构建、实证分析等计量经济和统计分析方法，论证碳交易市场政策设计，比较公平与效率视角下单指标与多维指标跨区域碳配额分配的经济绩效与福利差异性，分析补贴政策与碳交易政策的经济效应，优化市场势力下碳交易均衡，实证分析试点碳价格动态性和机制转换行为等。

本书适合于能源与减排相关的政府部门、碳交易平台、投资机构、企业、市场交易者、风险管理者、科研院所研究人员及其行业协会专家等相关人员阅读和参考用书使用。

图书在版编目（CIP）数据

中国碳交易经济效率及其试点市场效率评价/常凯著. —北京：科学出版社，2019.11

ISBN 978-7-03-058818-0

Ⅰ. ①中… Ⅱ. ①常… Ⅲ. ①二氧化碳-排污交易-经济效率-研究-中国 Ⅳ. ①X511

中国版本图书馆 CIP 数据核字（2018）第 211663 号

责任编辑：陈会迎/责任校对：贾娜娜

责任印制：张 伟/封面设计：正典设计

科学出版社出版

北京东黄城根北街 16 号

邮政编码：100717

http://www.sciencep.com

北京虎彩文化传播有限公司印刷

科学出版社发行 各地新华书店经销

*

2019 年 11 月第 一 版 开本：720×1000 1/16

2020 年 3 月第二次印刷 印张：14 1/2

字数：280 000

定价：116.00 元

（如有印装质量问题，我社负责调换）

序

2015 年 12 月在法国召开的气候变化大会通过了《巴黎气候协议》。2016 年 4 月在 100 多个国家见证下，中国在纽约联合国总部签署了《巴黎气候协议》，承诺将积极做好国内温室气体的减排工作，加强应对气候变化的国际合作。中国加入《巴黎气候协议》展现出全球气候治理大国的坚定决心与责任担当，也是中国为打造人类命运共同体做出的积极贡献。

《巴黎气候协议》提出，把全球平均气温较工业化前水平升高控制在 2℃之内，尽快实现温室气体排放达到峰值，21 世纪下半叶实现温室气体净零排放。中国政府的碳减排约束目标是：单位国内生产总值(gross domestic product，GDP)碳排放量(简称碳强度)到 2020 年实现相当于 2005 年碳强度 40%～45%的减排目标，二氧化碳排放量要在 2030 年左右达到峰值，到 2030 年碳强度要比 2005 年碳强度下降 60%～65%，非化石能源占一次能源消费比重达到 20%左右，森林蓄积量比 2005 年增加 45 亿立方米。2020～2030 年中国减排目标是以碳强度目标形式设定的，减排配额总量与减排目标直接挂钩，既要降低碳强度，又要为经济增长保留适当空间。

在实施高强度碳减排的背景下，碳排放权逐渐成为一种稀缺资源或重要生产要素，碳减排成本也会通过生成过程、产业链和经济贸易系统等对经济发展产生深远影响。因此，提高碳减排的经济效率与绩效已经成为世界性重要课题，也是中国发展绿色经济所必须研究的前沿课题。

从国外经验看，欧盟、美国、澳大利亚、新西兰、韩国等国家或地区主要采用市场化政策机制推进碳减排的实践，并且取得了良好效果。借鉴国际经验，特别是考虑基本国情，2014 年后中国在北京、天津、上海、深圳和重庆五个城市以及湖北省和广东省相继开展区域性碳交易试点，而且这些试点省市的碳交易市场已经全部启动线上交易。根据国家发展和改革委员会(以下简称国家发改委)的统计数据，试点省市从东部沿海地区到中部地区，覆盖土地面积 48 万平方千米，人口总数 2.62 亿人，地区生产总值合计 15.5 万亿元，能源消费 8.87 亿吨标准煤；试点省市的碳交易市场共纳入排放企业和单位 1900 多家，分配的碳配额总量合计约 12 亿吨。可以认为，区域性碳交易试点的选择具有较强代表性，而且随着碳交易规模扩大、碳排放权货币化和碳交易市场效率提高，碳排放权将成为流动性较高的金融资产，碳交易市场也将成为重要的新兴金融市场。

浙江财经大学金融学院常凯副教授长期致力于碳金融市场、能源经济与环境政策以及工业经济领域的理论与应用研究，而且研究成果丰硕，在同行中具有较大影响。《中国碳交易经济效率及其试点市场效率评价》是他梳理前期研究成果，且有新突破的又一部力作。在这部著作中，作者借鉴国内外相关文献和理论，通过进一步思考，提出了自己的理论分析框架。同时，作者没有泛泛而谈碳减排的重要意义与减排机制，而是聚焦中国碳减排的实践，深入研究公平与效率视角下跨区域碳配额分配规则、碳减排目标制定、碳交易经济绩效、能源补贴与碳交易经济效应、能源产业链的市场力量与市场均衡，以及区域性试点碳交易市场的价格动态和交易机制转换等核心内容，从而弥补了国内相关研究的短板和空白。还值得指出，作者在做深入理论分析的同时，构建计量经济和数理统计模型，选取大量样本数据，对中国碳交易的重要实践及其效果进行了实证检验，这不仅提高了该书的学术价值，而且使作者的研究成果更具有应用价值。

我积极推荐《中国碳交易经济效率及其试点市场效率评价》一书，相信该书出版将对中国碳交易，特别是碳交易市场建设与完善产生较大的正面效应。我也希望常凯副教授能够继续前行，在碳交易及其相关领域取得更多更好的研究成果。

裴　平

2019 年 2 月于南京大学商学院

前　言

2014 年 11 月中美发布的《中美气候变化联合声明》就控制温室气体达成一致意见，中国计划于 2017 年开展全国性碳交易市场。中共十八届五中全会和“十三五”规划(2016～2020 年)中明确地提出，建立健全用能权、用水权、排污权和初始碳排放权分配制度，有效控制电力、钢铁、建材、化工等重点行业碳排放。中共十八届三中全会提出，市场在我国资源配置中起决定性作用，通过碳交易市场机制优化减排资源配置作用是这一要求的重要体现。

我国区域差异化发展战略证实我国在经济发展水平、资源禀赋、碳排放量、能源消费空间分布等方面存在发展不均衡性。建立以市场机制为基础的碳交易体系是我国实现降低长期减排目标的一种经济有效的政策工具。中国开展全国性碳交易市场，需要结合中国国情和区域经济发展的特殊性，采用正确有效的方法去辨别碳交易经济效率及其试点市场效率。

中国区域间经济发展不平衡，行业间低碳发展水平呈现较大的差距，减排机会和减排可选方案有显著的差异性，不同主体间减排成本呈现显著的差异性，这些特点为我国碳交易市场提供了巨大的市场交易潜力和成本降低潜力。在减排配额总量确定的条件下，明确碳排放权的归属，确定各省份[①]利益主体赋予稀缺资源的初始分配将会产生显著的社会财富分配效应。在碳交易机制下，初始减排配额实际上赋予了各省份参与碳交易系统的初始减排资源禀赋，直接影响到不同利益主体减排资源的再分配结果和社会公正问题，同时也影响各省份等利益主体的经济效益和社会福利。

为了应对全球气候变化，2013～2014 年，我国在北京、天津、上海、深圳和重庆五个城市及湖北省和广东省相继开展区域性碳交易试点。根据七个区域碳交易市场规模，自发起时间开始算起，截至 2017 年 3 月 13 日，七个区域碳交易市场累积交易量为 9883.10 万吨，累积交易金额为 22.49 亿元。从碳排放权累积交易量看，广东碳交易市场累积交易量为 3306.40 万吨，其余累积碳交易量逐步降低，依次为湖北、深圳、上海、北京、天津碳交易市场，重庆碳交易市场累积碳交易量是最低的，仅为 0.74 万吨。从碳配额累积交易金额看，湖北碳交易市场累积交易金额为 7.26 亿元，是所有区域试点碳交易市场规模最高的，其余累积碳交易金额逐步降低，依次为深圳、广东、北京、上海、天津碳交易市场，重庆碳交易市

① 本书省份指省级行政单位，包括自治区、直辖市。

场规模是最低的，累积交易金额为 0.10 亿元。事实上，各个碳交易市场各具特色，都在不同的维度上进行有益的市场探索，积累宝贵的实践经验，包括行业覆盖、市场准入门槛、初始碳配额核定方法、市场规模、价格稳定机制等方面。

但是，碳交易市场是一个以制度设计为基础的市场，其制度设计与市场要素将对整个社会经济系统和减排效率产生深远的影响。各省份减排配额总量的合理设定是全国碳交易市场的核心要素之一，如果减排配额总量设置过低，很可能对中国经济的中长期可持续发展形成制约；如果减排配额总量设置过高，碳交易机制的建立将不会起到优化减排资源配置作用，更有可能会遏制经济增长和造成社会减排成本的浪费。

中国碳交易市场的研究需要充分考虑区域发展战略、产业结构、能源结构和市场结构等相关的特有的问题。作者针对国际学术前沿的探索和对试点碳交易市场实践的思考，开展大量的研究，逐步形成了本书的主要内容。本书具体结构安排如下：第 1 章，提出本书的研究问题、研究目的和意义，对国内外相关文献研究现状进行分析与评述，对本书的研究内容、研究方法和技术路线等进行概括总结；第 2 章，介绍碳交易相关概念和理论，剖析我国碳交易试点的机制设计及其进展情况；第 3 章，实证分析碳排放量、GDP、碳强度呈现环境库兹涅茨曲线(environment Kuznets curve，EKC)效应，剖析碳强度和碳排放的区域异质性；第 4 章，实证分析单指标与多维指标配额分配方式下各省份初始减排配额分配及其承担的减排目标，从公平与效率视角挖掘最佳的省际减排配额分配方案；第 5 章，构造碳交易经济绩效评价模型，实证分析在减排能力、减排责任、减排潜力和能源效率四个单指标和多维指标的熵值法下省际初始减排配额分配对各省份的经济绩效及财富分配效应的影响；第 6 章，定性分析可再生能源补贴与碳交易政策的经济效应，定性分析垂直垄断能源产业链中投资与价格补贴政策组合优化；第 7 章，从理论上分析免费分配、拍卖分配和混合模式三种配额分配机制的经济效应，运用古诺垄断-边缘企业模型分析市场势力和初始碳配额分配对碳交易市场均衡价格的经济效应；第 8 章，综合阐述我国区域试点碳交易市场的制度设计及其差异性；第 9 章，实证分析我国区域试点碳交易市场的碳价格动态性、机制转换行为。

本书采用规范的理论论证、模型构建、实证分析等计量经济和数理统计方法研究中国碳交易经济效率及其试点市场效率的实际问题，试图探索一些重要的理论和现实问题，希望能够对碳交易理论和市场实践有所贡献，更希望能和国内外同行朋友共同努力在探索中国气候变化与市场交易机制等方面做出更大的贡献。

本书研究工作获得了国家自然科学基金面上项目(No.71673236)、浙江省新型重点专业智库“中国政府监管与公共政策研究院”、中国博士后科学基金项目(No. 2016M590432)、浙江省政府管制与公共政策研究中心、“浙江省2011协同创新中心”城市公用事业政府监管协同创新中心，以及浙江财经大学金融学院、中国金融研究院和地方财政金融协同创新中心的支持，在此表示衷心的感谢！

限于作者知识范围和学术水平，书中难免存在不足之处，敬请读者批评指正。

常　凯

2019年7月于浙江

目　　录

第1章　绪　　论

1.1　研究背景及问题提出

碳交易的经济绩效与减排效率成为备受政府和学者关注的两个研究热点。碳交易的经济绩效主要关注与碳交易成本有关的总减排成本、减排成本与成本节约程度等内容；减排效率主要关注与碳交易减排效果有关的要素效率、技术效率、产出效率和市场效率等内容。现有研究文献认为，碳交易市场能够增强碳配额市场流通，是降低全国总减排成本和各省份减排成本的重要途径，并且发挥了显著的成本节约效应(Zhou et al.，2013；崔连标等，2013；Cui et al.，2014)。现阶段我国提高能源使用效率、减排技术效率和技术进步是提升减排效率的关键要素(张伟等，2013)。

为了应对全球气候变化，2013～2014年，我国在北京、天津、上海、重庆和深圳五个城市及湖北省和广东省相继开展区域性碳交易试点。2014年11月中美发布的《中美气候变化联合声明》就控制温室气体达成一致意见，中国计划于2017年开展全国性碳交易市场。中共十八届五中全会和“十三五”规划(2016～2020年)中明确地提出，建立健全用能权、用水权、排污权和初始碳排放权分配制度，有效控制电力、钢铁、建材、化工等重点行业碳排放。由此预见，碳交易机制未来将在我国减排实践中扮演重要的角色。

在碳交易机制下，初始减排配额实际上赋予了各省份参与碳交易系统的初始减排资源禀赋，直接影响到不同利益主体减排资源的再分配结果和社会公正问题，同时也影响各省份利益主体的经济效益和社会福利。Zhou等(2013)比较分析以GDP、能源消耗、碳排放量、人口和碳强度为基础的碳配额分配对总减排成本和各省份减排成本的经济影响；崔连标等(2013)、Cui等(2014)分析以GDP为基础的碳配额分配对“十二五”期间和“十三五”期间的各省份成本节约程度；令狐大智和叶飞(2015)提出以历史碳排放量为基础的碳配额分配机制；李钢和廖建辉(2015)提出以量化碳资本为基础设计全球新的碳排放权分配方案。各省份在产业结构、能源消费模式、历史碳排放、碳强度等方面存在显著的差异性，以单指标为基础碳配额分配难以体现减排资源配置的公平性，政府决策者如何从公平与效率视角权衡实施各省份的碳配额分配方案？

1.2 研究目的和意义

1.2.1 研究目的

碳配额分配方案是全国性碳交易系统设计中重要的制度安排，不同的碳配额分配机制决定了全国总减排成本和成本节约程度，同时也直接影响区域宏观经济和减排效率。不同省份在经济发展水平、资源禀赋、碳排放量、能源消费空间分布等方面拥有很大的异质性，如何公平有效地设计各省份碳配额分配方案及调整免费与拍卖分配组合策略，有效降低全国总减排成本，推进区域经济发展和减排效率协调发展是亟须研究的课题。通过研究实现以下两个目标。

(1)从公平与效率角度，通过减排能力、减排责任、减排潜力和能耗强度四个指标维度，实证分析单指标和多维指标集中的碳配额分配方式对全国总减排成本、总产出效率、各省份成本节约和经济福利变化，以优化和选择各省份最佳的碳配额分配方案，为政府决策者设计各省份碳配额分配方案提供科学的实验证据。

(2)运用向量误差修正模型(vector error correction model，VECM)、广义自回归条件异方差(generalized autoregressive conditional heteroskedasticity，GARCH)模型、MRS①-GARCH 模型实证分析我国区域试点碳交易市场的价格动态性、非对称性和机制转换行为。

1.2.2 研究意义

1. 理论意义

(1)本书研究成果对碳配额分配规则研究形成有益的补充。国外文献对单指标分配(Lai，2008；Lennox and Nieuwkoop，2010；Pan et al.，2014)、多维指标集中分配(Yi et al.，2011；Yu et al.，2012；Zhang et al.，2014a)的碳配额分配对区域经济和环境的影响进行了深入研究，国内文献主要研究单指标碳配额分配方案及其经济影响(Zhou et al.，2013；崔连标等，2013；Cui et al.，2014；令狐大智和叶飞，2015)，本书研究成果对多维指标分配模式下区域减排成本、成本节约及其经济福利等内容形成有益的补充。

(2)深化碳交易经济效率及试点市场效率的研究视角。综合考虑经济发展水平、资源禀赋、碳排放量、能源消费空间分布呈现显著的区域不均衡性和复杂性，运用减排能力、减排责任、减排潜力和能耗强度四个关键因素，从公平与

① MRS：Markov regime switching，马尔可夫机制转换。

效率视角，运用多维指标熵值法和碳交易经济绩效评价模型，仿真分析不同碳配额分配方式对八大综合经济区及30个省份(不包括西藏、香港、澳门、台湾，下同)的碳配额分配和财富分配效应。一个公平、有效率的碳配额分配方式不仅需要缩小不同指标的省际差异性和相互作用，政府决策者还要权衡不同省份和综合经济区利益集团的政治可接受力、经济发展需求、减排潜力和产业再配置效应等因素。从社会公平性分析，多维指标熵值法分配方式能充分权衡减排能力、减排责任、减排潜力和能耗强度四个关键要素，缩小每个指标的省际差异和相互作用效果，因此，多维指标分配方式显得更为公平些。本书运用 VECM、GARCH 模型、MRS-GARCH 模型等方法实证研究碳价格的动态性、非对称性和机制转换行为。

2. 应用价值

有助于政府决策者为各省份制定、实施碳配额分配规则和机制调整策略提供可靠的经验证据，提高碳交易市场的有效性。建立全国碳交易市场是中国经济体制和生态文明体制改革的重点任务。国家发改委正加快全国碳交易市场建设进度，扎实推进碳交易顶层设计和基础制度建设，初步确定全国碳交易市场覆盖的行业范围和企业边界。本书研究成果有助于政府决策部门为碳交易政策工具的选取、政策执行时点和执行力度的甄别、各区域碳配额分配的针对性和政策执行效果的判定等提供坚实的微观基础和可靠的经验证据，从而提高碳交易市场的有效性。

由于我国区域试点碳交易市场是一个新兴的金融市场，不同区域市场制定不同的行业覆盖范围、市场准入、市场规则和区域经济发展环境。我国试点阶段内碳价格的动态性和机制转换行为统计结果，有助于政府决策者和市场参与者强化风险管理战略，优化多种能源环境政策的协同利益和合作。从短期看，我国碳价格动态性的区域差异、碳价格波动率非对称性及其机制转换行为可帮助生产者、风险管理者和贸易者增加市场套利机会，支持与碳排放有关的投资决策及其减排战略；从长远看，这些统计成果有助于政府决策者构建区域碳交易市场定价联动机制和碳定价基本驱动因素，平衡区域间碳价格和提升多种减排政策的协同效益。

1.3 国内外研究现状

1.3.1 碳配额分配的研究现状

构建跨省份碳交易市场所面临的最有挑战性和争议的问题在于确定经济有效

的碳配额分配模式和初始碳配额。一个公平有效的碳交易系统需要关注不同国家或地区的异质性，初始碳配额分配应该尽量缩小单个指标的异质性以及消除多个指标的相互作用(Rose and Tietenberg，1993)。Grimm 和 Ilieva(2013)认为不同的初始碳配额和减排目标直接影响到不同区域的经济产出和碳排放绩效。祖父制法是基于历史的碳排放量进行免费配额分配，过量的初始碳配额容易造成碳价格波动和市场扭曲(Bohringer and Lange，2005；Lai，2008)。随着经济增长和社会产出逐步增加，越富裕的国家或地区越应该承担较重的减排负担，以人均 GDP 指标确定初始碳配额，但发达国家认为没有考虑“区别对待的减排责任”(Rose，2008；Lennox and Nieuwkoop，2010)。在工业化进程中，随着累积碳排放量增加，释放大量碳排放量的国家需要承担较大的减排责任，以累积碳排放量为指标确定初始碳配额，但欠发达国家认为没有考虑减排的共同责任(Pan et al.，2014)。Wei 和 Rose(2009)建议以能源消耗量、能源生产量、人口和经济产出等指标设计初始能源配额，设计区域性能源配额交易系统。Zhou 等(2013)选择碳排放量、能耗强度、GDP、人口和人均 GDP 作为初始碳配额分配指标，实证结果显示以人口和 GDP 为基础的初始碳配额分配可以有效地降低总减排成本并达到成本节约效果。Yi 等(2011)、Yu 等(2012)以 GDP、碳排放量和碳强度指标为基础，假设三个指标固定的权重，确定不同区域的初始碳配额。Zhang 等(2013)选择人均 GDP、累积碳排放量和工业碳强度作为减排能力、责任和潜力指标，运用熵值法确认我国八大综合经济区的初始碳配额分配方案。李钢和廖建辉(2015)建议根据物质资本蓄积量和碳排放系数测算碳资本存量；提出以量化碳资本存量为基础设计全球新的初始碳配额分配方案。令狐大智和叶飞(2015)提出按照历史碳排放量对企业进行碳配额分配，激励企业改进低碳技术。不同碳配额分配方法和标准对跨省碳配额交易产生重要的经济影响，人均 GDP、累积碳排放量、工业碳强度及能耗强度均是影响省级碳配额分配的重要指标。

从效率角度看，多维指标集中分配与单指标分配具有类似的经济效率，但由于不同区域在经济发展水平、资源禀赋、碳排放量、能源消费空间分布等方面具有较大的异质性，多维指标集中分配比单指标分配显得更公平些。本书将从经济发展水平、累积碳排放量、碳强度和能源效率等多维指标对我国各省份进行集中减排配额和减排目标分配，优化省级碳配额和减排目标分配方案。

1.3.2 碳价格动态性与机制转换行为的研究现状

能源价格、经济活动、超预期的温度变化和市场事件是推动碳价格变化的重要因素(Alberola et al.，2008；Rickel et al.，2014；Chevallier，2011a)。欧盟碳交易体系下，在试验和京都阶段内碳现货价格呈现较大的市场动态性和波动性(Benz and Truck，2009；Chen et al.，2013）。政策目标、动态技术成本与市场规则之间相互作用表明在碳交易市场环境下碳价格具有较高的市场风险（Blyth et al.，2009）。后京都阶段内，跨国气候协议的年度披露事件和全球减排的不确定性是导致欧盟碳价格波动的不稳定因素（Chevallier，2011b）。总量与交易、排放费用、更新配额分配、混合分配制度、价格上限、配额储贷政策和可再生能源发展规划对欧盟碳价格和交易数量有显著的市场影响（Rosendahl，2008；Higgins，2013；Bergh et al.，2013）。石油、煤炭、天然气和电力价格变动是解释欧盟碳价格的短期市场动态性的因素（Hammoudeh et al.，2014）。欧洲的经济增长和水电供应是解释京都阶段欧盟碳价格波动的因素（Rickel et al.，2014）。欧盟碳排放量年度披露事件直接影响碳价格的异常收益、交易量增加和较大的跨阶段碳价格波动（Hitzemann et al.，2015）。欧洲议会关于碳排放控制决案和市场关注程度的信息披露会影响碳价格的市场波动（Deeney et al.，2016）。长期记忆的结构性破坏会影响碳价格市场冲击的持续性（Gilalana et al.，2016）。在欧盟电力零售市场中，高收入消费者对个体碳交易机制下碳价格变化比低收入消费者表现更为敏感，而碳价格变动对消费者造成短期电力消费低于长期电力消费（Fan et al.，2015）。

检验欧盟碳期货价格动态性、市场价格发现功能及碳现货与期货市场联动性等问题是近年热点话题。欧盟碳交易体系跨阶段内储贷禁令对碳期货定价及跨阶段碳期货与期权套期保值有重要的影响（Daskalakis et al.，2009）。碳现货和期货收益率有显著的非对称和市场异质性行为（Chevallier，2011c）。欧盟碳期货市场呈现强劲的价格聚集效应，这是市场低效率的迹象（Palao and Pardo，2012）。天然气和石油价格，以及煤气燃料转换是碳期货价格变化的主要市场驱动力（Boersen and Scholtens，2014）。投资时间、投机者收益预期及不同投资者对碳交易市场认知差异是解释欧盟碳期货价格变化的诱因（Zhu et al.，2015）。后京都阶段内，欧盟碳期货价格的市场混沌特征是由李雅普诺夫（Lyapunov）指数、相关系数和柯尔莫哥洛夫（Kolmogorov）熵值确定（Fan et al.，2015）的。碳交易预期的市场持续性可以解释欧盟碳期货价格的自相关性和条件方差（Ibrahim and Kalaitzoglou，2016）。欧盟碳期货市场呈现出长期的市场发现功能，现货和期货市场具有较强的动态相关性（Rittler，2012）。试验和京都阶段内，欧盟碳现货和期货价格具有市场联动性（Homburg and Magner，2009；Arouri et al.，2012；Gorenflo，2013；Zeitlberger and Brauneis，2016）。欧盟碳期货和期权具有价格发现功能，且低交易成本比高交易成本具有更高的价格发现功能（Schultz and Swieringa，2014）。碳期权交易降低碳现货价格波动，碳期货市场为投资者应对不确定的碳现货价格提供了对冲工具（Li et al.，2016a）。欧盟碳配额（European Union allowance，EUA）和核证减排量（certified emission reduction，CER）价格具有较强的相关性，且能源价格上涨对 EUA 价格的影响比对 CER 价格的影响表现更敏感些（Kanamura，2016）。

1.3.3 市场势力与碳交易市场均衡的研究现状

作为衡量不完全竞争性的一个重要概念，市场势力（market power）是指市场的一个或一群参与者影响产品价格、数量和性质的市场支配能力（Shepherd，1972），将价格制定在竞争水平（边际成本）之上的能力（Carlton et al.，2000）。市场势力导致市场上出现价格扭曲、生产无效率、经济寻租再分配等经济现象，其中，资源禀赋、市场条件、机构设置、政府管制和市场结构（产权与企业规模）等因素直接影响到企业市场势力。Hahn（1984）将市场势力引入到可转让产权市场，研究发现在垄断竞争市场中市场势力可以影响企业的经济行为和产权市场效率。部分学者对欧盟碳交易市场进行大量实证研究，结果显示市场势力对实现欧盟碳减排计划造成一定的负面影响，寡头垄断企业通过控制碳配额市场的稀缺性和转嫁相应减排成本，对未来区域碳交易市场和跨国碳交易市场发展造成较大的影响（Christoph and Andreas，2003；Muller et al.，2002）。具有市场势力的企业对碳交易市场有两个方面影响：一是企业对碳排放供求量具有市场支配力，通过限制碳排放交易量影响碳交易市场供求关系和碳排放价格，降低了减排市场配置效率；二是市场势力推动碳交易的收益再分配和增强初始碳配额分配的政治阻力，寡头垄断企业向边缘企业转嫁部分减排成本和碳配额量，降低其他边缘企业的社会福利，降低了市场公平性。在寡头垄断市场中，多个寡头垄断企业具有较强的市场支配能力，可以选择持有更多的碳配额影响碳交易市场供求总量和碳价格，具有较强的碳价格操纵能力，通过控制碳排放量实现降低自身的减排成本，增加其他边缘企业的减排成本（Westkog，1996；Godby，2000；Christoph and Andreas，2003）。

初始碳配额分配成为影响碳价格、环境质量水平、遵守环境法规和减排成本的重要因素，具有市场势力的企业可以从政府那里获得较高的初始碳配额，降低了发生违规和欺骗碳配额的可能性（Egteren and Weber，1996；Maeda，2003）。初始碳配额过度分配导致企业以较低的减排成本实现减排目标，诱使较低的碳价格，寡头垄断企业可以利用市场支配能力控制碳价格和配额交易量，提高获得充分的初始碳配额的能力，增强向竞争性边缘企业转嫁部分减排成本（Klepper and Peterson，2005；Hintermann，2011）。当初始碳配额作为一个内生性变量，初始碳配额直接影响到寡头垄断企业和竞争性边缘企业的减排行为决策，所有参与企业需要综合考虑减排成本和执行成本（Egteren and Weber，1996，Chavez and Stranlund，2003）。当市场势力作为一个内生性变量，在多个寡头垄断市场中，市场势力直接影响到所有市场参与企业的碳配额供需求量，参与企业根据其他企业碳配额供应量调整相应的碳配额供应量，寡头垄断企业与边缘企业对初始碳配额分配和碳配额净销售量的市场支配能力呈现一定的差异性，对碳交易市场供求及碳价格的影响程度有较大的差异性(Malueg et al.，2009；Lange，2012)。

在双向拍卖机制下，买方可以获得卖方碳配额交易量、边际减排成本等信息，碳配额买方根据掌握的边际减排成本等信息确定相应的碳配额价格，在公开拍卖市场中碳交易卖方可以有效掌握竞争性碳价格、碳配额量等公开信息，公开拍卖可以抑制企业对碳交易市场的支配能力。与免费分配机制相比，双向拍卖可以提高碳交易市场效率(Godby，2002；Muller et al.，2002；Cason et al.，2003；Liski and Montero，2006；Sturm，2008)。在双向拍卖碳交易市场中，若碳配额买方是具有市场势力的寡头垄断企业，一方面，企业可以掌握竞争性边缘企业的边际减排成本和碳配额量，此信息增强寡头垄断企业对碳交易市场的支配能力；另一方面，所有市场参与者的边际减排成本、碳配额量等信息是对称的，这些信息促使边缘企业相互串通起来共同抑制碳交易市场的冲击，具有市场势力的企业虽然利用碳交易市场支配能力降低碳价格，但对碳交易市场的支配能力减弱，只能通过调整碳拍卖价格来调整减排成本和提高企业经济收益(Sturm，2008)。综合上述，领导型企业对碳交易市场产生强烈的关注，通过操纵碳交易市场稀缺性、碳价格及更多的初始碳配额，向竞争性边缘企业转嫁相应的减排成本和转移社会福利。

1.3.4 碳价格作用机理的研究现状

由于不同区域的经济发展阶段、产业结构、技术进步、能源消费结构、资源禀赋不同，自愿减排行动需要付出的经济代价存在较大的差异性。Amir 等(2008)、Baker 等(2008)检验发现减排目标、技术进步和能源价格直接影响边际减排成本；Kuik 等(2009)检验发现减排目标、碳配额分配和能源结构影响到边际减排成本；Mukherjee 和 Chatterjee(2006)发现资源使用效率、市场出清价格和技术进步显著地影响污染物排放影子价格；Liao 等(2009)、Rodseth(2013)发现碳影子价格直接受碳交易市场均衡状况影响，碳影子价格与企业减排成本结构、碳交易、减排目标和市场供需状况有紧密的联系；Alberola 等(2008)认为碳配额分配、能源价格、产业布局、气候变化等是形成碳价格的关键变量，能源结构、碳排放源空间分布及减排计划直接关系到碳价格变化。减排目标、碳配额分配、技术进步、能源消费结构和排放源空间分布等因素是驱动碳价格变化的关键动力。

边际减排成本和碳价格可以推进能源消费结构转变、提高能耗强度和提升碳排放大幅度消减。Veld 和 Planting(2005)、Lund(2007)检验发现碳价格能够显著地推进产业结构升级和提高减排效果；Fischer(2003)验证发现碳价格驱动企业应用减排技术以实现减排目标，这可以增加碳交易政策的外部溢出效应；Choi 等

(2010)发现征收碳税显著地影响美国经济部门的短期能源消费和减排效果，碳价格对长期能源消费和减排效果影响更显著；Lee 和 Zhang(2012)验证了在中国工业实施不同化石能源消费结构转换策略会影响碳影子价格；巴曙松和吴大义(2010)运用碳减排成本计算模型分析能源消费总量和消费结构对碳排放量与经济增长的影响，提出化石能源转换策略可以有效降低碳排放量；刘明磊等(2011)、王媛等(2013)分别运用生产距离函数法和基于熵值法的聚类分析法，检验影响我国省级地区碳排放绩效水平的驱动因素；夏炎和范英(2012)验证了政府实施逐年递增的减排策略、碳排放强度目标优化策略和推迟减排策略可以有效地降低边际减排成本和经济损失；张云等(2012)、杨来科和张云(2012)从理论上分析边际减排成本与能源价格的内在决定机制，能源价格、能源结构及能源要素市场变化直接关系到边际减排成本和减排效果；查建平等(2013)、杜慧滨和王洋洋(2013)运用非期望产出的数据包络分析(data envelopment analysis，DEA)模型构造碳绩效指标，分析影响中国各省级工业碳排放绩效的因素。由此可见，碳排放源空间分布、能源结构、产业结构、技术进步、减排目标等因素直接影响碳排放绩效。

1.3.5 碳交易经济和环境影响的研究现状

碳交易的经济绩效和减排效率评价逐步成为国内外学者研究的热点议题。在欧盟碳交易市场下，德国、英国、捷克是主要的碳配额卖方，而比利时、丹麦、荷兰和瑞典是主要的碳配额买方，不同国家从欧盟碳交易系统中获得不同的环境和经济利益(Kemfert et al.，2006)。Anger 和 Oberndorfer(2008)发现在欧盟碳交易试点阶段免费碳配额分配对德国公司绩效和就业没有显著的影响；Anger 等(2009)发现欧盟碳交易机制下非欧盟国家能从碳交易市场中获得额外的经济利益；Dolgopolova 等(2014)、Greaker 和 Hagen(2014)认为经济和技术进步的不确定性能够影响一个国家或地区从碳交易市场中获取显著的经济利益；Gambhir 等(2014)验证在全球碳交易市场下，印度能够实现 2050 年减排目标，因向全球碳交易市场出售碳配额获得额外的经济利益，有效减少了化石燃料消耗。

国际碳交易市场会对区域经济和高耗能行业产生一定的冲击效果。Anger 等(2009)发现刚性的碳配额分配会降低高耗能行业减排动力和增加环境成本，对区域经济产生重要的影响；Schleich 等(2009)验证了欧盟碳交易市场能够激励能源和制造业部门提高能源利用率，较高碳价格可以激励需求侧能源效率。在碳交易市场下钢铁、水泥、有色金属、化工、造纸和石化产业部门因购买超额的碳配额而生产成本上升，产业市场竞争风险导致产业部门产值下降，企业利润可能出现下降(Lund，2007；Lee et al.，2008；Tomas et al.，2010；Chan et al.，2013；Meleo，2014)；欧盟多数国家电力市场是寡头垄断市场，电力部门因需求弹性和贸易弹性低，企业通过增加低碳发电装置投资、调整生产策略、转化燃料发电和提高电力价格等途径，有效地降低了碳交易市场对电力部门的经济影响(Lund，2007；Chappin and Dijkema，2009；Kirat and Ahamada，2011；Freitas and Silva，2015)；企业利润依赖于碳配额的免费或拍卖分配，免费分配可以补偿高耗能行业，阻止高耗能企业的利润损失，而拍卖分配增加高耗能企业的利润损失程度(Goulder et al.，2010)。

彭水军等(2015)研究发现，1995～2013年中国生产侧碳排放量和消费侧碳排放量均出现大幅增长，但生产侧排放量明显高于消费侧排放量；吴力波等(2014)发现中国各省份边际减排成本曲线的动态特征说明碳排放权总量控制与交易机制更适用于现阶段中国实际情况；傅京燕和代玉婷(2015)发现碳强度的区域异质性导致边际减排成本(marginal abatement cost，MAC)曲线的差异化，低碳区边际减排成本曲线呈递增型，高碳区和中碳区边际减排成本曲线呈倒“U”形，而倒“U”形边际减排成本曲线诱使碳交易市场总供给曲线呈水平形状。

Zhou等(2013)评估中国30个省份碳交易的总减排成本、成本节约和减排潜力，实证结果显示以碳排放和人口为标准进行30个省份碳配额分配具有更高的经济绩效；崔连标等(2013)、Cui等(2014)比较分析无碳交易、碳交易试点和全国统一碳交易市场情景下全国总减排成本和成本节约效应，发现东部和西部地区成本节约比中部地区更为明显；汤玲等(2014)运用多主体(multi-agent)动态仿真模型进行模拟，模拟结果显示不同的碳配额分配方式和碳价格情景将对我国经济产生一定的冲击，但能够有效促进节能减排；Teng等(2014)、Wang等(2015)、Cheng等(2015)验证了区域碳交易市场对我国各区域高耗能行业产生明显的节能效率和减排潜力，但会对各区域经济产生一定的冲击。不同的碳配额分配、碳价格情景及不同行为主体会直接影响碳交易市场效率及各区域减排经济绩效，且不同区域在边际减排成本方面拥有明显的异质性。碳交易市场充分发挥各区域成本节约效应，能够产生显著的经济和环境影响。

1.3.6 综合述评

我国各区域在产业结构、能源消费、碳排放量和碳强度等方面与欧盟国家呈现出明显的差异性。中国开展全国性碳交易市场，需要结合中国国情和区域经济发展的特殊性，采用正确有效的方法去辨别碳交易经济效率及其试点市场效率。

从区域异质性维度，由于不同区域具有不同的经济发展水平、资源禀赋、碳排放量及能源消费空间分布，现有国内文献分别解决碳强度和碳排放量为标准的区域性碳配额分配问题。碳配额分配不仅需要考虑区域个体效率或利益最大化，还要从国家的整体利益或效率最大化角度出发来决策。目前区域碳配额分配很少统筹考虑经济水平、产业结构、能源消费模式、碳强度和碳排放量等因素，没有缩小单因素的异质性和多维因素间的相互作用，跨省份碳配额分配规则缺乏客观性和系统性。

本书综合考虑经济发展水平、资源禀赋、碳排放量、能源消费空间分布呈现显著的区域不均衡性和复杂性，运用减排能力、减排责任、减排潜力和能耗强度四个关键因素，从公平与效率视角，运用多维指标熵值法和碳交易经济绩效评价模型，仿真分析不同碳配额分配方式对八大综合经济区及30个省份的碳配额分配和财富分配效应。

本书探讨我国碳交易市场的碳现货价格的动态性和机制转换行为，选择北京、上海、天津、广东和湖北五个区域碳交易市场，证实我国碳价格波动具有明显的区域异质性和非对称行为，北京和上海调整碳配额分配方案诱发机制转换行为，这些统计结果不仅有助于被覆盖企业、市场投资者、交易者为获取制度不确定性和非预期市场冲击诱发碳价格的波动性提供了丰富的信息，更使其深入掌握不同机制转换过程下碳价格的长期价格预测和动态调整，而且有助于让被覆盖企业、市场投资者和交易者通过调整不同区域碳资产套期保值策略，实现其有效的交易策略、风险管理及投资决策。

1.4 研究方法与技术路线

1.4.1 研究方法

本书研究有两个重要的步骤：一是从公平与效率角度优化设计各省份碳配额分配方案；二是实证分析我国碳交易市场的碳价格动态性和机制转换行为。

(1) 归纳演绎法。本书是一个跨学科的交叉研究，在理论模型构建方面运用到管理学、经济学、动力学和统计学等方面的相关理论进行文献梳理，通过逻辑演绎和归纳构建探索性的理论模型，解释碳交易机制下我国 30 个省份碳配额分配、减排成本、成本节约程度、经济福利变化，以及其对覆盖产业经济效率的影响。

(2) 数理推导法。本书提出了全国性碳交易市场的经济效率理论分析框架，构造多区域碳交易经济绩效评价模型，并且从理论上推导免费分配、拍卖分配和混合模式三种碳配额分配机制下碳交易市场效率、区域经济效率等，清晰地描述碳排放效率的区域和产业异质性、碳交易市场效率及经济效率等影响因素和表现形式。

(3) 计量分析法。根据研究需要，具体采用以下计量方法：①运用熵值法、DEA 法和最优化理论法，实证分析单指标和多维指标集中碳配额分配规则下全国总减排成本、成本节约程度和总产出效率等，优化选择最佳的省份碳配额分配方案；②运用 AR-GARCH、AR-TARCH[①]和 MRS-AR-GARCH 模型实证分析北京、上海、天津、深圳、广东和湖北区域碳交易市场的碳价格动态性、非对称价格聚集效应及机制转换行为，从碳交易市场机制转换、市场过度反应、市场低效率、能源市场等角度剖析我国区域试点碳交易市场的碳价格动态性及其机制转换行为的制度与市场障碍。

1.4.2 技术路线

本书遵循“理论依托—构建模型—实证分析”的逻辑思路，运用数理推导法和计量分析法研究不同碳配额分配方式下跨区域碳交易的减排成本、经济福利，以及我国碳交易市场试点的碳价格动态性和机制转换行为。具体研究思路设计如下。

(1)通过文献梳理，本书选择减排能力、减排责任、减排潜力和能耗强度作为碳配额分配指标。

(2)提出全国性碳交易经济绩效的理论分析框架，构建熵值模型和碳交易经济绩效评价模型。

(3)运用非线性规划法、边际减排成本曲线和碳交易经济绩效评价模型，评价全国性碳交易市场情景下全国总减排成本、成本节约程度和产出效率，优化和选择省份碳配额分配方案。

(4)运用 MRS、GARCH、TARCH 等计量方法实证分析我国区域碳交易市场价格动态性和机制转换行为及其区域市场试点的区域异质性，揭示碳交易市场价格行为特征。

1.5 研究内容

本书实证分析能源产业链管制政策、市场势力与市场均衡，从效率与公平视角实证分析省际初始碳配额分配、经济绩效，以及我国碳交易市场下碳价格动态性、机制转换行为等一系列内容(图 1-1)，现将具体研究内容总结如下。

(1)我国政府拟实现 2020 年 40%减排目标，实证分析以经济水平(GDP)、减排责任(累积碳排放量)、减排潜力(工业碳强度)和能耗强度指标为基准，确定跨省碳配额分配基准，分别以单个指标确定各省份初始减排配额和减排目标分配；综合考虑经济水平、减排责任、减排潜力、能耗强度等关键因素，运用熵值法确定四个指标分配的实际权重，确定多维指标下跨省初始碳配额分配及其减排目标设计，此方法能够有效缩小单因素异质性和多维因素间相互作用。

① TARCH：threshold ARCH，门限 ARCH。

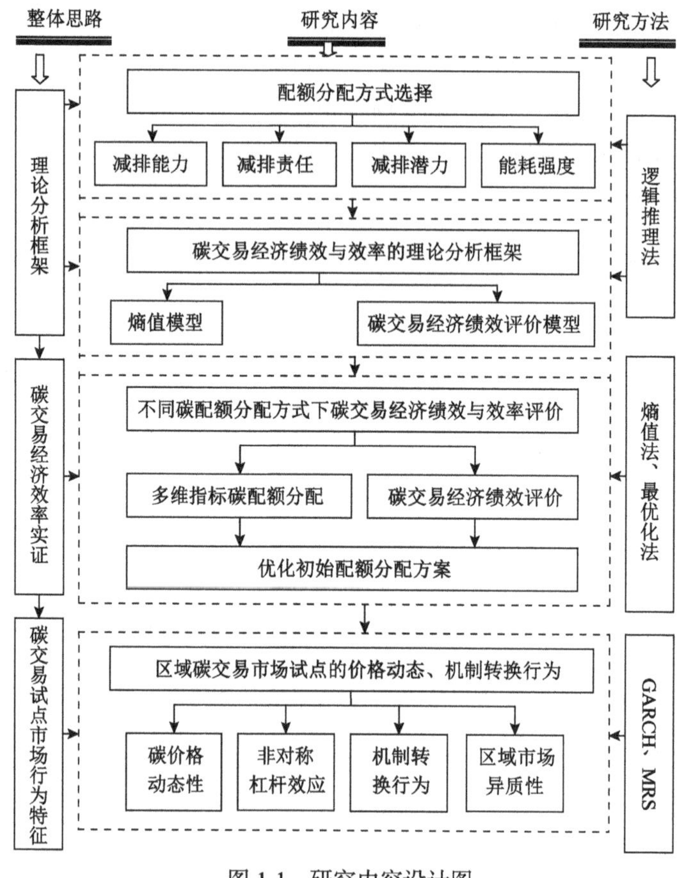

图 1-1　研究内容设计图

(2) 运用非线性规划法和边际减排成本曲线构建碳交易的经济绩效评价模型，分别以 GDP、累积碳排放量、工业碳强度、能耗强度及信息熵值等多种配额分配方式下跨省碳配额交易的经济绩效，评价不同配额分配方式下我国各省份碳交易的总减排成本、碳配额交易、成本节约程度及财富分配效应；根据各省份的综合期望产出和计划时间产出，运用多维指标熵值法实证分析各省份减排配额分配方案，比较分析不同碳配额分配方式下各省份碳配额分配对经济效率影响的差异性。

(3) 假设政府管理者在垂直垄断的能源产业链中实施碳税与补贴的混合管制政策，运用古诺垄断经济模型仿真分析出最优化的碳税与补贴政策组合；运用古诺-边缘企业经济模型评价市场势力和初始碳配额分配对商品市场与碳交易市场均衡的经济影响。

(4) 检验区域碳交易市场的价格动态性、机制转换行为、价格与交易量相依结构。本书运用 AR-GARCH、AR-TGARCH 和 MRS-AR-GARCH 模型实证分析北京、上海、天津、广东和湖北区域试点碳交易市场的碳价格动态性、非对称价格聚集效应、机制转换行为，碳价格与交易量市场相依结构等，从碳交易市场机制转换、市场过度反应、市场低效率等角度剖析我国区域试点碳交易市场的价格动态性及其机制转换行为的制度与市场障碍，从促进区域碳交易市场流动性、缩小区域碳价差距、纠正碳价非对称效应和过度市场反应的负面影响及增进多个减排政策的协同利益等角度对全国碳交易市场提出对应的政策建议。

第2章　我国试点碳交易的市场机制设计

2.1　碳交易机制的相关理论

2.1.1　碳交易机制的相关概念

为了避免混淆与歧义，现将本书研究涉及的相关重要概念列举如下。

1. *碳排放源*

在研究国家层面的碳排放或碳排放权分配时，各利益主体作为碳排放源或产权分配的参与者。碳排放源是指在生产过程中通过化石能源燃烧或使用化石燃料燃烧生产的二次能源(电力和热能)及钢铁和水泥等行业工业过程分解等途径，直接或间接释放二氧化碳的企业。

碳排放是二氧化碳排放的简称，二氧化碳是危害全球大气环境的温室气体之一。释放大量的二氧化碳气体使地球表面变得温暖，产生所谓的温室效应，随之衍生出气温上升、冰川融化和海水上升等负面现象。1997 年在日本京都签署的《〈联合国气候变化框架条约〉京都议定书》指出，针对二氧化碳、甲烷、氧化亚氮、氢氟碳化物、全氟化碳和六氟化硫六种温室气体排放(统称碳排放)进行消减，其中，全球升温贡献程度最大的是二氧化碳释放，根据国际惯例，将其他温室气体折算成二氧化碳来计算最终的碳排放量。

2. *碳排放权*

在碳交易机制下，碳排放权是指由政府或法律在特定时期、特定区域内赋予各利益主体向大气排放温室气体的权利，这种权利实际上是各利益主体在一定时期内获取了一定数量的气候环境资源的使用权利及在碳交易中转让或出售获取相应利益的权利。由于碳排放权分配关系直接决定各利益主体拥有减排资源的权利，同时也直接影响到各利益主体的财富分配效应和未来发展空间，碳排放权是一种新的发展权利。在涉及碳排放权分配时，各经济主体享有均等的资源使用权这一前提，在这个前提下探讨碳排放权分配才是公平有效的。由于我国地区发展不均衡，各省份在经济发展水平、资源禀赋、碳排放量、能源消费空间分布上呈现很大的差异性，如何在公平与效率视角下探讨减排责任的划分与履行是亟须解决的难题。

3. 碳交易市场

碳交易市场是指由相关经济主体根据法律规定依法买卖碳排放权指标的标准化市场。由政府管理者根据自身设定的减排目标，确定出特定区域、特定时期内最大允许排放量及将其赋予各经济主体的碳排放权利，在对碳排放源进行初始分配后，进行以碳排放权为标的物的买卖交易。管理者同时规定各经济主体作为碳排放源在某一特定时期内实际碳排放量不能超过在期末所拥有的碳排放权数量。在碳交易市场中，各经济主体从自身利益出发自主决定其减排程度及买卖碳排放权的决策，既包括中国碳交易市场中的碳配额，也包括中国核证自愿减排量(China's certificated emission reduction，CCER)及相关的碳金融产品衍生市场。

在碳交易机制下，碳排放权被赋予为一种特殊的产权，是一种有价值的信用资产，是政府管理者赋予各经济主体拥有碳排放资源的权利，可以充当商品进行交易。碳交易实际上是一种以碳排放权信用资产为交易对象的市场活动，是通过碳排放权交换、转让、质押等途径获取减排权利。在特定时期内，如果经济主体边际减排成本高于碳市场价格，从自身利益出发可以从碳交易市场购买相应的减排配额，实现预定的减排目标；如果经济主体边际减排成本低于碳市场价格，增加了实际减排量，出售剩余减排配额以获取更多的资金援助到减排实践中，从而实现实体经济减排活动与金融资本有机融合，有效降低全社会的减排成本。

2.1.2　碳交易机制相关理论分析

1. 外部性理论

在没有实施碳交易机制时，碳排放是一种公共产品，碳排放没有界定明确的产权特征，每个经济主体都可以免费释放大量的二氧化碳等温室气体。大气的公共产品属性会导致大气资源配置中的外部性，进而导致市场配置大气资源的失灵，这是大量碳排放至大气中的根本问题。大量的碳排放产生明显的温室效应，继而导致全球气温和海水上升，负的外部性给社会带来负面影响和成本，这是经济活动低效率的表现。二氧化碳免费释放到大气中，如果不支付相应的经济成本，会导致大气所提供的生态服务过度使用和污染物的过度排放，这也为碳排放权有偿使用提供了理论依据。

2. 产权理论与科斯定理

产权理论与科斯定理为解决碳排放分配问题提供了一种全新的思路，为碳交易提供了理论基础。根据科斯第一定理，无论产权赋予谁，市场均衡最终结果都是有效率的，实现了资源配置的帕累托最优。根据科斯第二定理，交易费用为正时，产权的界定影响到资源配置效率。由于各省份边际减排成本呈现较大的差异性，各经济主体完成减排目标所需要支付的减排成本是不同的。在碳交易机制下，政府管理者赋予各经济主体一定的碳排放权利，产权属性明确，碳交易市场均衡是帕累托最优状态。在减排配额总量控制框架下，各经济主体被赋予既定的减排总量，碳排放权将成为一种稀缺的资源，市场稀缺性是推进市场交易的主要动力。根据科斯第三定理，产权清晰界定将有助于降低经济主体在交易过程中的经济成本，提高交易效率，这意味着产权界定的差异性影响到资源配置效率，继而影响到社会经济绩效。

3. 碳交易理论

碳交易理论主要来源于庇古税。福利经济学家庇古指出，私人和社会净产品之间的背离，可以通过特别奖励或特别限制某一领域的投资消除该领域的这种背离。庇古主张对排放企业进行惩罚性收费来控制污染和保护环境，给予奖励或征税能更有效地配置稀缺的环境资源。在未实施碳交易机制前，大气资源因具有公共产品属性而产权不明晰，责任模糊，没有一个确定价格，同时也没有环境保护的激励和压力。实施碳交易机制后，政府管理者赋予每个经济主体一定的排放源权利，拥有明确的产权属性和责任界定，这就体现了减排配额的稀缺性。各省份在边际减排成本、减排责任、减排潜力和能耗强度上存在很大的差异性，不合理的分配制度导致省际减排资源的不均衡性，体现碳排放权的稀缺差异性，这为碳交易市场的交易活动提供了动力。

碳价格是减排资源的产权价格，在碳交易机制下，政府管理者在既定的减排目标约束下，通过给经济主体分配初始减排配额，赋予排放源排放许可(界定产权的过程)。经济主体根据自身利益选择购买或出售碳排放权，促进减排资源合理配置。碳交易制度的核心是使生产和消费排放造成的外部性转化为内部性，通过制度设计把一种外部性的不需要支出任何成本的资源变成一种“稀缺资源”，并通过法律形式明确这种“稀缺资源”的产权。政府管理者根据碳排放总量控制和减排目标要求，通过经济有效的分配方式给各省份和各行业分配初始减排配额，企业根据自身利益诉求选择购买或出售减排配额，促进省际配额市场流通和最终碳交易市场均衡。经济主体的边际减排成本明显低于平均水平，通过减排措施实现超额的减排配额，在碳交易市场出售剩余的减排配额，获取更多的经济回报；反之，经济主体的边际减排成本低于平均水平，通过从碳交易市场购买额外的减排配额，以实现降低减排成本的目的。碳交易机制实质上是通过政策、法规界定碳配额的使用权并允许交易，创建一种新的稀缺资源市场——碳交易市场，通过市场机制和合约激励机制鼓励经济主体控制碳排放，实现在碳交易市场供求因素支配下优化减排资源市场配置作用的一种政策工具。碳排放产权明确后，非产权人想要使用大气资源，必须通过购买、有偿拍卖和无偿分配等途径获取碳排放产权。

2.2　试点碳交易的关键机制设计

中国政府设置的碳减排约束目标是：碳强度到 2020 年完成相当于 2005 年碳强度水平的 40%～45%减排目标，二氧化碳排放要在 2030 年左右达到峰值，到 2030 年碳强度要比 2005 年碳强度水平下降 60%～65%，非化石能源占一次能源消费比重达到 20%左右，森林蓄积量比 2005 年增加 45 亿立方米。2016 年 4 月 22 日，中国签署《巴黎气候协议》，承诺将积极做好国内的温室气体减排工作，加强应对气候变化的国际合作，展现了全球气候治理大国的巨大决心与责任担当。

2011 年中国国务院印发的《“十二五”控制温室气体排放工作方案》，提出探索建立碳交易市场的要求，为了贯彻落实“十二五”规划关于逐步建立国内碳交易市场的要求，自 2013 年起，我国政府已同意在北京、天津、上海、重庆、深圳五个城市及广东和湖北两省开展区域碳交易市场试点。2014 年，七个区域碳交易市场试点已经全部启动上线交易，根据国家发改委提供的统计数据，共纳入排放企业和单位 1900 多家，分配的碳配额总量合计约 12 亿吨。国家发改委所选择的试点省(市)从东部沿海地区到中部地区，覆盖国土面积 48 万平方千米，人口总数 2.62 亿人，GDP 合计 15.5 万亿元，能源消费 8.87 亿吨标准煤，试点单位的选择具有较强的代表性。

为了确保我国碳交易市场能够稳定持续地实现预定的减排目标，七个碳交易市场试点逐步完成了数据摸底、规则制定、企业教育、交易启动、履约清缴、抵消机制使用等全过程，并各自尝试了不同的碳交易政策思路和分配方法。现对碳交易体系建设的关键机制进行梳理总结，如图 2-1 所示。

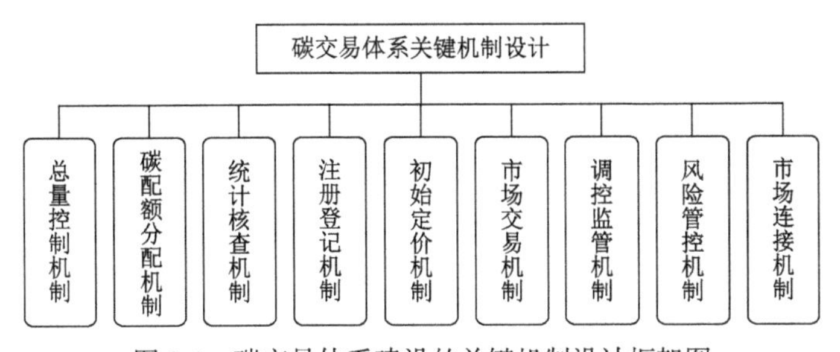

图 2-1　碳交易体系建设的关键机制设计框架图

2.2.1　总量控制机制

要实行大气资源的有偿使用和建立碳交易机制，首要任务是要确定允许温室气体排放的总量控制目标，且碳排放总量控制目标的设置是整个碳交易系统的关键问题之一。只有碳排放权具有市场稀缺性，才能保证碳配额具有潜在的市场交易价值。碳交易市场需要科学合理设置各省份碳排放控制总量，既能实现温室气体消减以达到节能减排和环境保护的目标，又能够满足我国各区域经济发展的排放空间需求，注重平衡各区域减排成本和财富分配效应。由于中国经济发展区域的不均衡性，各省份在经济发展水平、资源禀赋、碳排放量、能源消费空间分布等方面拥有显著的区域和城乡差异，政府管理者在设置省际碳排放总量控制目标和减排配额总量时需要综合权衡这些不确定性的复杂问题。

当前研究通常根据到 2020 年 40%～45%和 2030 年 60%～65%减排目标测算各省份碳排放控制总量，确定各省份减排配额总量，然后按照一定配额分配标准与方法将配额分配给覆盖企业，确定各省份碳排放控制总量和减排配额总量分配的具体操作方法请参考第 4 章。

2.2.2 碳配额分配机制

初始碳配额分配是整个碳交易机制运行的核心，碳排放权是一种财产使用权，给各省份和减排企业分配碳排放权意味着财产分配利益，因此，碳排放权合理分配直接决定了碳交易机制实施的公平性、市场运行的有效性和各省份财富分配效应。根据欧盟碳交易市场运作实践，初始碳配额分配是一种政府主导的行政许可分配方式。初始碳配额分配方式分为免费分配、拍卖分配和混合分配模式。免费分配在碳交易机制实施初期具有较好的政治可接受力，通过分配免费配额来补偿减排企业的环境经济成本。拍卖分配可以有效降低政府的碳交易管理成本，但拍卖价格和有关信息的交易成本会影响企业生产策略，试点初期采用完全的拍卖分配方式受到较大的阻力。

我国在碳交易市场试点初期，为了避免碳交易市场对我国各省份宏观经济发展产生较大的冲击，减少某些利益集团的阻碍，尽快促进碳交易机制实施和碳交易市场建成，配额分配在初期仍以免费无偿分配为主。国家发改委 2014 年 12 月发布的《碳排放权交易管理暂行办法》规定，国务院碳交易主管部门根据国家控制温室气体排放目标的要求，综合考虑国家和各省份碳排放、经济增长、产业结构、能源结构，以及重点排放单位纳入情况等因素，确定国家及各省份的排放配额总量。排放配额分配在初期以免费分配为主，适时引入有偿分配，并逐步提高有偿分配的比例。2016 年 1 月 11 日国家发改委办公厅发布了《关于切实做好全国碳排放权交易市场启动重点工作的通知》（发改办气候〔2016〕57 号），旨在协同推进全国碳交易市场建设，确保 2017 年启动全国碳交易，实施碳交易制度。

省际碳配额分配方案直接影响碳交易制度的实施效果、碳交易市场发展、各参与主体公平竞争和资源配置效率。碳配额分配不仅考虑现有碳排放源，还考虑未来新增碳排放源的空间需求。研究表明，拍卖分配更加合理，有利于纠正市场价格波动和增加财政收入，但不利于不同地区和行业确定合理的碳配额拍卖价格，会增加企业收集信息的管理成本，难以实现碳减排成本最小化。

2.2.3 统计核查机制

统计核查机制是碳交易系统正常运行的制度保障环节，建立合理的碳排放核算方法与标准是进行碳交易的必要前提。碳交易市场设计需要重视温室气体管理标准体系建设，包括温室气体排放标准与减排配额认证、温室气体量化转换方法和标准、企业温室气体排放清单、排放源调查监测规范、发挥第三方机构监管核查与评估作用，以保障碳交易市场的有序、高效运行。为了提高碳排放数据的统计精度，保证核查的正确性，需要做到以下三点：一是建立企业碳排放联网监测平台系统，以便提供准确可靠的监测数据；二是注重收集企业历史碳排放数据，历史碳排放数据是企业分发配额的基础，直接决定了配额分配的合理性、公平性和客观性；三是需要建立配额分配方法和标准，建立各省份重点排放单位的免费无偿分配配额数据，上报并经国务院主管部门确定后，向本行政区域内重点排放单位分配排放配额。

不同行业、不同类型的排放设施需要的计量方法也大不相同。国内碳交易市场已经采纳一系列碳排放核算和认证标准，例如，北京环境交易所与欧洲环境交易所(BlueNext)在哥本哈根发布了中国首个自愿减排标准——熊猫标准 V1.0 版，这为碳排放报告与核算提供了科学依据及不可或缺的技术基础。该标准依据国际标准，从我国实际国情出发，建立了减排量的监测标准及其原则、规定流程、评定机构和期限设定等，为我国减排项目提供了一套完整的项目开发工具和开发体系。目前，七个试点碳交易市场已建立第三方统计核查制度，核查重点排放企业的历史碳排放和年度碳排放。中国国家认证认可监督管理委员会和国家发改委联合其他部委，2013 年 2 月正式出台了《低碳产品认证管理暂行办法》，同年 8 月发布了《低碳产品认证目录(第一批)》，初步建立了我国低碳产品认证制度。广东省建立碳核算方法学体系，已公布《广东省企业(单位)二氧化碳排放信息报告指南》和《广东省企业碳排放信息报告与核查实施细则(试行)》；建立控排企业碳排放信息报告与核查制度，定期发布企业碳盘查与碳年度报告、核查；建立核查机构管理制度，广东省发改委通过招标确定核查机构，公布推荐核查机构名单，委托核查任务，核查人员持证上岗，建立核查工作评议审核程度；建立专家评议制度，要求核查机构对相关问题澄清，核查机构对存疑企业复查，按比例组织抽查。

2.2.4 注册登记机制

碳排放权注册登记系统(以下简称注册登记系统)设有登记簿。注册登记系统是确定具体的签发、分配规则和方法标准后，创造、管理和客观记录各省份重点减排企业机构或者项目碳减排量的发放、转移、库存、取消、作废等相关记录的信息管理系统。由于碳配额和CCER均是信用资产，为了防止重复计算等一系列问题，应设置登记簿统筹管理各省份注册登记系统。登记簿实际上是碳排放权的产权管理系统，制定相关市场流通规则且通过账户设置，以确定碳排放权的归属关系。在碳交易市场实务中，碳交易平台促成碳配额和CCER在买卖双方达成交易，通过登记簿确定产权变更，以完成碳排放权的信用交割。

注册登记系统需要在中央计划层面进行界定、记录和管理，由国家建立最高层级的产权系统——国家注册登记系统，设置与协调各个子系统的信息交换机制。国家注册登记系统的登记簿应与各省份注册登记系统的登记簿进行信息互通和数据交换，测算并能反映碳交易市场的排放控制效率和减排行为的配额。国家结合经济数据、商品市场、货币政策等进行系统性评估后，通过宏观政策工具对碳交易市场进行合理调控，确保碳交易市场总体目标的实现，制定各省份宏观经济发展与减排效率的协调机制，提高全国碳交易市场的有效性。

我国《碳排放权交易管理暂行办法》规定，国务院碳交易主管部门负责建立和管理注册登记系统，用于记录碳配额的持有、转移、清缴、注销等相关信息。注册登记系统中的信息是判断排放配额归属的最终依据。注册登记系统为国务院碳交易主管部门和省级碳交易主管部门、重点排放单位、交易机构和其他市场参与方等设立具有不同功能的账户。市场参与方根据国务院碳交易主管部门的相应要求开立账户后，可在注册登记系统中进行配额管理的相关业务操作。七个区域碳交易市场试点相继开通碳交易注册登记系统，涉及开户流程、碳排放权账户管理、配额结算、CCER抵消原则与管理办法等。2015年1月14号国家发改委发布了《关于国家自愿减排交易注册登记系统运行和开户相关事项的公告》，宣布温室气体自愿减排交易注册登记系统正式上线运行。该系统上线标志着我国项目CCER的备案—签发—交易的全部流程均已打通，为今后开展全国碳交易市场配额管理打下坚实的基础。

2.2.5 初始定价机制

目前区域试点碳交易市场主要采取碳配额免费分配，广东和湖北尝试部分碳配额有偿拍卖分配。在配额免费分配机制下，碳价格主要由碳交易市场供求关系决定，但碳交易市场有其特殊性，能源价格和电力价格也会影响碳价格的变化，夏季温度增加或冬季温度下降将会影响电力供应和电力企业生产策略，这与减排效果和减排技术进步也有密切关系，进而会影响到碳交易市场供给和需求关系。

配额拍卖分配有两种定价方法：固定价格销售和配额拍卖。固定价格销售是将预售配额分成若干等份，价格设置不同等级，管理部门按照价格从低到高依次对配额进行销售。如果某一价格水平下投标数量多于配额预售数量，则按照单个投标占总投标数量的比例进行分配；如某一价格水平下投标数量少于配额预售数量，满足投标需求，将剩余配额按照随机排序方式分配给出价更高的投标者。配额拍卖是指竞拍者在不同价格水平下提出购买意愿，最终以某种机制确定拍卖价格。拍卖机制设计主要考虑到拍卖数量、标的物、拍卖底价、竞拍主体和拍卖方式等因素。国际上流行的拍卖机制采用标准上升时钟拍卖和第一密封拍卖方式。由于标准上升时钟拍卖促使竞拍者进行多次拍卖的管理成本和交易成本较高，国际上碳交易市场一般采用第一密封拍卖方式。

2.2.6　市场交易机制

市场交易机制是碳交易制度建设中的重要因素，也是实现制度效率和达到减排目标的关键环节。市场交易机制通常包括交易主体、抵消安排、履约期限、结算交割、签发转移登记、技术保存、惩罚标准等制度，才能维持碳交易市场的正常运行。《碳排放权交易管理暂行办法》规定：①重点排放单位及符合交易规则规定的机构和个人，均可参与碳交易，可自愿注销其所持有的排放配额和中国核证自愿减排量。②国务院碳交易主管部门负责建立碳排放权交易市场调节机制，国家确定的交易机构的交易系统应与注册登记系统连接，实现数据交换，确保交易信息能及时反映到注册登记系统中。③重点排放单位有下列行为之一的，由所在省、自治区、直辖市的省级碳交易主管部门责令限期改正，逾期未改的，依法给予行政处罚。第一，虚报、瞒报或者拒绝履行排放报告义务；第二，不按规定提交核查报告。

2.2.7　调控监管机制

当前国内碳交易市场采取国家与省级分级管理的方式，国家发改委进行碳排放总量控制的目标设计，省级政府负责碳交易市场建设、减排行业与企业配额分配管理等方面。全国碳交易市场下，配额管理采取从上至下逐层分配方式，根据国家层面设计碳排放总量控制目标，将初始碳配额发放给省级政府管理部门，然后省级政府管理部门根据省级层面按照行业划分分配给重点减排行业，碳排放测算、配额申请与审核、超排处罚等均是采取从上至下方式逐级进行和开展工作。

我国《碳排放权交易管理暂行办法》规定，①国务院碳交易主管部门应及时向社会公布如下信息：纳入温室气体种类，纳入行业，纳入重点排放单位名单，排放配额分配方法，排放配额使用、存储和注销规则，各年度重点排放单位的配额清缴情况，推荐的核查机构名单，经确定的交易机构名单等。②交易机构应建立交易信息披露制度，公布交易行情、成交量、成交金额等交易信息，并及时披露可能影响市场重大变动的相关信息。③国务院碳交易主管部门和省级碳交易主管部门应建立重点排放单位、核查机构、交易机构和其他从业单位及人员参加碳交易的相关行为信用记录，并纳入相关的信用管理体系。④对于严重违法失信的碳交易的参与机构和人员，国务院碳交易主管部门建立“黑名单”并依法予以曝光。政府管理者需要把碳排放的监管做到位，让不愿承担的企业接受重罚或缴很高的碳排放税，同时要破除地方保护机制和地方经济崩溃的风险，全国范围内的碳交易市场要建立碳排放的监测系统和数据模型，将所有数据通过互联网和大数据的方式进行披露，公开透明地接受社会监督。我国政府需要对碳交易市场进行严格的监管，以防止市场滥用、价格操纵、市场欺骗等现象，保障温室气体减排行为和市场行为健康发展。

2.2.8　风险管控机制

在碳交易市场建设过程中，政府管理者需要考虑碳交易市场风险和风险管控机制的建设。首先，国家发改委已明确地提出全国碳交易市场，是由不同的区域碳交易市场连接形成的，各省份设置的减排目标、分配初始减排配额、经济发展需求及碳排放源空间分布等方面呈现很大的不确定性，具有较大的政策风险；其次，在开展碳交易市场试点初期，碳交易市场活跃度不高，各经济主体交易频率有限，不确定因素诱使较高的市场冲击，随之产生了碳交易市场风险。政府管理者给各经济主体分配合理的初始减排配额，通过灵活的交易方式实现成本控制和风险管理。在进行风险管控机制设计时，对不同碳交易平台(如碳信用资产登记簿、配额拍卖、金融服务、市场监管等平台)进行物理隔离，还可以在规则设置中将一级市场与二级市场进行隔离，避免发生全局限系统性风险。

在《深圳排放权交易所现货交易规则(暂行)》中，深圳对各交易品种实行价格涨幅和跌幅限制，涨幅和跌幅限制比例为10%。上海试点的《上海环境能源交易所碳排放交易风险控制管理办法(试行)》中规定，碳配额的涨停板、跌停板幅度为上一交易日收盘价的30%。《重庆联合产权交易所碳排放交易风险管理办法(试行)》中规定，有效控制碳交易风险，防范违规交易行为，保障正常的市场秩序，对交易产品实行涨幅和跌幅限制，涨幅和跌幅比例由交易所设置和调整，报主管部门备案后执行。《广州碳排放权交易中心碳排放权交易风险控制管理细则》中规定，广州碳排放权交易所对挂牌竞价交易、挂牌点选交易和配额协议转让交易实行价格涨幅和跌幅限制，挂牌竞价和挂牌点选交易的成交价格应在开盘价±10%区间内，配额协议转让交易的成交价格应在开盘价±30%区间内。北京是唯一一个没有在交易规则中规定涨停和跌停范围的试点，北京的交易规则也未对开盘价和收盘价的设定做出明确规定。

在风险管控上，《北京市发展和改革委员会关于开展碳排放权交易试点工作的通知》中提到，要建立价格预警机制，当排放配额交易价格出现异常波动时，北京市发改委将通过拍卖、回购配额等方式稳定碳价格，维护市场秩序；在《北京环境交易所碳排放权交易规则(试行)》中，对大量交易、频繁交易等行为做出了监管规定，也考虑了交易异常行为，制定了单独或同时采取暂缓进入交收、技术性停牌或临时停市等措施；在防止操纵市场行为、应对价格过高或过低等方面，北京试点的风险管控举措尚不明晰。广州碳排放权交易所风险控制管理体系包括涨幅和跌幅限制制度、配额持有量限制制度、结算风险防控制度、不良信用记录制度、应急管理制度、风险警示制度和其他风险控制措施。重庆联合产权交易所从交易制度安排、交易行为监管、交易异常情况处理、交易纠纷处理等方面建立风险预防和控制体系。上海能源环境交易所实行涨幅和跌幅限制制度、配额最大持有量限制制度、大户报告制度、风险警示制度和风险准备金制度。

2.2.9　市场连接机制

我国区域性碳交易市场试点呈现以下特征：一是减排贡献主体多样化，各省份经济发展水平、重点排放控制行业、减排成本等存在较大的区域差异化，在责任主体选择上具有较强的主观区域性，这体现各省份经济发展水平和产业结构特点；二是碳配额分配方法多元化，七大碳交易市场试点统计基础和标准年限不同，配额采用的具体分配方法不同，在历史碳排放量基础上，七个试点地区结合其他方法调整配额分配方案；三是区域减排能力差异化，区域产业与技术发展水平和减排能力不同。

区域性碳交易市场的互连和全国碳交易市场的构建需要考虑以下几个环节：首先，我国政府应采取渐进式，推动统一碳交易市场的形成，尽量减少外部冲击和结构性破坏。我国政府应创造适当的条件，促使各区域碳交易系统自行连接和融合，促进系统之间的关键要素对接，包括减排目标、覆盖部门、配额分配、交易规则、惩罚价格、管理体系等，同时推进各区域交易系统与全国碳交易系统对接，使用共同的项目核证减排量，最终形成统一的价格信号。其次，我国政府应开发顶层宏观调控工具，加强区域碳交易系统之间的信息交流与协同，促使有效的宏观调控手段与合理的市场激励机制发挥协同作用。我国政府需要构建有效运行的市场条件，使碳价格信号能够在产业链上下游及不同行业之间进行传导，推进不同行业和同一行业的不同环节之间边际减排成本相等并且趋向市场均衡价格。我国还需要加快电力行业的市场化改革进程，尽快理顺电力价格形成机制，推动电力价格与碳价格的有效联动，充分发挥碳交易市场减排资源配额的优化作用。实践中，我国应加强碳交易市场与能效及节能政策、可再生能源发展政策、环境保护政策、产业结构调整政策之间的协同性和互补性，降低多种政策工具的冲突性，避免部分政策工具的市场失灵，发挥降低政策实施的全社会减排成本的作用。

2.3　我国区域试点碳交易市场主要进展

自 2013 年起，我国相继开展了七个区域性碳交易市场试点，碳交易开始进入实践操作阶段。与欧盟碳交易体系(European Union emission trading scheme，EU ETS)碳排放总量绝对消减的市场不同，我国区域碳交易系统既要实现碳强度消减目标，又要考虑行业和企业的经济发展空间需求，需要综合考量碳排放的总量控制和强度目标。我国政府需要评估碳交易市场启动可能对我国各省份宏观经济发展、行业竞争力与减排效率产生的影响，也要考虑完善配额分配机制、碳价格形成机制、激励与惩罚机制等制度设计。

2.3.1　北京碳交易市场试点的进展情况

北京环境交易所主要包括碳交易中心、排污权交易中心、节能中心和低碳转型服务中心等。随着碳交易市场建设的不断推进，北京环境交易所相继建成由国家发改委备案的中国自愿减排交易机构、北京碳交易试点指定交易平台，而碳交易中心建设运营了 CCER 交易平台和北京市碳排放权电子交易平台。

北京碳交易市场于 2013 年 11 月 28 日启动，覆盖行业包括电力和热力、水泥、石化、其他工业、服务业，2009～2011 年年均排放量达到 1 万吨以上，年综合能耗在 2000 吨标准煤以上的单位可参与交易。碳配额分配方式在水泥、石化、其他工业和服务业的既有设施采用历史排放法，新增设施采用行业基准法。碳配额按照年度发放，2013 年免费发放，2014 年和 2015 年实行免费加拍卖方式发放，碳配额根据上一年度碳排放水平修订确定。

北京碳交易市场体系基本建成，已建成碳排放数据填报系统、注册登记系统和电子交易平台系统。碳排放数据报送、第三方核查、碳配额核定与发放、碳配额交易和清算(履约)等五个环节的碳交易流程已投入运行。北京碳交易法规政策体系逐步健全，保证碳交易市场有序运行，率先提出在控制碳排放总量前提下，对不同行业实行绝对总量和相对强度控制相结合。北京于 2013 年 12 月发布了《关于北京市在严格控制碳排放总量前提下开展碳排放权交易试点工作的决定》，确立了碳排放总量控制、碳配额管理、碳排放权交易、碳排放报告和第三方核查等五项基本制度；2014 年 5 月发布了《北京市碳排放权交易管理办法(试行)》，规定纳入单位范围、抵消机制、法律责任、排放监测、市场调控、配额调整等，制定出台了配额核定方法、核查机构管理办法、交易规则及配套细则、场外交易实施细则、公开市场操作管理办法、行政处罚自由裁量权的规定、碳排放权抵消管理办法等十多项配套政策文件；2015 年 12 月发布了北京市人民政府《关于调整〈北京市碳排放权交易管理办法(试行)〉重点排放单位范围的通知》，规定重点排放单位范围由原来的固定设施年二氧化碳排放总量 1 万吨(含)以上调整为固定设施和移动设施年二氧化碳排放总量 5000 吨(含)以上，扩大碳排放重点单位监控范围。

2.3.2 天津碳交易市场试点的进展情况

天津排放权交易所主要包括区域碳市场、自愿碳市场、能效市场和主要污染物市场。2013 年 2 月天津市颁布了《天津市人民政府办公厅关于印发〈天津市碳排放权交易试点工作实施方案〉的通知》，提出明确市场范围、设定总量目标、合理分配配额，建立注册登记系统、交易系统、碳排放监测报告核查体系、抵消机制、市场监管及其市场保障措施等。在天津碳交易市场中，被覆盖行业包括钢铁、化工、电力、热力、石化、油气开采等重点排放行业和民用建筑行业，每年碳排放量超过 2 万吨的企业或单位被纳入控排企业。碳配额分配综合考虑经济发展及行业发展阶段，确定市场范围(2013～2015 年各年二氧化碳排放总量控制目标)。根据各年总量控制目标，综合考虑纳入企业历史碳排放水平、已采取的节能减碳措施及未来发展计划等，制订纳入企业 2013～2015 年各年碳配额分配方案。初始碳配额向控排企业免费发放本年度二氧化碳排放配额，根据天津市经济社会发展及纳入企业遵约情况，可对下一年度的二氧化碳排放总量控制目标和碳配额分配方案进行调整。

2013 年 12 月天津发布了《天津排放权交易所碳排放权交易规则(试行)》《天津市排放权交易所碳排放权交易结算细则》《天津市碳排放权交易管理暂行办法》。其中，《天津排放权交易所碳排放权交易规则(试行)》规定了交易主体、标的物、交易程度、拍卖交易、风险管理、信息披露、监管机制、违规处理、交易结算与交接等内容；《天津市排放权交易所碳排放权交易结算细则》规定了结算机构、银行、流程、风险与责任等内容；《天津市碳排放权交易管理暂行办法》对涨跌幅度、全额资金交易、大户报告、最大持有量限制、异常处理、风险警示、风险准备金和稽查等制度做了详细规定。

2.3.3　上海碳交易市场试点的进展情况

上海环境能源交易所主要提供 CCER 服务、节能量交易服务和挂牌项目服务等。2013 年 11 月上海市通过《上海市碳排放管理试行办法》，规定了碳配额的分配、清缴、交易，以及碳排放监测、报告、核查、审定等相关管理活动。上海碳交易市场覆盖行业主要是钢铁、石化、化工、有色、电力、建材、纺织、造纸、橡胶、化纤等工业行业中年二氧化碳排放量在 2 万吨及以上的重点排放企业，航空、港口、机场、铁路、商业、宾馆、金融等非工业行业中年二氧化碳排放量在 1 万吨及以上的重点排放企业。《上海市 2013—2015 年碳排放配额分配和管理方案》中规定了配额总量控制要求、配额分配方法、配额发放和配额使用等内容。配额分配中除了电力之外的工业行业及商场、宾馆、商务办公建筑和铁路站点按照历史排放法分配，电力、航空、机场、港口行业按照行业基准法分配。确定各试点企业的年碳配额，对于采用历史排放法分配配额的企业，一次性向其免费发放 2013～2015 年各年配额，对于采用行业基准法分配配额的企业，根据其各年排放基准，按照 2009～2011 年正常生产运营年份的平均业务量确定并一次性发放其 2013～2015 年各年预配额。2014 年上海发布《上海市碳排放核查工作规则(试行)》《上海市碳排放核查第三方机构管理暂行办法》，推进上海市碳排放核查第三方机构规范，有序地开展碳排放核查活动，建立公开、公正的碳排放核查第三方机构管理制度。

2.3.4　广东碳交易市场试点的进展情况

2013 年 11 月广东省发布了《广东省碳排放权配额首次分配及工作方案(试行)》，指出首批覆盖行业包括电力、水泥、钢铁和石化，2011 年和 2012 年任一年排放 2 万吨二氧化碳(或能源消费量 1 万吨标准煤)及以上的企业，“十三五”规划时期投产的年排放 2 万吨二氧化碳(或能源消费量 1 万吨标准煤)及以上的新建(扩建、改建)固定资产投资项目企业。2013 年 12 月广东省发布了《广东省碳排放管理试行办法》，对碳排放信息报告与核查、配额发放管理、交易管理、监督管理及法律责任做了详细规定。2014 年 3 月广东省发改委印发了《广东省碳排放配额管理实施细则(试行)》，对配额发放及核算标准、配额清缴、新建项目配额管理及配额交易等做了详细规定。配额发放要综合考虑行业基准水平、减排潜力和企业历史排放水平，制订广东省配额分配总体方案，确定各年配额总量，制定免费配额与有偿配额比例相结合，有偿配额竞价平台与规则，等等。广东省发改委根据行业的生产流程、产品特点和数据基础，采用历史排放法、行业基准法等核定控排企业和单位配额，每季度组织一次有偿配额竞价发放，发放对象为控排企业和单位、新建项目企业。2015 年 2 月广东省发改委发布《广东省发展改革委关于企业碳排放信息报告与核查的实施细则》，主要用于广东省内控排企业和单位、报告企业的碳排放信息监测及报告与核查活动。

2.3.5　深圳碳交易市场试点的进展情况

2012年10月深圳市通过了《深圳经济特区碳排放管理若干规定》，对碳排放管控、配额管理、配额抵消、碳交易、违规惩罚等进行规定。2014年4月深圳市发布的《深圳市碳排放权交易管理暂行办法》中规定，深圳市政府设定碳排放总量和减排义务、市场履行机制和控制机制，包括配额管理、碳排放量化、报告、核查、配额分配、交易和履约等情况。配额分配情况如下：深圳市碳排放权交易覆盖电力、水务、制造等26个工业行业，年度碳排放量超过3000吨的634家工业企业和197家大型公共建筑被纳入交易体系。配额发放情况如下：配额由预分配配额、调整分配配额、新进入者储备配额、拍卖配额、价格平抑储备配额组成。小部分电力企业采用历史排放法，大部分电力、水务、建筑及其他行业采用行业基准法，制造业采用竞争型博弈分配方法，2013～2014年配额累计约1亿吨，配额逐年发放，且以免费无偿分配为主。

2.3.6　湖北碳交易市场试点的进展情况

湖北碳排放权交易中心主要提供湖北省碳配额和CCER两种产品。2013年2月湖北省发布了《湖北省碳排放权交易试点工作实施方案》，对市场要素、市场运行机制、技术支撑平台、市场监管体系和保障措施等提出总体发展思路。2014年4月湖北省制定出台了《湖北省碳排放权管理和交易暂行办法》，完成包括管理体制、配额分配、交易平台、核查报告等在内的体系建设。2014年3月湖北省颁布了《湖北省碳排放权配额分配方案》，碳交易覆盖行业包括2010～2011年任一年综合能耗6万吨及以上的工业企业，根据碳排放盘查的结果确定了138家企业作为纳入碳配额管理的企业，涉及电力、钢铁、水泥、化工等12个行业。采用配额总量控制目标，2014年碳配额总量为3.24亿吨，碳配额总量包括年度初始配额、新增预留配额和政府预留配额。考虑到市场价格发现等因素，政府预留配额的30%用于公开竞价。竞价收益用于市场调节、支持企业减排和碳交易市场能力建设等。配额实行免费无偿分配，采用历史排放法和标杆法相结合的方法计算，电力行业之外的工业企业的配额采用历史排放法与总量调整系数计算，电力行业企业配额采用预分配配额和事后调节配额相结合的方法计算。年度初始配额通过注册登记系统一次性发放给企业，次年履约期前，在完成企业碳排放核查后，核定并发放企业的新增配额。

2.3.7 重庆碳交易市场试点的进展情况

2014 年 4 月重庆市颁布了《重庆市碳排放权交易管理暂行办法》，规定了配额管理、碳排放核算、报告和核查、碳交易和监督管理等。2014 年重庆市颁布了《重庆市企业碳排放核查工作规范（试行）》《重庆市工业企业碳排放核算和报告指南（试行）》《重庆市工业企业碳排放核查报告和核算细则（试行）》，对重庆市工业企业的碳排放核算、报告和核查活动及核查机构和核查人员等内容做了详细的规定。2014 年重庆市颁布了《重庆市碳排放配额管理细则（试行）》，碳交易覆盖行业是将 2008～2012 年任一年排放量达到 2 万吨二氧化碳当量的工业企业纳入配额管理，共涉及电力、钢铁、水泥、化工等 12 个行业。对碳配额实行总量控制，以配额管理单位既有产能 2008～2012 年最高年度排放量之和作为基准配额总量，2015 年前，按逐年下降 4.13%确定年配额总量控制上限，2015 年后根据国家下达重庆市的碳排放下降目标确定；配额管理单位在 2011～2012 年扩能或新投产项目，其第一年度排放量按投产月数占全年的比例折算确定。配额管理单位申报量超过重庆市发改委审定的排放量（以下简称审定排放量）8%的，以审定排放量与申报量之间的差额扣减相应配额；配额管理单位实际产量比上年度增加，且申报量低于审定排放量 8%的，以审定排放量与申报量之间的差额作为补发配额上限。

第3章　减排目标分析与区域碳排放绩效差异性

本章研究的是我国各省份的二氧化碳排放问题，然而我国现有统计数据没有关于全国各省份二氧化碳排放量的直接数据库，先对我国各省份二氧化碳排放量进行测算，构建省级二氧化碳排放的面板数据集，揭示我国各省份碳排放绩效的异质性。

3.1　能耗强度、碳强度及其减排目标分析

随着中国经济持续增长，能源消费总量增长过快，能源供求矛盾日益突出，生态环境日益恶化，生态环境容量和节能减排约束严重地妨碍中国经济的可持续发展。为了应对全球气候变化，在“十一五”规划中单位GDP第一次作为减排约束性指标，中国在能源效率提高上第一次有了量化指标，尤其中国政府在2009年底审时度势地提出控制温室气体的行动目标，争取到2020年中国碳强度比2005年下降40%～45%。伴随着中国城市化、工业化、市场化和全球化的高速发展，中国能源产业迈入新的发展阶段，不能依靠资源的高投入、高污染、低效率和碳排放量剧增实现经济的高速增长。如何统筹兼顾节能减排约束目标和能源产业发展是中国政府亟须解决的棘手问题。

Grossman和Krueger(1991)发现经济增长与环境的长期关系呈现倒“U”形，其被环境库兹涅茨曲线(EKC)，其含义为当一国经济发展水平较低时环境污染较轻，但其恶化程度随经济增长而加剧，当该国经济发展达到一定水平后，环境质量会逐渐改善。经济增长与环境的关系问题，其实质是探讨经济增长与环境保护能否协调发展的问题。收入增长与环境污染水平存在EKC关系，可以根据收入增长水平预测温室气体排放的运动轨迹。减排技术、产业结构、GDP增长、燃料价格、人口变化等因素与碳排放量之间呈现EKC效应。收入分配、国际贸易、产业结构变化、技术进步、能源效率改进、市场管制、减排技术推广应用、新能源政策及清洁发展机制等因素可以推进碳排放量控制目标的实现。通过中国经济增长、能源结构变化、能源消费和碳排放的动态关系发现，能源消费和碳排放是支撑中国经济增长的重要因素，可再生能源规划对二氧化碳减排具有重要的正面影响，但二氧化碳减排约束改变能源结构会导致能源成本增加，现阶段大规模节能减排措施不可避免地会对中国经济增长有较大的影响。能耗强度的降低抑制人均碳排放增长，能源结构变化对人均碳排放贡献有逐步增大的趋势。

中国能源发展的“十二五”规划对中国能源产业结构、能源效率和减排目标提出明确的约束性指标。政府需要充分考虑能耗强度、能源消耗结构及碳排放强度对“十二五”期间碳排放量的影响，以及准确预测碳排放量控制目标的实现程度。下面本章检验在节能减排约束性政策下能源消费结构、能耗强度、碳排放强度与碳排放量的关系离散型模型，“十二五”期间碳排放强度目标和碳排放量控制目标实现的可能性，并提出实现节能减排约束目标下中国能源发展的政策建议，为制订能源产业规划和环境政策提供建设性结论和意见。

3.1.1　数据来源

为了研究碳排放量与经济增长的关系，本章中的GDP、人均GDP、能源消费结构数据均来源于《中国统计年鉴》，实际人均GDP(以2005年物价指数为基数折算所得)，如图3-1所示。目前中国尚未公布碳排放量数据，碳排放量数据来源于世界银行数据库，如图3-2所示。

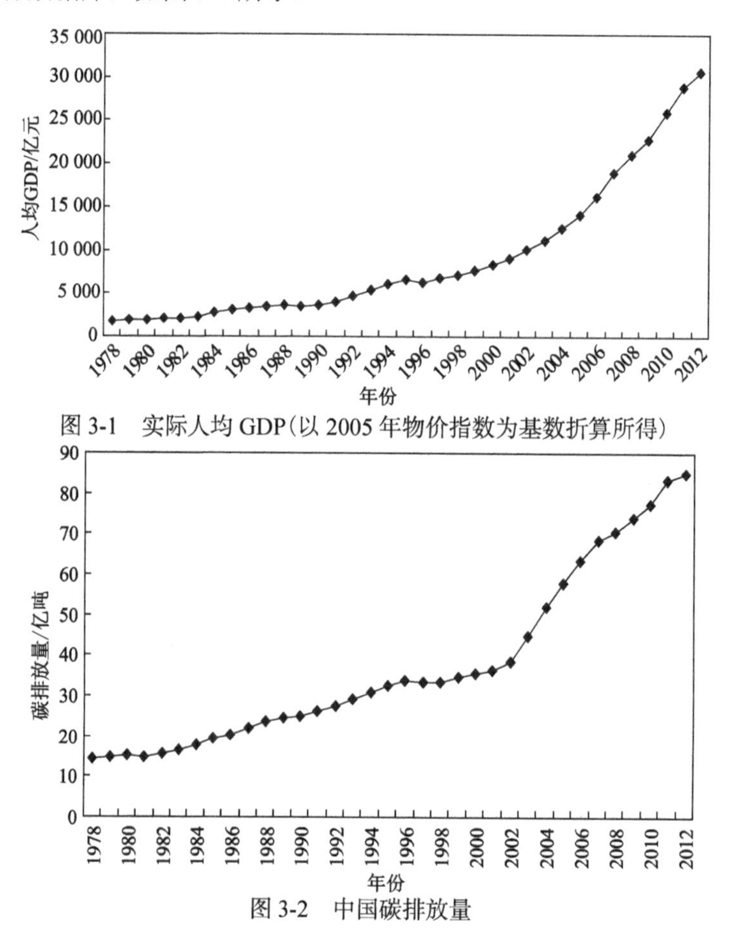

图3-1　实际人均GDP(以2005年物价指数为基数折算所得)

图3-2　中国碳排放量

3.1.2　EKC 检验

已有文献中使用二次函数描述经济增长和碳排放量的关系，检验 EKC 效应的有效性，不同周期经济增长与碳排放量的关系不一定存在 EKC 效应，因此，本节使用三次函数描述经济增长与碳排放量存在的关系：

$$y_t = \alpha_0 + \alpha_1 x_t + \alpha_2 x_t^2 + \alpha_3 x_t^3 + \varepsilon_t \tag{3-1}$$

式中，y_t 为碳排放量的自然对数，碳排放量越低意味着环境质量越好；x_t 为人均 GDP 的自然对数，人均 GDP 意味着经济增长水平；α_0 为常数项；α_1、α_2、α_3 为被解释变量的系数；ε_t 为残差项。根据式(3-1)，本节可以得到多种形式的经济增长与碳排放量的关系。

(1) 当 $\alpha_1 = \alpha_2 = \alpha_3 = 0$ 时，x 与 y 没有关系。

(2) 当 $\alpha_1 > 0$，$\alpha_2 = \alpha_3 = 0$ 时，x 与 y 存在递增的线性关系；当 $\alpha_1 < 0$，$\alpha_2 = \alpha_3 = 0$ 时，x 与 $u_{t-1} > 0$ 存在递减的线性关系。

(3) 当 $\alpha_1 \geqslant 0$，$\alpha_2 < 0$，$\alpha_3 = 0$ 时，x 与 y 存在倒“U”形曲线关系；当 $\alpha_1 \leqslant 0$，$\alpha_2 > 0$，$\alpha_3 = 0$ 时，x 与 y 存在“U”形曲线关系。

(4) 当 $\alpha_1 \geqslant 0$，$\alpha_2 \leqslant 0$，$\alpha_3 > 0$ 时，且 α_1 与 α_2 不能同时为零，x 与 y 存在“N”形曲线关系；当 $\alpha_1 \leqslant 0$，$\alpha_2 \geqslant 0$，$\alpha_3 < 0$ 时，x 与 y 存在倒“N”形曲线关系。

为了检验碳排放量与经济增长的关系是否存在 EKC 效应，本节对 EKC 模型做回归分析，其检验结果如表 3-1 所示。

表 3-1　EKC 检验结果

变量	常数项	x_t	x_t^2	x_t^3
系数	−49.836	17.100	−1.886	0.072
t 统计量	−2.262	2.271	−2.207	2.230
p 值	0.032	0.031	0.036	0.034

注：x_t 为人均 GDP 的自然对数

表 3-1 显示，1980～2010 年碳排放量与人均 GDP 关系在 5%显著水平下存在显著的“N”形曲线关系，这意味着在第一个转折点碳排放量从上升开始下降，在第二个转折点随着人均 GDP 的增长，碳排放量随之上升。政府若不采取有效、合理的节能减排控制措施，未来在降低碳排放量方面将面临非常大的挑战。

2005 年，中国政府初步建立节能减排的政策法律体制和绩效考核体系，通过《节能减排综合性工作方案》制定强制性节能减排目标责任制，构建减排约束性指标，强化政府主体责任和企业主体责任。为了检验节能减排约束性政策对温室气体排放的影响，本节以 2006 年为断点，使用 CHOW 断点检验对残差进行检验，$F(7, 25)=2.6984$ 对应的 p 值为 0.046，表明在 5%显著水平下断点检验显著，拒绝原假设，因此，2006 年政府实施节能减排约束性政策对碳排放量产生了显著的结构性影响。2006 年以前的样本数据对本节预测未来碳排放量存在有偏性，2006～2015 年碳排放量与人均 GDP、能耗强度及碳强度在节能减排约束性政策下存在显著的 EKC 效应。

3.1.3 Granger 因果检验

本节先对人均 GDP 和碳排放量进行 ADF 单位根检验，其检验结果如表 3-2 所示。表 3-2 显示，人均 GDP 和碳排放量的 ADF 检验 t 统计值均大于−3.670，在 10%显著水平下人均 GDP 和碳排放量显示为非平稳数据，但一级差分 ADF 检验 t 统计值均小于−2.964，在 10%显著水平下人均 GDP 和碳排放量一级差分 ADF 检验为平稳数据，这些检验结果显示碳排放量与人均 GDP 不存在长期协整关系，因此，中国实施适当的节能减排约束政策不会影响经济增长。

表 3-2 ADF 单位根检验结果

变量	y_t	x_t	x_t^2	x_t^3
单位根	−0.1747	0.7339	1.2715	1.3445
一阶差分	-3.0922^{**}	-3.1290^{**}	-2.9837^{**}	-2.9712^{**}

注：单位根检验是采用常数项，滞后长度为 3，在 1%、5%和 10%显著水平下单位根检验的临界 t 统计值分别为−3.670、−2.964 和−2.621； x_t 为人均 GDP 的自然对数；y_t 为碳排放量的自然对数

**代表 5%的显著水平

表 3-3 的 Granger 因果检验结果显示，人均 GDP 与碳排放量存在显著的“N”形 EKC 效应，x_t、x_t^2、x_t^3 对碳排放量 y_t 存在单向短期因果关系，这说明人均 GDP 变化能够在短期内预测碳排放量变化趋势。2005 年以后中国碳排放量发生了结构性变化，2006 年以前样本数据对于本节预测未来碳排放量作用价值不大。由于碳排放量与人均 GDP 不存在长期协整关系，直接地影响我国碳排放量控制目标的实现。

表 3-3 Granger 因果检验结果

变量	滞后长度	F 统计值	p 值
$x_t \to y_t$	2	5.005	0.015
$y_t \to x_t$	2	0.183	0.834

续表

变量	滞后长度	F统计值	p值
$x_t^2 \to y_t$	2	6.418	0.005
$y_t \to x_t^2$	2	0.082	0.922
$x_t^3 \to y_t$	2	6.749	0.005
$y_t \to x_t^3$	2	0.048	0.953

注：x_t为人均GDP的自然对数；y_t为碳排放量的自然对数

3.1.4 在节能减排约束下碳排放强度目标分析

1. 节能减排约束性指标

在国务院印发的《能源发展“十二五”规划》《“十二五”节能减排综合性工作方案》中提出，在“十二五”期间节能减排实现约束性目标，到2015年全国每万元单位GDP能源消耗下降到0.869吨标准煤(按2005年价格计算)，比2010年的1.034吨标准煤下降16.00%，比2005年的1.276吨标准煤下降32.00%，“十二五”期间实现节约能源6.70亿吨标准煤；实现能源结构优化目标，非化石能源占一次能源消费比重提高到11.40%，天然气占一次能源消费比重提高到7.50%，煤炭占一次能源消费比重降低到65.00%左右，碳强度比2010年下降17.00%。具体节能减排约束性指标见表3-4。

表3-4　中国能源节能减排约束性指标

指标	2010年	2015年	削减目标	年递减率	属性
碳强度	2.40吨/万元	1.99吨/万元	−17.00%	3.82%	约束性
单位GDP能源消耗	0.94吨标准煤/万元	0.79吨标准煤/万元	−16.00%	3.43%	约束性
能源消费总量	32.5亿吨标准煤	40亿吨标准煤	23.10%	4.24%	预期性
非化石能源占一次能源消费比重/%	8.60	11.40	2.80	−5.80	约束性
煤炭占一次能源消费比重/%	68.00	65.00	−3.00	0.90	预期性
原油占一次能源消费比重/%	19.00	16.10	−2.90	3.26	预期性
天然气占一次能源消费比重/%	4.4	7.50	3.10	−11.26	预期性

注：数据来自《能源发展“十二五”规划》《“十二五”节能减排综合性工作方案》，GDP值按照2005年不变价格调整

2. 离散型 EKC 模型

设在基期内单位 GDP 为GDP_0，t 期 GDP 增长率为g_t，则在T期末 GDP 为$GDP_T = GDP_0 \cdot \prod_{t=1}^{T}(1+g_t)$；设基期全国总人口数量为$P_0$，各期总人口自然增长率为$k_t$，则在$T$期内人口总数为$P_T = P_0 \cdot \prod_{t=1}^{T}(1+k_t)$。$X_0$、$X_T$分别为基期和 T 期人均 GDP。由 GDP 与总人口比值可得T期内人均 GDP 为

$$X_T = X_0 \cdot \prod_{t=1}^{T}\frac{1+g_t}{1+k_t} \tag{3-2}$$

假设基期碳强度下降率为C_{c0}，在T期内碳排放强度下降率C_{ct}为

$$C_{ct} = C_{et} + \frac{C_{ect}}{1+g_t} \tag{3-3}$$

式中，C_{et}为T期内能耗强度下降率，C_{ect}为单位能源消费碳排放强度下降率。假设煤炭、石油和天然气为有碳排放的能源，水能、核能、风能和太阳能等为无碳排放的能源，期内煤炭、原油和天然气消耗量分别为q_c、q_o、q_n，煤炭、原油和天然气消耗量下降率分别为r_c、r_o、r_n，煤炭、原油和天然气碳排放因子系数分别为 2.7942、2.1494 和 1.6443①，在T期内能源消费总量为Q_T，则单位能源消费碳排放强度下降率C_{ect}为

$$C_{ect} = \frac{2.7942q_c r_c + 2.1494q_o r_o + 1.6443q_n r_n}{Q_T} \tag{3-4}$$

若在基期内碳排放强度为PY_0，则T期内碳排放强度PY_T为

$$PY_T = PY_0 \cdot \prod_{t=1}^{T}(1-C_{ct}) \tag{3-5}$$

Y_0、Y_T分别为基期和T期内碳排放总量，则由单位 GDP 碳排放量与 GDP 相乘，可得碳排放总量为

$$Y_T = Y_0 \cdot \prod_{t=1}^{T}(1-C_{ct}) \cdot (1+g_t) \tag{3-6}$$

① 数据来自联合国政府间气候变化专门委员会《2006 年 IPCC 国家温室气体清单指南》。

在经济增长的前提下使环境状况得到改善，就可以达到本节期望的 EKC 转折点。由 $X_{t+1} \geqslant X_t$、$Y_{t+1} \leqslant Y_t$，可得出 $g_{t+1} \geqslant k_{t+1}$、$r_{t+1} \geqslant \frac{g_{t+1}}{1+g_{t+1}}$。本节要想实现 EKC 转折点，首先经济增长率要超过人口自然增长率；其次碳排放强度下降率必须超过 $\frac{g_{t+1}}{1+g_{t+1}}$。

3. *碳强度目标分析*

本节运用离散型 EKC 模型进行碳强度目标分析。“十二五”期间中国政府顺利实现碳强度目标，有两种途径：一是提高能源使用效率，降低能耗强度；二是优化能源消费结构，尤其降低煤炭在一次能源消费结构中的比例，油气消费比例保持稳定，不断提升水能、核能、风能和太阳能等新能源消费的比例。表 3-5 显示，根据《能源发展“十二五”规划》《“十二五”节能减排综合性工作方案》制定能耗强度、能源消费总量及能源消费结构等节能减排约束性指标，若 GDP 增长率为 7.00%，单位 GDP 规划能耗强度平均年下降率为 3.43%，能源消费结构按照规划目标实现，“十二五”期间碳强度逐年递减，2015 年碳强度比 2010 年碳强度下降了 21.89%，顺利完成碳强度下降 17.00%的节能减排目标，碳强度下降率分别为 4.01%、5.22%、5.06%、4.89%和 4.71%， 2015 年碳排放总量比 2010 年碳排放总量上升了 9.20%。2011 年能耗强度比规划能耗强度增加 1.00%时，若“十二五”期间单位 GDP 能耗强度每年均按照 2011 年能耗强度递减 4.43%，碳强度下降率分别为 5.04%、6.22%、6.06%、5.89%和 5.71%，且碳强度下降率增加 1.00%，2015 年碳排放量只比 2010 年碳排放量增加 4.10%。同时若 GDP 增长率为 8.00%时，碳强度下降率发生轻微上升，2015 年碳排放量却比 2010 年碳排放量预计增加了 9.16%。

表 3-5　能耗强度约束下碳强度和碳排放量的目标分析

年份	C_{et}	C_{ect}	C_{ct}	PY_T	Y_T/亿吨
规划（$C_{\text{et}}=3.43\%$，$g_t=7.00\%$）					
2011	0.0343	0.0063	0.0401	2.2989	85.0897
2012	0.0343	0.0192	0.0522	2.1785	86.2975
2013	0.0343	0.0174	0.0506	2.0683	87.6683
2014	0.0343	0.0156	0.0489	1.9672	89.2191
2015	0.0343	0.0137	0.0471	1.8746	90.9697

续表

年份	C_{et}	C_{ect}	C_{ct}	PY_T	Y_T /亿吨
能耗强度调整敏感性分析（$C_{et}=4.43\%$，$g_t=7.00\%$）					
2011	0.0443	0.0065	0.0504	2.2744	84.2026
2012	0.0443	0.0191	0.0622	2.1330	84.4965
2013	0.0443	0.0174	0.0606	2.0038	84.9343
2014	0.0443	0.0156	0.0589	1.8858	85.5275
2015	0.0443	0.0137	0.0571	1.7782	86.2902
能耗强度调整敏感性分析（$C_{et}=4.43\%$，$g_t=8.00\%$）					
2011	0.0443	0.0065	0.0504	2.2746	84.9946
2012	0.0443	0.0192	0.0620	2.1336	86.1036
2013	0.0443	0.0174	0.0604	2.0046	87.3726
2014	0.0443	0.0156	0.0588	1.8868	88.8179
2015	0.0443	0.0137	0.0570	1.7793	90.4587

注：GDP 值按照 2005 年不变价格调整，能源消费结构按照规划目标实现；C_{et} 为 T 期内能耗强度下降率；C_{ect} 为能源消费碳强度下降率；C_{ct} 为 T 期内碳强度下降率；PY_T 为 T 期内碳强度；Y_T 为 T 期内碳排放量，g_t 为 GDP 规划增长率

表 3-6 显示，2011 年煤炭消费结构比 2010 年上升 0.40%，能源消费量比 2010 年增加 7.10%，煤炭消费比例和能源消费总量均超过能源规划目标，能源消费总量和能源消费结构变化导致单位能源消费碳强度比 2010 年增加 1.34%，碳强度下降率为 2.17%，与碳强度规划目标 4.01%正好相差 1.34%。如果至 2015 年煤炭消费结构比规划目标提升 1.00%，原油、天然气消费结构比例按照规划目标执行，非化石能源消费结构比规划目标下降 1.00%，2012～2015 年碳强度下降率分别为 5.23%、5.07%、4.90%和 4.73%。“十二五”期间，碳强度分别为 2.34、2.22、2.11、2.00 和 1.91，2015 年碳强度比 2010 年碳强度下降了 20.20%，还是能够实现“十二五”时期碳强度规划目标。第一种能源消费结构调整情况下，2015 年碳排放量为 92.67 亿吨，比 2010 年碳排放量增加了 11.83%。如果煤炭消费结构比例由规划目标的 65.00%调升至 66.80%，原油消费结构比例由规划目标的 16.10%调升至 16.70%，天然气消费结构比例由规划目标 7.5%调低至 7.25%，非化石能源消费比例由规划目标的 11.40%调低至 9.27%，能源消费结构调整后 2011～2015 年单位能源消费碳排放强度下降率分别为–0.87%、1.29%、1.17%、1.04%和 0.91%，碳强度下降率分别为 2.61%、4.63%、4.52%、4.40%和 4.27%。与第一种能源消费结构调整相比，碳强度下降率分别减少了–0.44%、0.60%、0.55%、0.50%和 0.46%，

“十二五”期间碳强度分别为2.33、2.22、2.12、2.03和1.94，2015年碳强度比2010年碳强度下降了18.85%。第二种能源结构调整情况下，2015年碳排放量为94.32亿吨，比2010年碳排放量增加了13.82%。从表3-5和表3-6对比分析看，与能源消费结构调整相比，能耗强度下降对实现碳强度和碳排放量控制目标贡献效果更明显。

表3-6　能源消费结构约束条件下碳强度和碳排放量的目标分析

年份	C_{et}	C_{ect}	C_{ct}	PY_T	Y_T/亿吨
能源消费结构调整敏感性分析1)（$C_{et}=3.43\%$，$g_t=7.00\%$）					
2011	0.0343	−0.0134	0.0217	2.3430	86.7413
2012	0.0343	0.0193	0.0523	2.2204	87.9566
2013	0.0343	0.0176	0.0507	2.1078	89.3403
2014	0.0343	0.0158	0.0490	2.0045	90.9101
2015	0.0343	0.0140	0.0473	1.9097	92.6716
能源消费结构调整敏感性分析2)（$C_{et}=3.43\%$，$g_t=7.00\%$）					
2011	0.0343	−0.0087	0.0261	2.3325	86.3541
2012	0.0343	0.0129	0.0463	2.2245	88.1185
2013	0.0343	0.0117	0.0452	2.1239	90.0244
2014	0.0343	0.0104	0.0440	2.0304	92.0863
2015	0.0343	0.0091	0.0427	1.9436	94.3203

注：GDP值按照2005年不变价格调整，能耗强度按照规划目标实现；C_{et}为T期内能耗强度下降率；C_{ect}为单位能源消费碳强度下降率；C_{ct}为T期内碳强度下降率；PY_T为T期内碳强度；Y_T为T期内碳排放量，g_t为GDP规划增长率

1)煤炭消费结构比例由规划目标的65.00%调升至66.00%，原油、天然气消费结构规划比例不变，非化石能源消费结构比例由规划目标的11.40%调低至10.40%

2)煤炭消费结构比例由规划目标的65.00%调升至66.80%，原油消费结构比例由规划目标的16.10%调升至16.70%，天然气消费结构比例由规划目标的7.5%调低至7.25%，非化石能源消费结构比例由规划目标的11.40%调低至9.27%

3.1.5　在节能减排约束下中国能源EKC效应

前文分析结果显示，中国政府通过节能减排约束性指标制定强制性节能减排目标责任制，强化政府主体责任和企业主体责任，推动政府和企业主体努力提高能源使用效率和降低能耗强度，优化能源消费结构，降低碳强度。为了检验在节能减排约束性政策下中国碳排放量与经济增长、能耗强度及碳强度之间的EKC效应，下面构建延伸的EKC模型：

$$y=\beta_0+\beta_1X_T+\beta_2X_T^2+\beta_3s_t+\beta_4s_t^2+\beta_5PY_T \tag{3-7}$$

式中，X_T为 GDP 增长率；s_t为能耗强度，以能源消费量除以 GDP 总量表示。中国政府从 2006 年开始实施节能减排约束性政策，本节选择 2006～2015 年作为实证样本，检验碳排放总量与经济增长、能耗强度和碳强度之间的关系，其检验结果如表 3-7 所示。

表 3-7 中国能源 EKC 效应检验结果

变量	常数项	X_T	X_T^2	s_t	s_t^2	PY_T
系数	−75.1483	14.9605	−0.6921	−3.3923	1.8541	0.2329
t统计量	−6.1691	6.0846	−5.7157	−3.5676	4.1434	8.6556
p值	0.0040	0.0040	0.0050	0.0230	0.0140	0.0010

注：GDP 值按照 2005 年不变价格调整，能耗强度和碳强度均以 2005 年不变价格计算

表 3-7 显示，碳排放量与人均 GDP、人均 GDP 平方的系数分别为 14.9605 和 −0.6921，t统计量均为较大值，碳排放量与人均 GDP 的关系呈现显著的倒“U”形 EKC 效应。碳排放量与能耗强度、能耗强度平方的系数分别为−3.3923 和 1.8541，碳排放量与能耗强度的关系呈现显著的“U”形 EKC 效应，这说明政府制定节能减排约束性指标激励企业主体增加节能减排项目投资，推动节能减排技术应用，贯彻执行节能减排管理实践活动，努力实施政府强制性的节能减排目标责任制。碳排放量与碳强度的相关系数为 0.2329，呈现显著的正相关性，这说明优化能源消费结构和降低能耗强度可以有效地降低碳强度，下降的碳强度能降低碳排放量的增长速度。

3.2 我国碳排放量分析

3.2.1 各省份碳排放量测算

与二氧化硫、粉尘、水污染等其他环境污染不同，中国及各省份统计机构并没有直接公布碳排放量数据。国内学者关于碳排放量测算方法大都基于燃烧化石能源所释放出的碳排放量，忽略了水泥、钢铁等非碳燃烧物质在工业分解过程中所释放出的碳排放量。杜立民(2010)、李锴和齐绍洲(2011)将水泥生产所释放出二氧化碳纳入总的碳排放量的测算中。碳排放量主要来源于化石能源燃烧和工业过程排放的温室气体，为了更准确地测算我国各省份碳排放量，此处各省份碳排放量不仅要测算化石能源燃烧释放的二氧化碳排放量，还要测算水泥和钢铁工业分解过程中所释放出的碳排放量。

化石能源燃烧释放的碳排放量包括能源终端消费碳排放与二次能源消费碳排

放两部分，其中电力、焦炭、热能等二次能源消费碳排放量均来自其生产过程中化石能源的能量转换与能量损失。因此，化石能源燃烧释放的碳排放量即为各类化石能源的终端消费、能源转换及能源损失所产生的碳排放量。

2005～2014年碳排放量估算主要参考IPCC和国家发改委能源研究所的方法，通过相关公式专门估算各省份的碳排放量。本书所有一次终端消费煤炭、石油和天然气能源消费实物量数据、转换数据均来自2006～2015年《中国能源统计年鉴》中的“地区能源平衡表”，能源消费实物量数据的标准量折算采用《中国能源统计年鉴》附录的“各种能源折标准煤参考系数”。煤炭、石油和天然气三种一次能源的碳排放系数分别为2.7412、2.1358和1.6262万吨/万吨标准煤[①]，每生产一万吨水泥，原料分解产生的间接碳排放系数为0.3954万吨/万吨水泥(杜立民，2010)，每生产一万吨钢铁，原料融化产生的间接碳排放系数为0.2168万吨/万吨钢铁(邹安全等，2013)。水泥和钢铁生产量来源于2006～2015年《中国统计年鉴》。此处30个省份碳排放量包括化石燃料燃烧释放的直接碳排放量和钢铁、水泥工业过程分解释放的间接碳排放量。

各省份GDP数据来源于历年《中国统计年鉴》，2020年各省份GDP是按照2015年GDP与“十三五”期间各省份规划GDP增长目标计算所得，实际GDP数据是按照2005年不变居民消费价格指数进行折算所得，此处假设“十三五”期间居民消费价格指数与“十二五”期间居民消费价格指数具有相似的变化幅度。2005～2015年各省份累积二氧化碳排放总量是根据2005～2015年各省份的二氧化碳排放量汇总所得，2015年各省份碳排放量是根据2015年各省份碳强度与GDP相乘所得。2015年工业碳排放强度是根据2015年各省份工业二氧化碳排放量除以工业附加值计算所得，各省份工业附加值是根据2005年不变居民消费价格指数折算所得，2015年工业碳强度是根据2014年工业碳强度与2011～2014年工业碳强度平均变化率计算所得。能源消费数据是源自历年《中国能源统计年鉴》中“地区能源平衡表”相关各类能源消耗实际量进行折算所得，各省份GDP、水泥产量和钢铁生铁产量数据来源于历年《中国统计年鉴》。各省份能耗强度是根据各省份2015年能源消耗量除以GDP折算所得，2015年能耗强度是根据2014年能耗强度与2011～2014年能耗强度平均变化率相乘所得。

3.2.2　我国碳排放量结果分析

由图3-3看出，1997～2015年我国碳排放量整体呈现上升趋势，碳排放总量增长了大约2.50倍，碳强度却下降了83.00%，说明随着我国经济的发展，碳排放

① 数据来源于李锴和齐绍洲(2011)。

量在不断上升的同时，我国的碳排放效率有一定的提高。从细节上看，全国碳强度在2002～2006年有一个小回升，随后又继续下降；人均碳排放量主要是2002～2010年上升比较快，“十二五”期间，我国实施约束性减排目标，2011～2015年，我国人均碳排放量上升速度明显减缓了，全国碳强度呈现平缓下降趋势。

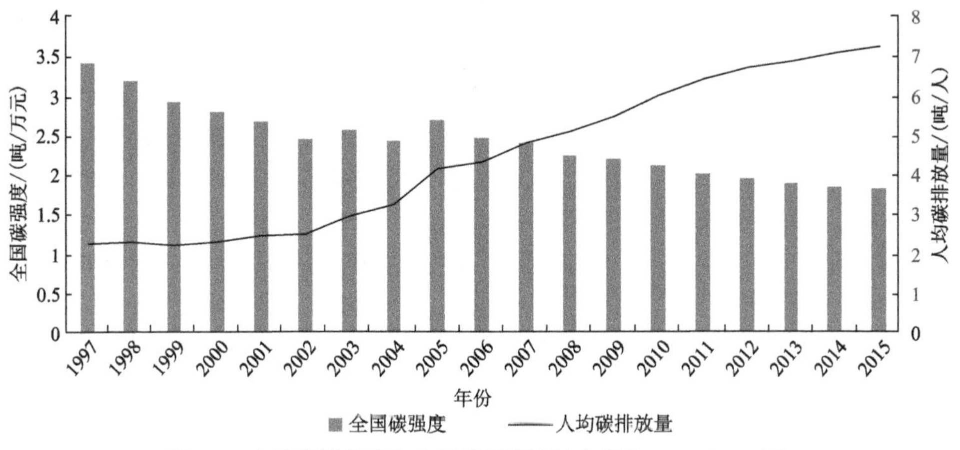

图 3-3 人均碳排放量和全国碳强度统计分析(1997～2015 年)

3.3 八大综合经济区碳排放分析

3.3.1 综合经济区划分

《中国发展研究：国务院发展研究中心研究报告》指出，中国所沿袭的东、中、西区域划分方法已经不合时宜。为此，报告提出“十一五”期间将中国内地划分为东部、中部、西部、东北部四个板块，并可将四个板块划分为八大综合经济区的具体构想(图 3-8)。

表 3-8 八大综合经济区的省份归属

综合经济区	省份
东北综合经济区	辽宁、吉林、黑龙江
北部沿海综合经济区	北京、天津、河北、山东
东部沿海综合经济区	上海、江苏、浙江
南部沿海综合经济区	福建、广东、海南
长江中游综合经济区	湖北、湖南、江西、安徽
黄河中游综合经济区	陕西、山西、河南、内蒙古
大西南综合经济区	云南、贵州、四川、重庆、广西
大西北综合经济区	甘肃、青海、宁夏、新疆

(1)东北综合经济区：包括辽宁、吉林、黑龙江三省。其总面积为79万平方千米，2001年总人口为10 696万。这一地区自然条件和资源禀赋结构相近，历史上相互联系比较紧密，目前，面临的共同问题多，如资源枯竭问题、产业结构升级换代问题等，目标是建成重型装备和设备制造业基地、全国性的专业化农产品生产基地等。

(2)北部沿海综合经济区：包括北京、天津、河北、山东两市两省，是最有实力的高新技术研发和制造中心之一。其总面积为37万平方千米，2001年总人口为18 127万。这一地区地理位置优越，交通便捷，科技、教育、文化事业发达，在对外开放中成绩显著。

(3)东部沿海综合经济区：包括上海、江苏、浙江一市两省，是最具影响力的多功能制造业中心和最具竞争力的经济区之一。其总面积为21万平方千米，2001年总人口为13 582万。这一地区现代化起步早，历史上对外经济联系密切，在改革开放的许多领域中先行一步，其人力资源丰富、发展优势明显。

(4)南部沿海综合经济区：包括福建、广东、海南三省，是最重要的外向型经济发展的基地和消化国外先进技术的基地。其总面积为33万平方千米，2001年总人口为12 019万。这一地区毗邻香港、澳门、台湾，而且海外社会资源丰富、对外开放程度高。

(5)长江中游综合经济区：包括湖北、湖南、江西、安徽四省。其总面积为68万平方千米，2001年总人口为23 085万。这一地区农业生产条件优良，人口稠密，对外开放程度低，产业转型压力大，是以水稻和棉花为主的农业地区专业化生产基地及相关深加工工业和以钢铁与有色冶金为主的原材料基地。

(6)黄河中游综合经济区：包括陕西、山西、河南、内蒙古三省一区。其总面积为160万平方千米，2001年总人口为18 863万。这一地区的自然资源尤其是煤炭和天然气资源丰富，地处内陆，战略地位重要，对外开放程度不足，结构调整任务艰巨，是最大的煤炭开采和煤炭深加工基地、天然气和水能开发基地。

(7)大西南综合经济区：包括云南、贵州、四川、重庆、广西三省一市一区。其总面积为134万平方千米，2001年总人口为24 611万。这一地区地理位置比较偏远、土地贫瘠、贫困人口相对较多，形成了以重庆为中心的重化工业和以成都为中心的轻纺工业两大组团。

(8)大西北综合经济区：包括甘肃、青海、宁夏、新疆两省三区①，是最大的综合性优质棉、果、粮、畜产品深加工基地。其总面积为398万平方千米，2001年总人口为5800万。这一地区自然条件恶劣、地广人稀、市场狭小，是向西开放的前沿阵地、中亚地区经济基地和特色旅游基地。

① 西藏数据不全，此处未包括西藏。

3.3.2　八大综合经济区的碳强度分析

从表 3-9 中看出，1997～2015 年八大综合经济区的碳强度趋势都在下降，但不同综合经济区碳强度下降走势的表现差异很大。1997～2013 年，长江中游综合经济区和黄河中游综合经济区的碳强度要高于全国平均碳强度水平，仅有 2014 年和 2015 年低于全国平均碳强度水平，且黄河中游综合经济区的碳强度在 2000～2005 年碳强度总体上不断升高，2005 年碳强度达到一个峰值，2005 年之后碳强度持续下降。1997～2013 年大西南综合经济区的碳强度略高于全国平均碳强度水平，处于一个波动下降的过程中。1997～2013 年大西北综合经济区的碳强度远高于全国平均碳强度水平，呈现较大的波动幅度。东北综合经济区的碳强度在 1997～1999 年下降得十分明显，2000 年到 2009 年碳强度处于波动状态，2010 年之后碳强度存在下降的趋势。北部沿海综合经济区的碳强度与全国平均碳强度水平走势相近。东部沿海综合经济区和南部沿海综合经济区的碳强度均低于全国平均的碳强度水平。东部沿海综合经济区的碳强度在 1997～2002 年和 2005～2012 年两个阶段均缓慢下降，2003～2005 年和 2013～2014 年两个阶段有所回升。南部沿海综合经济区的碳强度波动不大，从 1997 年开始呈下降趋势，但是个别年份也有小幅回升。

表 3-9　八大综合经济区碳强度　　单位：吨/万元

年份	东北综合经济区	北部沿海综合经济区	东部沿海综合经济区	南部沿海综合经济区	长江中游综合经济区	黄河中游综合经济区	大西南综合经济区	大西北综合经济区	全国平均
1997	4.68	3.39	2.36	1.95	4.75	3.52	3.90	5.33	3.40
1998	4.05	3.33	2.19	1.84	4.50	3.26	3.57	5.47	3.17
1999	2.99	3.13	2.12	1.79	4.06	2.93	3.60	5.25	2.91
2000	3.52	2.92	1.97	1.67	3.66	2.84	3.40	4.30	2.78
2001	3.33	2.91	1.82	1.48	3.41	3.19	3.17	4.01	2.67
2002	2.80	2.54	1.55	1.44	3.17	3.13	3.09	3.60	2.43
2003	2.96	2.67	1.68	1.52	3.15	3.22	3.20	4.92	2.55
2004	2.94	2.45	1.73	1.42	2.76	3.35	2.82	4.33	2.42
2005	2.95	2.84	1.79	1.52	2.88	4.40	3.09	4.31	2.68
2006	2.99	2.50	1.71	1.50	2.67	3.44	2.97	4.11	2.45
2007	2.96	2.60	1.64	1.45	2.63	3.29	2.84	3.91	2.40
2008	2.59	2.40	1.56	1.37	2.34	3.09	2.69	3.83	2.23
2009	2.61	2.32	1.50	1.34	2.34	2.96	2.72	3.90	2.19
2010	2.52	2.27	1.44	1.28	2.19	2.67	2.65	3.66	2.10
2011	2.30	2.18	1.33	1.23	2.13	2.51	2.46	3.55	1.99
2012	2.25	2.12	1.30	1.19	2.09	2.32	2.43	3.78	1.95
2013	2.22	2.07	1.33	1.10	1.99	2.21	2.21	3.91	1.88
2014	2.14	1.63	1.46	1.31	1.42	1.38	1.64	1.62	1.76
2015	2.16	1.60	1.44	1.28	1.39	1.37	1.64	1.57	1.72

3.3.3　八大综合经济区人均碳排放量的差异分析

表 3-10 显示，人均碳排放量消除了不同地区人口密度对碳排放量的影响，其空间差异比较小，因此，更具可比性。从时间上观察，全国平均及各综合经济区的人均碳排放量在 1997～2001 年出现小幅波动，从 2002 年开始东北、北部沿海、东部沿海、大西南和大西北综合经济区人均碳排放量均有明显的增加，而南部沿海、长江中游和黄河中游综合经济区人均碳排放量整体呈现上升趋势，除了个别年份略有波动。大西北综合经济区的人均碳排放量上升幅度最大，从 2.40 吨/(年 • 人)上升到了 9.29 吨/(年 • 人)，涨幅高达 287.08%；南部沿海综合经济区人均碳排放量涨幅最小，增长了 129.91%；长江中游综合经济区和大西南综合经济区人均碳排放量增长的速度相似；黄河中游综合经济区在 2002～2005 年人均碳排放量增速较大，2006 年人均碳排放量有明显的下降，从 2007 年开始人均碳排放又稳步上升；北部沿海综合经济区 2002～2005 年人均碳排放量增速较大，从 2002 年开始北部沿海综合经济区的人均碳排放量基本位于八大综合经济区的第一位(2014 年除外)；东部沿海综合经济区和南部沿海综合经济区的人均碳排放量与全国人均碳排放量水平呈现相似的变化趋势。

表 3-10　八大综合经济区的人均碳排放量　单位：吨/(年 · 人)

年份	东北综合经济区	北部沿海综合经济区	东部沿海综合经济区	南部沿海综合经济区	长江中游综合经济区	黄河中游综合经济区	大西南综合经济区	大西北综合经济区	全国平均
1997	3.53	2.80	2.82	1.94	1.75	2.23	1.54	2.41	2.24
1998	3.25	2.98	2.82	1.99	1.78	2.18	1.50	2.65	2.25
1999	2.58	3.01	2.95	2.08	1.70	2.05	1.58	2.72	2.20
2000	3.42	3.05	2.90	1.90	1.73	2.16	1.65	2.41	2.29
2001	3.47	3.44	3.05	2.15	1.80	2.41	1.60	2.47	2.43
2002	3.18	3.37	2.95	2.34	1.86	2.58	1.72	2.40	2.45
2003	3.69	4.05	3.68	2.82	2.11	2.92	1.97	3.73	2.92
2004	4.03	4.40	4.28	2.74	2.26	3.49	2.05	3.81	3.20
2005	4.69	5.96	5.05	3.35	2.87	5.25	2.59	4.30	4.13
2006	5.37	5.98	5.49	3.70	3.09	4.65	2.82	4.71	4.29
2007	5.98	6.98	5.92	4.04	3.53	5.11	3.10	4.97	4.79
2008	6.03	7.22	6.18	4.19	3.74	5.56	3.41	5.39	5.05
2009	6.63	7.57	6.44	4.48	4.07	6.01	3.83	5.70	5.43
2010	7.44	8.25	6.95	4.76	4.44	6.47	4.43	6.35	5.97
2011	7.78	8.76	7.07	5.05	4.90	7.09	4.80	7.05	6.39
2012	8.25	9.07	7.27	5.13	5.16	7.16	5.24	8.14	6.69
2013	8.54	9.29	7.87	5.01	5.11	7.34	5.16	8.94	6.84
2014	8.57	9.38	8.20	5.28	5.30	7.52	5.38	9.42	7.04
2015	8.64	9.72	8.43	5.38	5.50	7.73	5.46	9.29	7.21

从空间上观察，八大综合经济区的人均碳排放量存在很大差距，而且人均碳排放量空间分布不均衡有扩大的态势。在1997～2001年，八大综合经济区的人均碳排放量差距较小，大西南综合经济区的人均碳排放量最低，但2002～2011年，北部沿海综合经济区的人均碳排放最高，大西南综合经济区和长江中游综合经济区人均碳排放较低；2012～2015年，我国大部分综合经济区的人均碳排放量增速都有所放缓，南部沿海综合经济区、大西南综合经济区和长江中游综合经济区人均碳排放量较低，2013～2015年大西北综合经济区的人均碳排放量超过了东北综合经济区。从统计数据观察到，各综合经济区的人均碳排放量增长速度远高于人口增长速度，由于人口的可变性非常小，降低人均碳排放量就需要从降低碳排放量入手。

3.4 本章小结与政策建议

在节能减排约束性政策下，本章运用EKC模型检验碳排放量与能耗强度、经济增长和碳强度的EKC效应。1980～2010年，中国碳排放量与人均GDP关系在5%显著水平下存在显著的“N”形关系，这意味着政府若不采取有效、合理的节能减排约束性政策，未来在降低碳排放量方面将面临非常大的挑战。通过CHOW断点检验发现，节能减排约束性政策对中国碳排放量产生了显著的结构性影响。碳排放量与人均GDP不存在长期的必然联系，中国实施适当的节能减排约束性政策不会影响经济增长，且人均GDP与碳排放量之间存在单向短期因果关系，在短期内能够估算碳排放量的变化趋势。若GDP增长率为7.00%，能耗强度和能源消费结构均按照规划目标实现，“十二五”期间碳强度逐年递减，2015年碳强度比2010年碳强度下降21.89%，2015年碳排放量比2010年碳排放量上升了9.20%，能够顺利实现碳强度规划目标。若“十二五”期间能耗强度比规划能耗强度目标增加1.00%，碳强度下降率递增1.00%，2015年碳排放量只比2010年碳排放量增加4.43%，但GDP增长率调整为8.00%时，2015年碳排放量却比2010年碳排放量增加了9.16%。煤炭消费比例和能源消费量均超过能源规划目标，若2015年煤炭消费结构比规划目标提升1.00%，非化石能源消费结构比规划目标下降1.00%，则2015年碳强度比2010年碳强度下降了20.2 %，碳排放量比2010年碳排放量增加了11.83%，能够实现“十二五”期间碳强度规划目标。如果煤炭消费结构比规划目标上调了1.80%，原油消费结构比规划目标上调了0.60%，天然气消费结构比规划目标下调了0.25%，非化石能源消费比例比规划目标下调了2.13%，则2015年碳强度比2010年碳强度下降了18.85%，碳排放量比2010年碳排放量增加13.82%。与能源结构调整相比，能耗强度下降对实现碳强度和碳排放量控制目标贡献度效果更明显些。在节能减排约束性政策下，2006～2015 年碳排放量与人均 GDP 的关系呈现显著的倒“U”形 EKC 效应，碳排放量与能耗强度的关系呈现显著的“U”形 EKC 效应，且碳排放量与碳强度呈现显著的正相关性。

碳强度与人均碳排放量的走向从总体特征来看正好完全相反，全国碳强度逐步走低但人均碳排放量却节节攀高。这一态势表明，虽然全国碳排放量在持续增加但碳排放效率也稳中有升，反映出中国在经济发展的同时碳减排工作也收效显著。尤其在 2002 年后，全国碳强度降速增加而人均碳排放量升速放缓，这显然与当时国家实施的低碳经济政策有关。我国碳强度和人均碳排放量呈现明显的区域差异。产生这种现象的原因是：从经济发展来看，东部沿海地区的经济发展水平远高于中部地区；从人口数量来看，中部地区大多是人口相对密集的省份，不同的计量基数使碳排放状况从时间和空间观察有所不同。

在节能减排约束性政策下，碳排放量与人均 GDP、能耗强度之间存在显著的 EKC 效应，若化石能源消费结构提升，特别是煤炭消费结构提升及能耗强度下降率缩减，碳强度下降幅度较小，碳强度实现规划目标仍面临着较大的风险和挑战。因此，中国政府要想实现 2020 年碳强度比 2005 年下降 40%～45%的控制目标，需要出台一系列节能减排的政策建议：第一，建立以政府引导、市场推动、企业主导和社会参与的节能减排管制机制，积极推动各项节能减排政策制度的落实，通过市场机制提高长期的节能减排效果；第二，政府加快完善节能减排政策法规体系、节能减排约束性指标体系、市场交易体系和检测考核体系，构建节能减排信息通报和惩罚机制，增强企业主体违约责任成本和提高节能减排企业的环境收益；第三，优化能源消费结构是驱动碳强度下降的有效措施，降低化石能源消费结构比例，特别是降低煤炭消费结构比例，提高水能、风能、核能和太阳能等清洁能源消费结构比例，较大幅度调整能源消费总量控制和能源结构，可以明显降低碳强度，促使碳排放量上升速度减慢；第四，加快建设节能减排技术保障体系，重点推进节能减排技术的推广应用，运用财税手段或市场机制激励企业主体增加减排技术项目投入，有效地推动节能减排管理实践活动；第五，引入市场机制和利益导向激励机制，培育节能减排金融与服务市场，激励企业加快淘汰落后高耗能技术设备和产能，建立节能目标责任体系和市场化减排机制，提高能源利用效率，大幅度降低能耗强度能够显著地降低碳强度和碳排放量。

第4章　基于公平与效率角度省际初始碳配额分配

我国是世界上最大的碳排放国家，也是气候变化负面影响最大的国家之一。我国还是世界上最大的能源消费国家、最大煤炭消费国家，国内经济可持续发展面临的资源和环境约束日益凸显出来。温室气体减排除了应对气候变化，还可以带来节能和环境改善的协同效益。从国际环境看，控制碳排放量应对气候变化的呼声日益高涨，我国面临的国际减排压力日益增大。

近几年，我国政府初步建立了节能减排的政策法律体系和绩效考核体系，通过《节能减排综合性工作方案》《节能减排"十二五"规划》《大气污染防治行动计划》制定环境污染治理行动纲领和强制性节能减排目标责任制，强化政府和企业主体的环境管理责任，强化环境执法监督，推动产业结构和经济发展方式转型。大量温室气体排放诱使气候变暖和环境恶化，目前我国仍然缺乏生态环境保护的产权制度、利益补偿机制和有效的市场机制，我国节能减排工作仍然存在目标责任落实不到位、推进难度增大、激励约束机制不健全、市场机制薄弱、区域减排利益保护意识较强等核心问题。我国通过行政命令手段完成节能减排目标付出了沉重的经济代价，这就促使我国必须采取更加灵活、经济、有效的方式实现中长期的碳排放控制目标。

为了应对全球气候变化，在2013～2014年，我国在北京、天津、上海、重庆和深圳五个城市及湖北和广东两省相继开展区域性碳交易市场试点。2014年11月发布的《中美气候变化联合声明》就控制温室气体达成一致意见，我国于2017年启动全国性碳交易市场。中共十八届五中全会和"十三五"规划(2016～2020年)中明确地提出，建立健全用能权、用水权、排污权和初始碳排放权初始分配制度，有效控制电力、钢铁、建材、化工等重点行业碳排放。由此预见，碳交易机制将在未来我国减排实践中扮演重要的角色。

在碳交易机制下，初始减排配额实际上赋予了各省份参与碳交易系统的初始减排资源禀赋，直接决定了不同省份利益主体减排资源的再分配结果和社会公正问题，同时也影响到各省份利益主体的经济效益和社会福利。我国区域间经济发展不平衡，行业间低碳发展水平呈现较大的差距，减排机会和减排可选方案有显著的差异性，不同主体间减排成本呈现显著的差异性，这些特点为我国碳交易市场提供了巨大的市场交易潜力和成本降低潜力。中共十八届三中全会，我国提出当前发展阶段和未来的改革发展方向，市场在我国资源配置中起决定性作用，通过碳交易市场机制优化减排资源配置作用是这一要求的重要体现。从国际环境看，市场化政策机制在减排控制的实践中获得广泛推广和使用，欧盟、美国、澳大利亚、新西兰、韩国等国家和地区在实施市场化减排实践中取得了积极的进展。2015 年 12 月通过的《巴黎气候协议》提出，把全球平均气温较工业化前水平升高控制在 2℃之内，尽快实现温室气体排放达到峰值，21 世纪下半叶实现温室气体净零排放。

碳排放权空间是一种稀缺的资源和生产要素，将成为未来经济增长的一种新约束。在减排配额总量确定的条件下，明确碳排放权的归属，确定各省份利益主体赋予稀缺资源的初始分配，这将会产生显著的社会财富分配效应。减排成本通过生成过程、产业链和区域贸易经济系统的各个环节，最终对经济发展和产业结构调整产生深远的影响。各省份减排配额总量的合理设定是全国碳交易市场的核心要素之一，如果减排配额总量设置过低，很可能对中国经济的中长期可持续发展形成制约；如果减排配额总量设置过高，碳交易机制的建立将不会起到优化减排资源配置的作用，更有可能会遏制经济增长和造成社会减排成本的浪费。到 2020 年，中国减排目标是以碳强度目标形式来设定的，减排配额总量可与减排目标直接挂钩，既降低了单位产出的碳排放量，又给经济增长保留了适当的空间。

各省份在经济发展水平、累积碳排放量、碳强度和能耗强度等方面具有显著的区域与行业异质性，不同碳配额分配方式直接影响到各省份初始减排配额分配，进而间接影响到各省份的宏观经济发展、产业结构和减排效率。一个公平、合理的配额分配机制应考虑不同排放源在排放现状、排放历史、控排成本和未来发展需要上的空间，尽可能做到公平与公正。另外，一种配额分配机制是否得以贯彻执行除了机制本身的优越性之外，还应具有足够的政治可接受力。选择配额分配机制不仅需要考虑公平与效率，还要考虑不同省份的利益诉求和财富分配效应。构建跨省份碳交易市场所面临最有挑战性和争议的问题，在于确定经济有效的碳配额分配规则和初始碳配额，不同初始减排配额和减排目标直接影响到不同区域的经济产出与碳排放绩效。通过对相关文献梳理，本书总结了各种碳配额分配方式和方法，且不同碳配额分配方式会产生不同的经济和环境影响。不同碳配额分配方法和标准会对跨省份碳配额交易产生重要的经济影响，人均 GDP、累积碳排放量、碳强度及能耗强度均是影响不同产业部门碳配额分配的重要指标。

4.1 研究方法与模型构建

2014 年 12 月，国家发改委发布的《碳排放权交易管理暂行办法》中提出，国务院碳交易主管部门根据国家控制温室气体排放目标的要求，综合考虑国家和各省份温室气体排放、经济增长、产业结构、能源结构等因素，确定国家及各省份的减排配额。根据 1992 年 5 月 9 日通过的《联合国气候变化框架公约》，碳配额分配体现了公平原则、共同但有区别的责任原则。共同责任主要指应在不同利益主体平等的基础上相互合作，共同处理有关环境保护和环境改善的国际性事务，对于那些各国皆负有责任的环境损害问题，各国应在充分尊重国家主权和相互利益的情况下，通过多边、双边和其他适宜的途径进行合作，以控制、降低和消除这些损害。区别责任主要指进行环境维护与改善需要向各国筹集资金，但也要考虑发展中国家的具体情况和特殊性。关于发展不足和自然损害造成的严重环境问题要通过向发展中国家提供及时且充足的资金援助和技术扶持，尽力缩小排放源空间差异来解决。区别责任主要体现以下三点：一是要充分考虑发达国家与发展中国家的不同情况，不能采取统一的标准和规定；二是在避免和防止环境恶化基础上解决环境问题，同时考虑社会和经济发展需求；三是在发展中国家推行环境保护措施时，发达国家应向发展中国家提供必要的资金援助和技术扶持。对于发展中国家，尤其是那些受气候变化影响程度深及肩负更大负担的发展中国家，应充分考虑具体的情况和特殊需要。

一个公平、有效的减排配额分配充分体现了减排系统的复杂性、社会公正性和政治接受能力。我国减排配额分配应充分考虑到各省份排放历史责任、减排能力、减排义务和减排潜力等因素，本章选择 GDP、累积碳排放量、碳强度和能耗强度分别代表减排能力、减排责任、减排潜力和能源效率四个指标。在构建指标分配权重时，政府决策者应尽量缩小区域间异质性和减少各指标相互作用效果。并且不同的减排配额分配方式直接影响到各省份减排资源配置及其经济福利变化，体现了政府决策者拥有不同的配额分配偏好，不同配额分配方式会产生不同的减排效果。

4.1.1 分配指标选择

1. 减排能力

此处假设所有国家或地区单位 GDP 释放出相似的碳排放量，由于碳排放量与能耗强度存在紧密的相关性，一个地区高速的经济增长，同时伴随着碳排放量的快速增长。崔连标等(2013)、Cui 等(2014)根据国家发改委公布的“十二五”时期各地区碳强度下降指标和以 GDP 为基准情景分配各省份的减排配额，证实了碳交易发挥了明显的成本节约效应。越富裕的区域越拥有丰富的资金实力和更强的减排动机，能通过提高能源使用效率、推进低碳技术进步等举措实施节能减排活动，因此，越富有的地区需要承担越重的减排负担。经济发达的地区具有较高的边际减排成本，承担了较重的减排负担，需要通过购买碳配额实现相应的减排任务，欠发达的地区可以通过出售剩余的碳配额获得足够的资金资助以提升经济发展能力。GDP 是一个有效地衡量各省份减排能力的量化指标，GDP 代表一个地区的现有经济发展水平和人民生活富裕程度，同时还能反映出一个地区未来经济发展需求和发展潜力，因此，本章选择 GDP 代表减排能力。各省份 GDP 数据均来自《中国统计年鉴 2015》，此处 GDP 采用不变的 2005 年居民消费价格指数进行折算。

2. 减排责任

区域减排责任主要取决于累积碳排放量对气温变化、海平面上升的贡献程度，累积碳排放量直接影响发达地区和发展中地区的减排责任。各省份碳排放空间分布呈现较大的差异性，一个不公平的碳配额分配规则将直接妨碍各省份未来减排效率和经济发展需求，因此，减排配额分配需要考虑到发达地区的历史累积碳排放量和发展中地区的经济发展需求。历史累积碳排放量越多的省份需要比欠发达省份承担更大的减排责任，这体现了谁污染谁治理的原则。此处选择 2005～2015 年累积碳排放量作为量化各省份减排责任的指标，这也反映了拥有更高累积碳排放量的省份需要承担更大的减排责任。各省份 2015 年碳排放量是通过 2015 年的各省份 GDP 与碳排放强度相乘获得，2015 年各省份碳强度是通过 2011～2014 年碳强度下降的平均率和 2014 年碳强度折算而成。

3. 减排潜力

碳密集型和高耗能产业对中国碳排放量快速增长具有显著的影响，各省份在工业化进程中释放出大量的碳排放量，随着工业的快速发展，碳排放量也呈现显著的增长趋势。由于不同省份拥有不同的产业结构、能源消费模式、技术进步差距，各省份工业碳排放强度也呈现显著的差异性。碳强度的收敛性证明了具有较强碳强度的省份会积极提高能源使用效率和提升低碳技术进步水平，尽力追赶上发达地区，这也说明经济发展具有明显的区域不平衡性。为了获得高速的经济发展，西部地区成立了大量的高耗能和高污染的产业，具有较强的工业碳强度。西部地区是生态环境较脆弱的地区，其工业处于产值最低端的产业链条上，急需大量的资金援助和低碳技术支持以激发其减排潜力。在减排配额分配时，具有较弱碳强度的东部地区要比欠发达的西部地区应该承担较重的减排负担。此处，本章选择 2015 年工业碳排放强度的倒数作为各省份减排潜力的衡量指标，工业碳强度通过工业碳排放量除以工业附加值(按照 2005 年居民消费价格指数折算)获得，2015 年工业碳强度是根据 2014 年工业碳强度与 2011～2014 年工业碳强度下降的平均率折算而成。

4. 能源效率

能源消费模式和技术进步的区域差距在能源效率转变过程中扮演重要的角

色，能源转变与具有较高能源效率的区域呈现正相关性，与具有较低能源效率的区域呈现负相关性。能耗强度是代表能源效率改进和节能潜力的重要指标。欠发达的西部地区工业通常处于产业链的低端，能源利用效率较低，生态环境比较脆弱；而经济发达的东部地区工业位于产业链的高端，具有较高的工业附加值和较高的能源利用效率。提高能源效率和节约能源通常有两种途径：一是企业转变能源使用类型和推进低碳技术进步；二是增加能源效率改进的设备投资，提升能源使用效率。在设计各省份碳配额分配时，决策者需要考虑不同省份的节能潜力和缩小各省份能源效率的差异性，同时为欠发达的西部地区提供有效的资金援助和技术支持，通过增加能源效率改进的设备投资，推广可再生能源的技术利用，优化工业结构，缩小与东部发达地区的能源效率差距。本章选择能耗强度的倒数代表能源效率的衡量指标，各省份能耗强度是通过能源消耗量除以 GDP(按 2005 年居民消费价格指数折扣)获得，2015 年能耗强度是通过 2014 年能耗强度与“十二五”期间节能目标折算所得。

4.1.2　多维指标减排配额分配模型

由于各省份存在明显的经济发展水平、资源禀赋、碳排放量、能源消费空间分布的差异性，我国区域发展存在不均衡性。以 GDP 为基础的碳配额分配是存在争议的，通常不被较高发展水平省份或具有较低 GDP 和碳强度的省份所接受，这意味着 GDP 越高的省份需要承担越多的减排配额。以碳排放量为基础的碳配额分配暗示经济发达的省份比欠发达的省份承担更重的减排负担，根据共同但有区别的责任原则，较高发展水平的省份争辩具有较高碳排放量的省份同样也需要承担相应的减排责任，而且较高发展水平的省份未来缺乏强有力的节能减排潜力。《碳排放权交易管理暂行办法》规定，在全国碳交易机制下，政府决策者需要考虑社会公正性、利益群体可接受性、能源消费模式和经济发展需求等方面，减排配额分配需要综合考虑到经济发展水平、累积碳排放量、工业碳强度和能源效率四个关键指标，尽量缩小不同指标的区域差异性和减轻各指标间相互作用程度。

在各省份减排配额分配时，解决公平与效率之间的冲突是政府决策者的关键难题。熵值法是根据现有的信息集，对系统状态的无序和相关变量不确定性的度量，该方法被广泛应用于工程学、经济学、环境管理等领域。根据信息熵理论，熵值法是对信息不确定性的度量，是综合考量信息集的客观权重的数学方法。根据熵值理论，熵值法是一种在综合考虑各因素所提供信息量的基础上客观评价权重的数学方法，主要根据各个指标所传递给决策者的信息量大小来确定客观的权重。在关键指标体系中，每个指标的权重反映了各指标在减排分配时的重要程度，合理的权重分配体现了各指标重要性的差异程度。在跨省份进行减排配额分配时，熵值越小，该指标所蕴含的信息量越大，说明该指标在减排配额分配决策时所起到的作用越大，应赋予该指标较大的权重；反之，熵值越大，该指标在决策时所起到的作用越小，应赋予该指标较小的权重。合理的权重分配要从整体优化目标出发，合理性权重能够客观地反映不同指标在减排配额分配时的重要性。若不同省份的某一指标离散程度比较大，说明该指标具有显著的省级差异性，各省份减排配额分配时应赋予更大的权重。根据熵值法，本章提出减排能力、减排责任、减排潜力和能源效率四个指标的决策矩阵 X。

$$X=\begin{bmatrix} x_{11} & x_{12} & \cdots & x_{1m} \\ x_{21} & x_{22} & \cdots & x_{2m} \\ \vdots & \vdots & & \vdots \\ x_{n1} & x_{n2} & \cdots & x_{nm} \end{bmatrix} \tag{4-1}$$

此处 x_{ij} 为第 i 个省份第 j 项指标（$i=1,2,\cdots,30$，$j=1,2,3,4$），将 x_{ij} 进行标准化。

$$p_{ij}=\frac{x_{ij}}{\sum_{i=1}^{30} x_{ij}} \tag{4-2}$$

决策矩阵 X 可以转化为

$$P=\begin{bmatrix} p_{11} & p_{12} & \cdots & p_{1m} \\ p_{21} & p_{22} & \cdots & p_{2m} \\ \vdots & \vdots & & \vdots \\ p_{n1} & p_{n2} & \cdots & p_{nm} \end{bmatrix} \tag{4-3}$$

然后，计算第 j 项指标的信息熵值 e_j，这里采用是实际信息熵值与最大信息熵值 $\ln n$ 的比值，该信息熵值取值范围为 0～1，如果该项指标在 30 个省份没有差异，$p_{ij}=\frac{1}{n}$，即 $e_j=1$，如果该项指标只有一个省份的值，其他省份为 0，$p_{ij}=1$，即 $e_j=0$。

$$e_j=-\frac{\sum_{i=1}^{n} p_{ij}\ln p_{ij}}{\ln n} \tag{4-4}$$

熵值法确定某项指标的权重 w_j 为

$$w_j = \frac{1-e_j}{m-\sum_{j=1}^{m} e_j} \tag{4-5}$$

本节假设全国碳交易市场计划于 2016 年开始进行试点，按照“十三五”期间我国 30 个省份 GDP 增长目标，$\mathrm{GDP}_{2020} = \sum_i \mathrm{GDP}_{i2020}$，到 2020 年我国需要完成相当于 2005 年碳强度水平的 40%～45%的减排目标，即$\alpha = 40\%$或$\alpha = 45\%$。碳排放强度I_t使用t年全国总碳排放量Q_t除以国内生产总值GDP_t，即$I_t = Q_t / \mathrm{GDP}_t$，此处$\mathrm{GDP}_t$按照 2005 年不变居民消费价格指数进行折算。2016～2020 年碳减排总量A为

$$A = \mathrm{GDP}_{2020}(I_{2015} - \alpha\, I_{2005}) \tag{4-6}$$

“十三五”期间，省份i应分配初始碳减排配额q_i为

$$s_i = \frac{\sum_{j=1}^{m} w_j p_{ij}}{\sum_{i=1}^{n}\left(\sum_{j=1}^{m} w_j p_{ij}\right)} \tag{4-7}$$

$$q_i = A \cdot s_i \tag{4-8}$$

“十三五”期间，我国政府确定的各省份碳强度减排目标为

$$\Delta I = \frac{I_{2015} - I_{2020}}{I_{2015}} \times 100\% \tag{4-9}$$

4.2 公平与效率视角下省际减排目标分配

国内外关于碳强度减排目标研究存在以下不足之处：由于不同区域具有不同的经济发展水平、资源禀赋、碳排放量、能源消费空间分布，现有文献分别解决人均 GDP、碳强度和碳排放量为标准的区域性碳强度减排目标分配，碳强度减排目标分配尚未统筹考虑经济发展水平、能源消费模式、碳强度和碳排放量等因素，缺乏客观性和系统性的区域性碳强度减排目标分配途径。本节提出跨省份减排目标设计方案，综合考虑将各省份人口、经济发展水平、能源消费模式、历史累积碳排放量及其工业碳强度等因素，运用信息熵方法构建跨省份减排目标模型，确定各省份的碳强度减排目标分配，为我国政府决策部门设计跨省份碳强度减排目

标方案提供了理论支撑。

4.2.1　碳强度减排目标分配

假设我国政府计划在2014～2020年进行跨省份碳交易市场试点，碳强度CI定义为

$$\mathrm{CI}_t = \frac{C_t}{\mathrm{GDP}_t} \tag{4-10}$$

式中，C_t为碳排放量，GDP_t为国内生产总值（相对于2005年价格水平）。相比于2005年碳强度水平，2020年全国碳强度减排目标为40%～45%，因此，2020年碳强度为

$$\mathrm{CI}_{2020} = (1-\alpha)\cdot \mathrm{CI}_{2005} \tag{4-11}$$

式中，CI_{2005}为2005年碳强度水平，CI_{2020}为2020年碳强度水平。若减排目标为40%，$1-\alpha=0.60$；减排目标为45%时，$1-\alpha=0.55$。因此，各省份2020年碳强度为

$$\mathrm{CI}_{i2020} = (1-\alpha_i)\cdot \mathrm{CI}_{i2005} \tag{4-12}$$

式中，α_i为中央政府给省份i分配的减排目标，CI_{i2005}、CI_{i2020}分别为2005年和2020年省份i的碳强度水平。

$$\alpha_i = f(R_i) = a\ln\left(\frac{1}{R_i}\right) \tag{4-13}$$

此处α_i随着省份i的碳配额综合分配比例R_i上升，减排负担越重，i省份碳强度可以保持在较低的水平；反之，α_i随着R_i下降，其减排负担越轻。2020年全国碳排放总量可以由式(4-11)和式(4-12)表达。

$$C_{2020} = \sum_{i=1}^{30} \mathrm{CI}_{i2005}\cdot \alpha_i \cdot \mathrm{GDP}_{i2020} \tag{4-14}$$

$$C_{2020} = \mathrm{GDP}_{2020}\cdot \mathrm{CI}_{2020} \tag{4-15}$$

式中，C_{2020}为2020年全国碳排放总量，GDP_{2020}、GDP_{i2020}分别为2020年全国和省份i的GDP。假设各省份在2014～2020年每年GDP增长率为7%，$\mathrm{GDP}_{i2020} = \mathrm{GDP}_{i2013}\times(1+7\%)^7$，$\mathrm{GDP}_{2020} = \sum_{i=1}^{30}\mathrm{GDP}_{i2020}$。根据式(4-7)～式(4-12)，参数$\alpha$可以

表达为

$$\alpha = \frac{\mathrm{GDP}_{2020} \cdot \alpha \cdot \mathrm{CI}_{2005}}{\sum_{i=1}^{30} \ln(R_i^{-1}) \cdot \mathrm{CI}_{i2005} \cdot \mathrm{GDP}_{i2020}} \tag{4-16}$$

4.2.2　多维指标权重比例

根据式(4-1)～式(4-5)得知，人均 GDP、累积碳排放量、工业碳强度和能耗强度四个指标客观权重分别为 0.1665、0.2520、0.2778 和 0.3036。表 4-1 显示，从熵值法确定的实际权重数值看，能耗强度是对跨省份碳配额分配影响最大的指标，工业碳强度和累积碳排放量对跨省份配额分配影响次之，人均 GDP 对跨省份配额分配影响最小。由于我国各省份仍处于工业化进程时期，各省份的产业结构和资源禀赋的差异性较大，对煤炭、石油和天然气化石能源拥有较强的依赖性。迅速增长的化石能源消费推进各区域累积碳排放量和工业碳强度迅速上升，因此，累积碳排放量、能耗强度和工业碳强度在各跨省份碳配额分配中拥有较大的权重。人均 GDP 越高的地区意味着拥有越强的经济能力实施环保实践活动，如购买脱硫脱碳设备和引进整体煤气化联合循环发电系统(integrated gasification combined cycle，IGCC)和碳捕获封存(carbon capture and storage，CCS)等减排技术，因此，人均 GDP 在各省份碳配额分配中同样占有较大的比重。

表 4-1　二级指标权重

二级指标	人均 GDP	累积碳排放量	工业碳强度	能耗强度
s_j	0.1665	0.2520	0.2778	0.3036

注：数据来源于《中国能源统计年鉴》和《中国统计年鉴》。此处 2013 年的人均 GDP、工业碳强度和能耗强度均采用 2005 年不变价格水平进行折算，累积碳排放量是 2005～2013 年各省份的历史碳排放总量之和。s_j 是指 j 指标在熵值碳配额分配中占有的权重

4.2.3　碳强度减排目标方案设计

基于四个指标的客观综合权重，本节估算到 2020 年各省份的减排目标分配综合权重比例，如表 4-2 所示。如表 4-2 和图 4-1 所示，相对于 2005 年工业碳强度水平，2020 年河北、山西、山东、贵州、青海、宁夏和新疆减排目标分配的综合权重比例超过 4%。河北、山西和山东拥有较高的累积碳排放量和较强的工业碳强度，而贵州、青海、宁夏和新疆拥有较强的工业碳强度和能耗强度，这些地区应该分配较高的权重比例。内蒙古、辽宁、江苏、河南、湖北、广东、四川、云南和甘肃减排目标分配的综合权重比例介于 3%～4%，其中，内蒙古、辽宁、江苏、河南、湖

北、广东和四川拥有较高的累积碳排放量和较强的工业碳强度，而云南和甘肃拥有较强的工业碳强度和能耗强度。北京、天津、吉林、黑龙江、上海、浙江、安徽、福建、江西、湖南、广西、海南、重庆和陕西减排目标分配的综合权重比例低于 3%，这些地区拥有较低的累积碳排放量、较弱的工业碳强度和能耗强度。

表 4-2　2020 年各省份的减排目标分配方案（相对于 2005 年工业碳强度水平）

地区	分配比例	α_i		调整幅度 $\Delta\alpha_i$ /百分点
		减排目标 40%	减排目标 45%	
北京	2.23%	35.18%	40.58%	5.40
天津	2.84%	39.32%	44.38%	5.06
河北	5.23%	49.70%	53.89%	4.19
山西	4.54%	47.29%	51.69%	4.40
内蒙古	3.72%	43.92%	48.59%	4.67
辽宁	3.73%	43.95%	48.62%	4.67
吉林	2.81%	39.12%	44.19%	5.07
黑龙江	2.68%	38.36%	43.49%	5.13
上海	2.82%	39.18%	44.25%	5.07
江苏	3.62%	43.39%	48.11%	4.72
浙江	2.86%	39.43%	44.47%	5.04
安徽	2.28%	35.57%	40.94%	5.37
福建	2.43%	36.65%	41.93%	5.28
江西	1.91%	32.53%	37.15%	4.62
山东	4.57%	47.43%	51.81%	4.38
河南	3.13%	40.98%	45.90%	4.92
湖北	3.39%	42.32%	47.12%	4.80
湖南	2.66%	38.18%	43.33%	5.15
广东	3.08%	40.62%	45.56%	4.94
广西	2.50%	37.17%	42.41%	5.24
海南	2.72%	38.61%	42.73%	4.12
重庆	2.47%	36.90%	42.16%	5.26
四川	3.01%	40.32%	45.30%	4.98
贵州	4.46%	47.01%	51.42%	4.41
云南	3.54%	43.09%	47.83%	4.74
陕西	2.27%	35.52%	40.89%	5.37

续表

地区	分配比例	α_i		调整幅度 $\Delta\alpha_i$ /百分点
		减排目标 40%	减排目标 45%	
甘肃	3.90%	44.73%	49.34%	4.61
青海	4.15%	45.78%	50.30%	4.52
宁夏	5.57%	50.80%	54.90%	4.10
新疆	4.88%	48.55%	52.84%	4.29
合计	100.00%			

注：①数据来源于历年《中国能源统计年鉴》和《中国统计年鉴》，因数据不全，未包括西藏、香港、澳门、台湾；②2013 年各省份的人均 GDP、工业碳强度和能耗强度均采用 2005 年不变居民消费价格指数水平进行折算，累积碳排放量是由 2005～2013 年历史碳排放量累积的总和；③各省份年增长率均为 7%，相对于 2005 年工业碳强度水平，2020 年碳强度削减率分别为 40%和 45%；④ α_i 为 2014～2020 年 i 省份碳强度削减目标

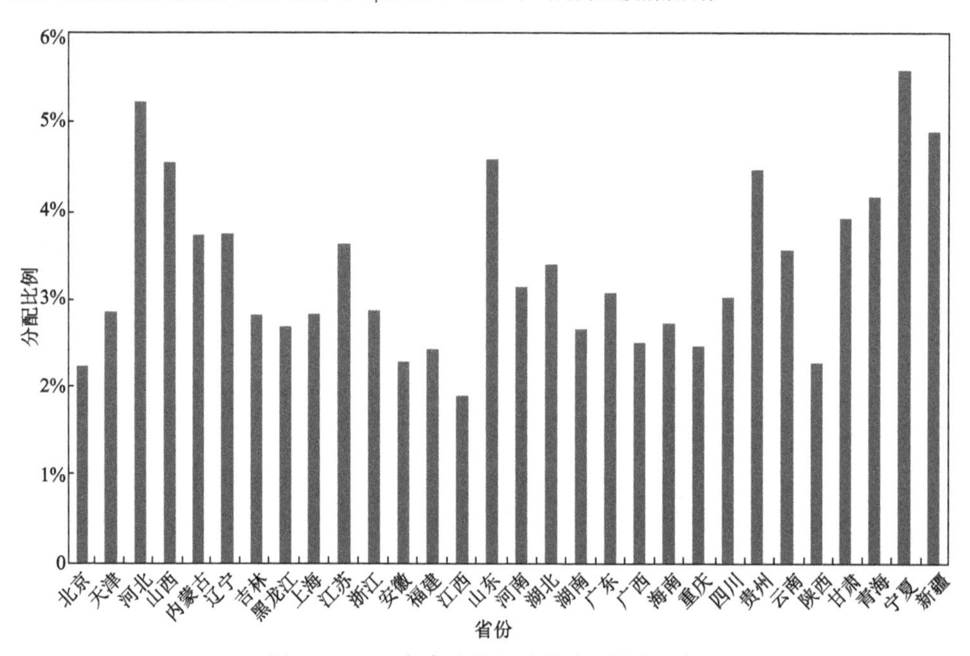

图 4-1　2020 年各省份的减排分配综合比例

如表 4-2 和图 4-2 所示，若我国政府计划 2020 年全国碳强度比 2005 年碳强度水平下降 40%，河北、山西、山东、贵州、青海、宁夏和新疆 2020 年需要承担超过 45%的减排目标负担，内蒙古、辽宁、江苏、河南、湖北、广东、四川、云南和甘肃 2020 年需要承担减排目标介于 40%～45%，这些地区分配减排目标均高于全国碳强度平均 40%减排目标，拥有较高的累积碳排放量、较强的工业碳强度和能耗强度。其他地区需要承担的减排目标均低于全国 40%减排目标水平，这些地区拥有较低的累积碳排放量、较弱的工业碳强度和能耗强度。其中，宁夏承担

最高的减排目标负担，江西承担最低的减排目标负担。如表 4-2 和图 4-3 所示，若我国政府计划 2020 年全国碳强度下降 45%，河北、山西、内蒙古、辽宁、江苏、山东、河南、湖北、广东、四川、贵州、云南、甘肃、青海、宁夏和新疆需要承担超过 45%的减排目标负担，而其他地区承担低于全国 45%的减排目标负担。

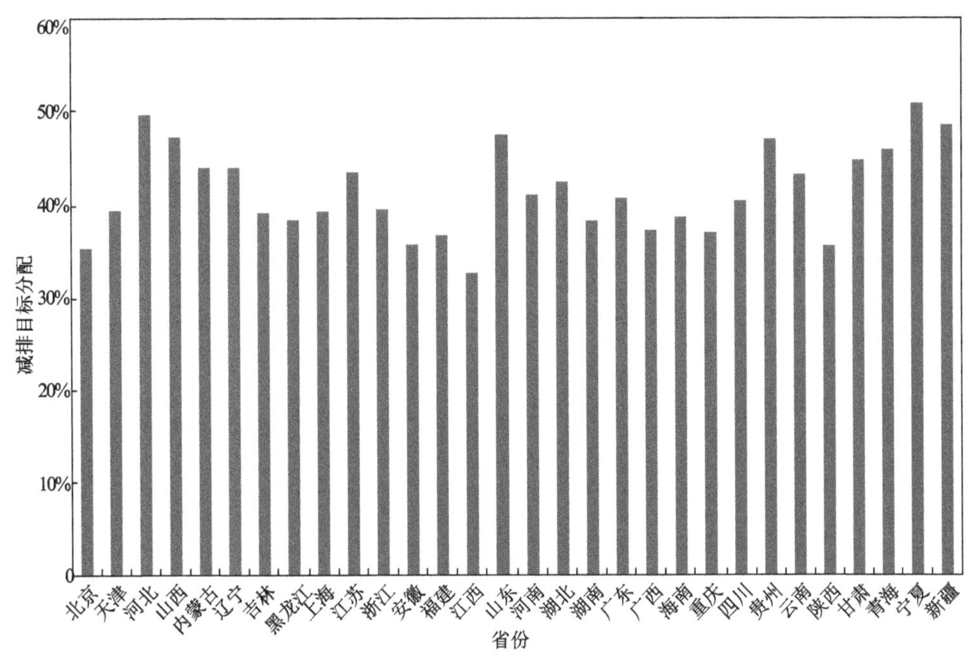

图 4-2　2020 年各省份的减排目标分配（$\alpha = 40\%$）

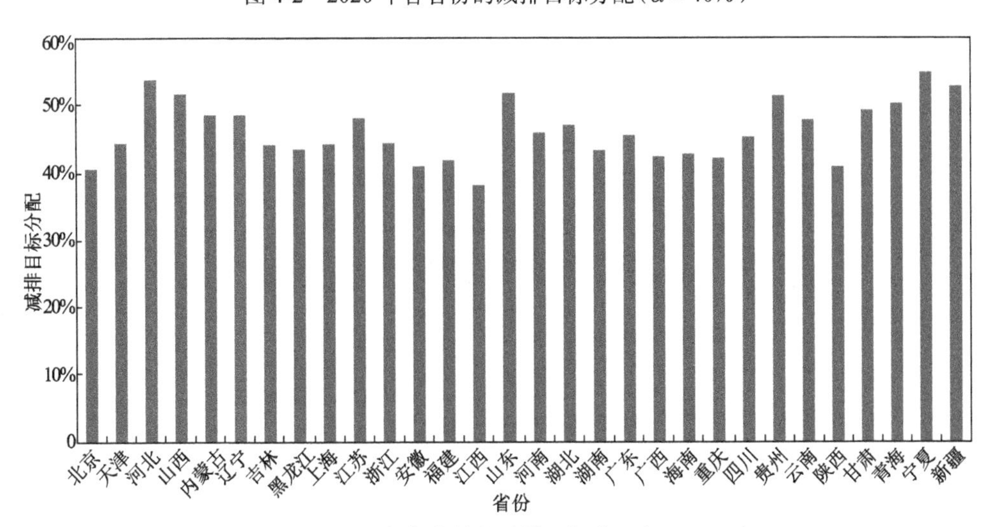

图 4-3　2020 年各省份的减排目标分配（$\alpha = 45\%$）

如表 4-2 和图 4-4 所示，相对于 2005 年全国碳强度水平，2020 年中国减排目标上调 5 个百分点的增幅，北京、天津、吉林、黑龙江、上海、浙江、安徽、福建、江西、湖南、广西、重庆和陕西 2020 年减排目标调整幅度均高于全国平均 5 个百分点的增幅水平，这些地区均具有较高的经济发展水平、较低的累积碳排放量、较弱的工业碳强度和能耗强度，其中减排目标增幅最大是北京，北京的工业碳强度和能耗强度全国最弱，减排责任和减排潜力均面临巨大的减排空间压力。其他地区减排调整幅度均低于全国平均的 5 个百分点的调整幅度，拥有较强的工业碳强度和能耗强度，其中减排目标增幅最小是宁夏，宁夏拥有全国最强的工业碳强度和能耗强度，减排责任和减排潜力相对于其他地区拥有较大的减排空间。由此可见，随着全国减排目标下降幅度增大，拥有较强的工业碳强度和能耗强度的省份具备较高的减排潜力，上调减排目标负担压力会逐步减弱；而拥有较弱的工业碳强度和能耗强度的省份具备较低的减排潜力，上调减排目标负担压力会逐步增强。

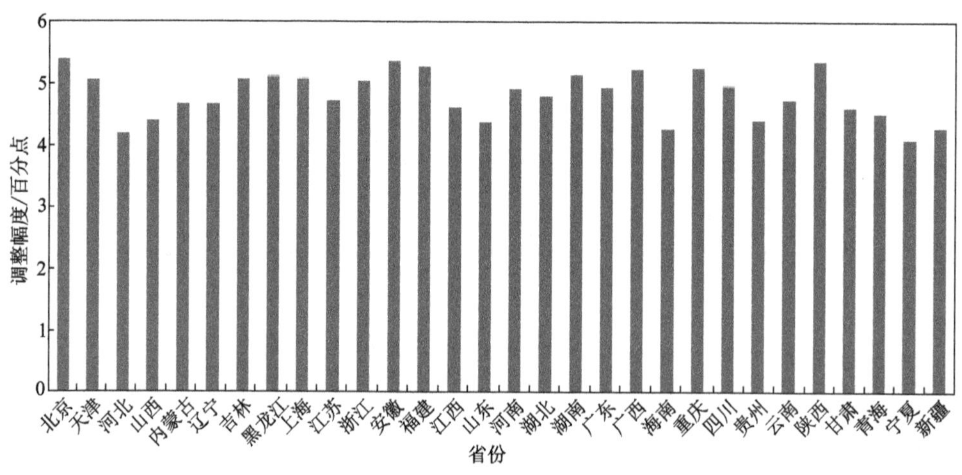

图 4-4 2020 年各省份的减排目标调整幅度

（全国碳强度减排目标从 40%上调到 45%）

4.3 省际初始减排配额分配与讨论

省际初始减排配额是开展全国碳交易市场的基础性制度，政府决策者需要公平、有效地解决在不同减排目标设置下 30 个省份的初始减排配额。国内学者研究的几种减排配额分配方法设计，有历史排放法（令狐大智和叶飞，2015）、碳资本存量法（李钢和廖建辉，2015）、GDP 法（崔连标等，2013；Cui et al.，2014）、碳强度法（Yi et al.，2011；Yu et al.，2012；Zhou et al.，2013），由于各省份在 GDP、累积碳排放量、碳强度和能耗强度方面存在较大的区域不平衡性，从公平和效率视角，本节综合考虑上述四个因素的省际差异性，提出一套多维指标的省际初始减排配额分配方案。

4.3.1　GDP 法下省际初始减排配额分配

经过模拟计算，以 GDP 为基础省际初始减排配额分配，如表 4-3 所示。如表 4-3 和图 4-5 所示，政府决策者通过 GDP 指标对全国 30 个省份进行减排配额分配时，由于 2015 年广东、江苏、山东、浙江、河南、河北等省份 GDP 总量位于全国 30 个省份前列，减排比例较大的五个省份依次为广东(10.31%)、江苏(9.68%)、山东(8.93%)、浙江(6.09)、河南(5.01%)，五个省份减排比例均超过 5%，共计占当年全国总减排量的 40.02%。北京、河北、辽宁、上海、四川、安徽、福建、湖北、湖南等省份 GDP 在全国 GDP 总量中占有较大比例，其减排比例均介于 3%～5%，而海南、甘肃、青海和宁夏四个省份 GDP 在全国 GDP 总量占有较低比例，其减排比例均低于 1%，四个省份共计占到全国总减排量的 2.04%。

表 4-3　GDP 法下省际初始减排配额分配

省份	减排比例	减排目标(40%)		减排目标(45%)	
		初始减排配额/万吨	碳强度下降	初始减排配额/万吨	碳强度下降
北京	3.30%	3 297.25	23.27%	6 322.43	44.62%
天津	2.30%	2 302.29	9.47%	4 414.61	18.15%
河北	4.11%	4 113.62	3.88%	7 887.81	7.44%
山西	1.76%	1 756.59	3.93%	3 368.24	7.53%
内蒙古	2.48%	2 477.77	5.73%	4 751.08	10.99%
辽宁	4.01%	4 009.72	7.07%	7 688.58	13.56%
吉林	1.96%	1 960.10	8.88%	3 758.45	17.02%
黑龙江	2.04%	2 044.20	7.57%	3 919.72	14.52%
上海	3.47%	3 466.60	12.84%	6 647.15	24.63%
江苏	9.68%	9 681.67	10.66%	18 564.45	20.45%
浙江	6.09%	6 091.50	12.91%	11 680.35	24.75%
安徽	3.06%	3 060.52	7.36%	5 868.50	14.11%
福建	3.69%	3 691.31	11.51%	7 078.02	22.06%
江西	2.31%	2 312.09	7.40%	4 433.40	14.19%
山东	8.93%	8 930.87	8.93%	17 124.80	17.12%
河南	5.01%	5 011.86	8.30%	9 610.15	15.92%
湖北	4.03%	4 028.16	8.14%	7 723.94	15.61%

续表

省份	减排比例	减排目标(40%)		减排目标(45%)	
		初始减排配额/万吨	碳强度下降	初始减排配额/万吨	碳强度下降
湖南	4.00%	4 001.46	9.88%	7 672.74	18.95%
广东	10.31%	10 313.22	15.67%	19 775.44	30.05%
广西	2.28%	2 276.65	7.36%	4 365.43	14.11%
海南	0.49%	490.76	9.59%	941.03	18.38%
重庆	2.19%	2 189.47	8.82%	4 198.28	16.92%
四川	4.07%	4 069.25	8.07%	7 802.72	15.47%
贵州	1.41%	1 409.17	4.39%	2 702.07	8.41%
云南	1.83%	1 826.40	5.86%	3 502.10	11.23%
陕西	2.44%	2 441.90	8.03%	4 682.30	15.41%
甘肃	0.88%	875.90	4.52%	1 679.52	8.66%
青海	0.29%	286.39	3.52%	549.15	6.76%
宁夏	0.38%	377.85	3.30%	724.52	6.32%
新疆	1.20%	1 199.32	3.70%	2 299.68	7.10%
合计	100.00%	99 993.86		191 736.66	

注：30 个省份 2020 年 GDP 是根据 2015 年 GDP 和“十三五”期间各省份设定预期增长目标计算所得，省际 GDP 按照 2005 年不变居民消费价格指数进行折算所得，且假定“十三五”期间居民消费价格指数与“十二五”期间保持相同的水平

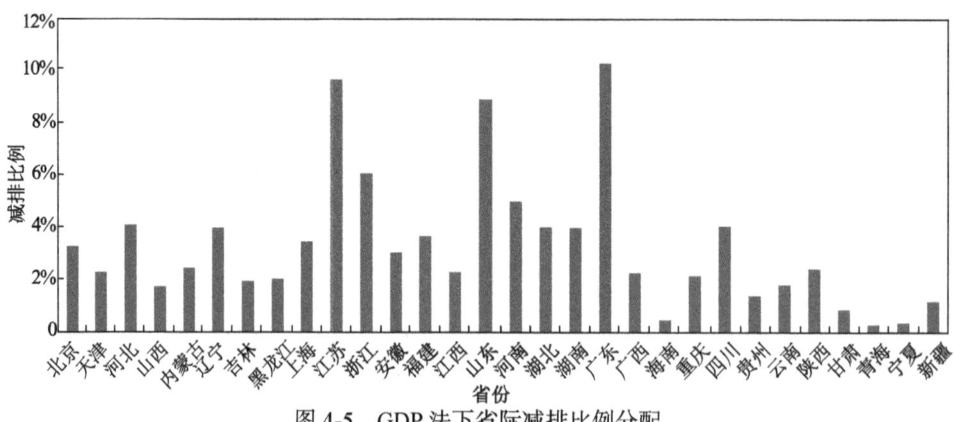

图 4-5 GDP 法下省际减排比例分配

“十三五”期间，若中国政府在 2020 年实现 40%的减排目标，全国总减排量为 99 993.86 万吨，占到 2020 年总二氧化碳排放量 110.09 亿吨的 9.08%。如表 4-3 和图 4-6 所示，减排配额较大的五个省份依次为广东(10 313.22 万吨)、江苏(9681.67 万吨)、山东(8930.87 万吨)、浙江(6091.50 万吨)、河南(5011.86 万吨)，

均超过 5000 万吨，减排配额为 3000 万～5000 万吨的省份有北京(3297.25 万吨)、河北(4113.62 万吨)、辽宁(4009.72 万吨)、上海(3466.60 万吨)、安徽(3060.52 万吨)、福建(3691.31 万吨)、湖北(4028.16 万吨)、湖南(4001.46 万吨)、四川(4069.25 万吨)，而减排配额低于 1000 万吨的省份依次有海南(490.76 万吨)、甘肃(875.90 万吨)、青海(286.39 万吨)、宁夏(377.85 万吨)。如表 4-3 和图 4-7 所示，“十三五”期间相对于 2015 年省际碳强度水平，碳强度下降较大的省份依次有北京(23.27%)、广东(15.67%)、浙江(12.91%)、上海(12.84%)、福建(11.51%)和江苏(10.66%)，这些省份碳强度下降比例均超过了10%，碳强度下降比例低于4%的省份有河北(3.88%)、山西(3.93%)、青海(3.52%)、宁夏(3.30%)和新疆(3.70%)，而其他省份碳强度水平下降比例介于 4%～10%。

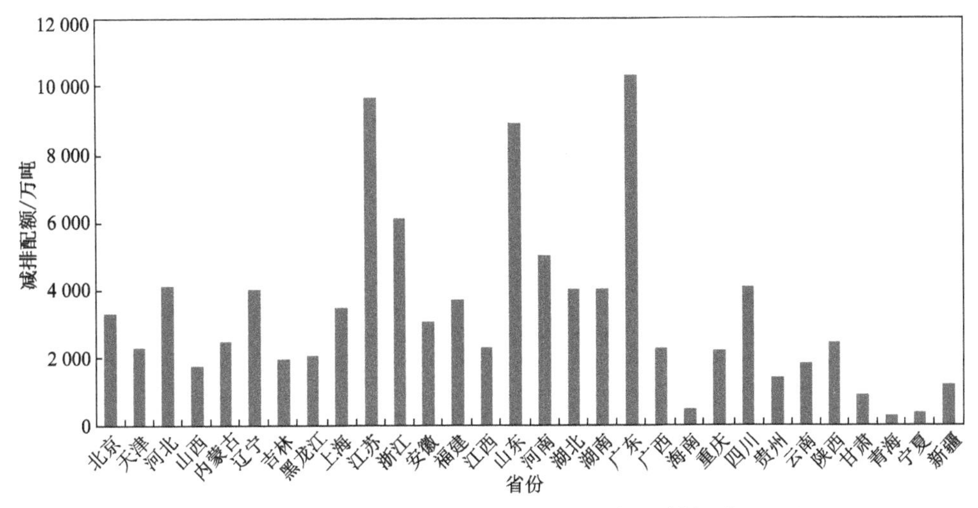

图 4-6　GDP 法下省际初始减排配额分配(全国减排目标 40%)

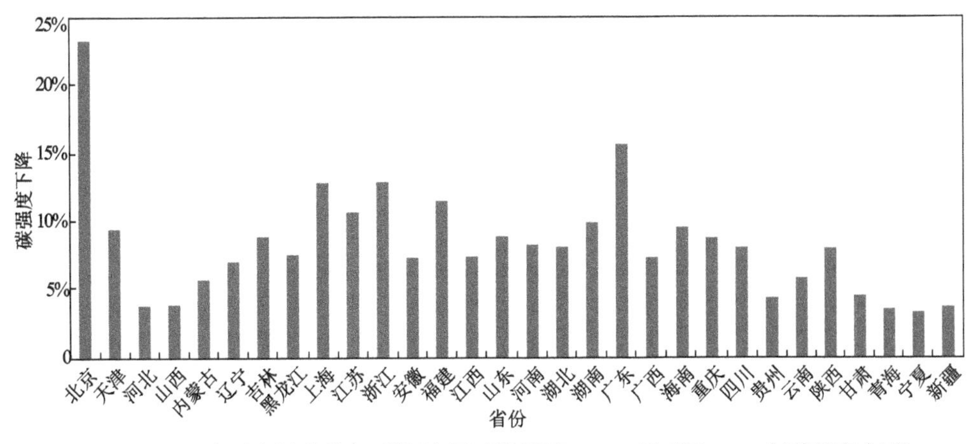

图 4-7　GDP 法下省际碳强度下降(全国减排目标 40%，相对于 2015 年碳强度水平)

若我国政府 2020 年实现 45%的减排目标，全国总减排量为 191 736.66 万吨，占到 2020 年总二氧化碳排放量 100.92 亿吨的 19.00%。如表 4-3 和图 4-8 所示，“十三五”期间，广东、江苏、山东、浙江四个省份减排配额均超过 1.00 亿吨，海南、青海和宁夏三个省份减排配额均低于 1000 万吨。如表 4-3 和图 4-9 所示，相对于 2015 年省际碳强度水平，“十三五”期间北京碳强度水平下降比例最高，广东、上海、浙江、福建和江苏五个省份碳强度下降比例均超过 20%，而河北、山西、贵州、甘肃、青海、宁夏和新疆碳强度下降比例均低于 10%，其他省份碳强度下降水平介于 10%～20%。

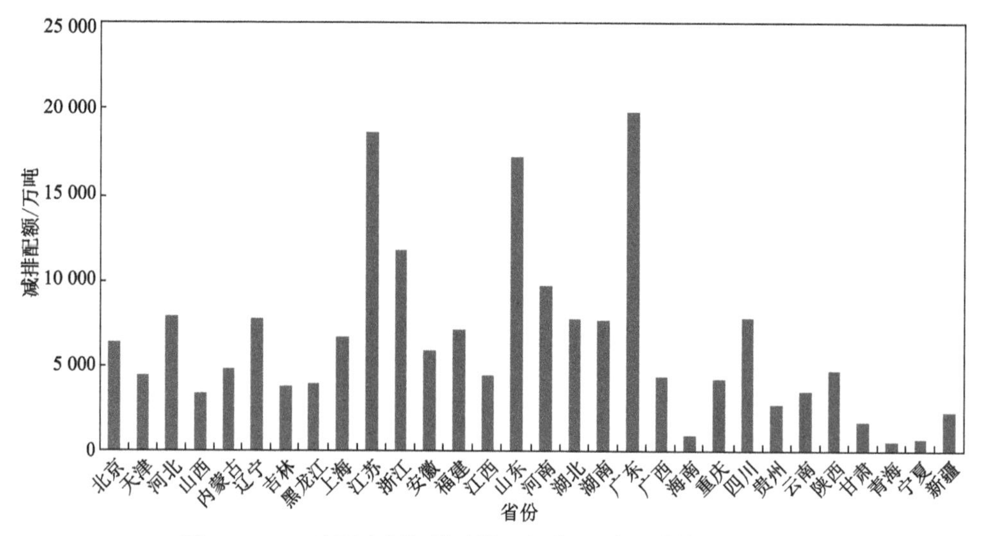

图 4-8　GDP 法下省际初始减排配额分配(全国减排目标 45%)

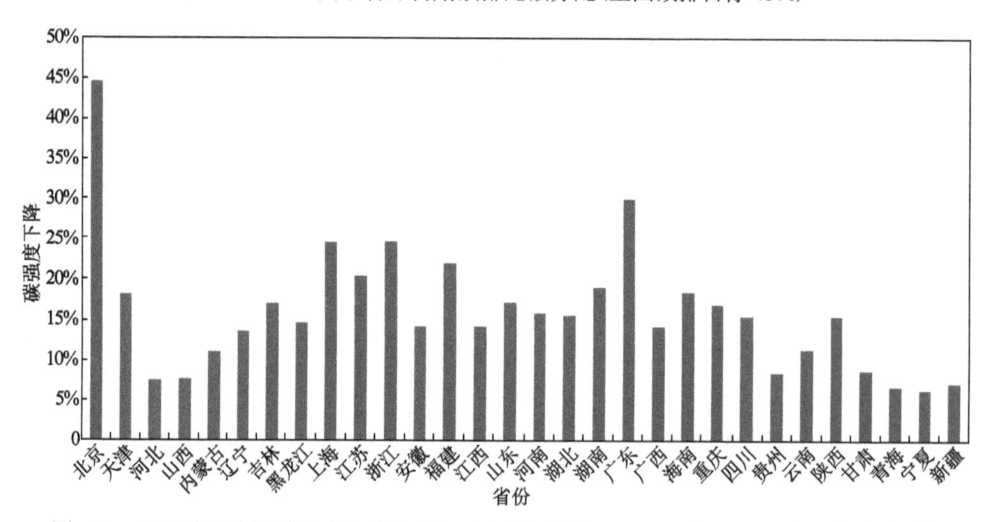

图 4-9　GDP 法下省际碳强度下降比例(全国减排目标 45%，相对于 2015 年碳强度水平)

相对于全国 40%的减排目标，如图 4-10 所示，在 45%的减排目标下，政府若采用 GDP 指标为基础减排配额分配模式，“十三五”期间，北京碳强度下降幅度是 30 个省份中最大的，碳强度调整幅度为 21.35 个百分点，碳强度调整幅度为 10～20 个百分点的省份依次有广东(14.38 个百分点)、浙江(11.84 个百分点)、上海(11.79 个百分点)、福建(10.55 个百分点)。北京和上海拥有较高的 GDP 总量，但工业碳强度和能耗强度均较弱，未来减排和节能潜力空间较小，北京和上海减排将面临较大的挑战，而广东和浙江拥有较强的工业碳强度和能耗强度，广东和浙江 GDP 在全国 GDP 总量中占有较大比重，在此种分配方式下承担较重的减排负担，未来减排压力也较大。碳强度调整幅度低于 5 个百分点的省份有河北(3.56 个百分点)、山西(3.60 个百分点)、贵州(4.02 个百分点)、甘肃(4.14 个百分点)、青海(3.24 个百分点)、宁夏(3.02 个百分点)和新疆(3.40 个百分点)，这些省份拥有较强的工业碳强度和能耗强度，未来减排和节能空间较大。

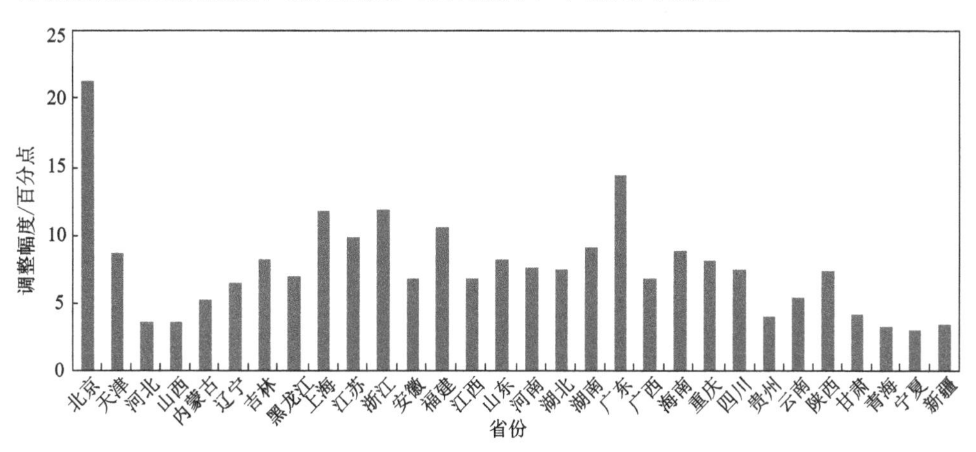

图 4-10　GDP 法下省际碳强度调整幅度(全国减排目标从 40%调整为 45%)

4.3.2　累积碳排放量法下省际初始减排配额分配

1997 年《联合国气候变化框架公约》第三次缔约方会议通过的《京都议定书》，申明了共同但有区别的责任原则。累积碳排放总量将影响到冰川融化、海平面上升、气温上升等，根据谁释放谁治理的原则，释放更多碳排放量的省份越需要承担更重的减排配额。

经模拟计算，以累积碳排放量为基础的省际减排负担和初始减排配额分配，如表4-4所示。如表4-4和图4-11所示，2005～2015年累积碳排放量最多五个省份依次为河北、山东、江苏、广东、河南和辽宁，分别承担全国总减排量的比例依次为8.68%、8.66%、6.93%、5.91%、5.39%和5.35%，共计占到全国总减排量的40.93%，这些省份承担了较高的减排负担。北京、天津、重庆、甘肃、海南、青海和宁夏等省份累积碳排放量处于相对较低水平，北京、天津、重庆和甘肃承担的减排比例介于1%～2%，其中减排比例不到1%的三个省份为海南(0.38%)、青海(0.58%)和宁夏(0.86%)，这七个省份共计承担了全国总减排量的8.56%。特别是北京、天津和重庆三个省份经济发展水平较高，具有足够的资金能力购买脱硫脱碳设备、碳捕获封存技术和整体煤气化联合循环发电系统，努力实现政府设定的减排配额。相对于 GDP 法下省际减排比例，北京、天津、上海、江苏、浙江、安徽、福建、江西、山东、湖南、广东、海南、重庆和陕西14个省份减排负担有所下降，而其他省份减排负担得到一定程度提升，其中河北减排负担增加了4.58%，江苏减排负担降低了2.75%。

表 4-4　累积碳排放量法下省际初始减排配额分配

省份	减排比例	减排目标(40%)		减排目标(45%)	
		初始减排配额/万吨	碳强度下降	初始减排配额/万吨	碳强度下降
北京	1.54%	1 543.71	10.90%	2 960.04	20.89%
天津	1.83%	1 830.55	7.53%	3 510.05	14.43%
河北	8.68%	8 686.25	8.20%	16 655.74	15.72%
山西	4.02%	4 023.02	9.00%	7 714.08	17.26%
内蒙古	4.01%	4 007.74	9.27%	7 684.78	17.77%
辽宁	5.35%	5 344.95	9.42%	10 248.85	18.07%
吉林	2.29%	2 294.01	10.39%	4 398.73	19.92%
黑龙江	2.35%	2 349.06	8.70%	4 504.28	16.69%
上海	2.61%	2 610.67	9.67%	5 005.92	18.54%
江苏	6.93%	6 924.98	7.63%	13 278.53	14.63%
浙江	4.12%	4 119.27	8.73%	7 898.64	16.74%
安徽	2.91%	2 913.95	7.01%	5 587.46	13.44%
福建	2.51%	2 512.57	7.83%	4 817.81	15.02%
江西	2.09%	2 090.07	6.69%	4 007.67	12.83%
山东	8.66%	8 660.45	8.66%	16 606.28	16.60%
河南	5.39%	5 389.44	8.93%	10 334.17	17.11%
湖北	4.22%	4 222.89	8.53%	8 097.33	16.36%
湖南	3.58%	3 576.06	8.83%	6 857.03	16.94%
广东	5.91%	5 912.57	8.98%	11 337.25	17.23%

续表

省份	减排比例	减排目标(40%)		减排目标(45%)	
		初始减排配额/万吨	碳强度下降	初始减排配额/万吨	碳强度下降
广西	2.37%	2 367.49	7.65%	4 539.62	14.67%
海南	0.38%	3 84.51	7.51%	737.29	14.40%
重庆	1.81%	1 805.35	7.28%	3 461.73	13.95%
四川	4.14%	4 135.87	8.20%	7 930.47	15.72%
贵州	2.23%	2 225.75	6.93%	4 267.83	13.29%
云南	2.50%	2 496.40	8.00%	4 786.81	15.35%
陕西	2.31%	2 309.85	7.60%	4 429.10	14.57%
甘肃	1.56%	1 557.38	8.03%	2 986.25	15.40%
青海	0.58%	582.53	7.17%	1 117.00	13.75%
宁夏	0.86%	856.32	7.47%	1 641.98	14.32%
新疆	2.26%	2 260.22	6.98%	4 333.94	13.38%
合计	100.00%	99 993.88		191 736.66	

注：累积碳排放量是根据30个省份的2005～2015年历史碳排放量计算得出的，假定“十三五”期间省际累积二氧化碳排放量比例保持不变

如表4-4和图4-12所示，若政府决策实现40%的减排目标，在“十三五”期间，河北(8686.25万吨)、辽宁(5344.95万吨)、江苏(6924.98万吨)、山东(8660.45万吨)、河南(5389.44万吨)和广东(5912.57万吨)初始减排配额均超过5000万吨，其中，河北承担的减排配额是最高的；北京(1543.71万吨)、天津(1830.55万吨)、海南(384.51万吨)、重庆(1805.35万吨)、甘肃(1557.38万吨)、青海(582.53万吨)和宁夏(856.32万吨)承担的减排配额均低于2000万吨，其中，海南、青海和宁夏承担的减排配额是较低的。“十三五”期间，其他省份承担的减排配额为2000万～5000万吨。如表4-4和图4-13所示，相对于2015年省际碳强度水平，“十三五”期间北京和吉林碳强度水平下降比例略超过10%，而其他省份碳强度水平均介于6%～10%，省际碳强度水平下降水平呈现较小的差异性。相对于GDP法下的省际碳强度水平，累积碳排放量法下北京、天津、上海、江苏、浙江、安徽、福建、江西、山东、湖南、广东、海南、重庆、陕西14个省份碳强度水平下降幅度明显减轻，其中碳强度下降压力减轻较大的三个省份依次为北京、广东和浙江，而其他省份碳强度水平下降幅度明显增加，其中碳强度下降压力增加较大的三个

省份依次是山西、河北和宁夏。

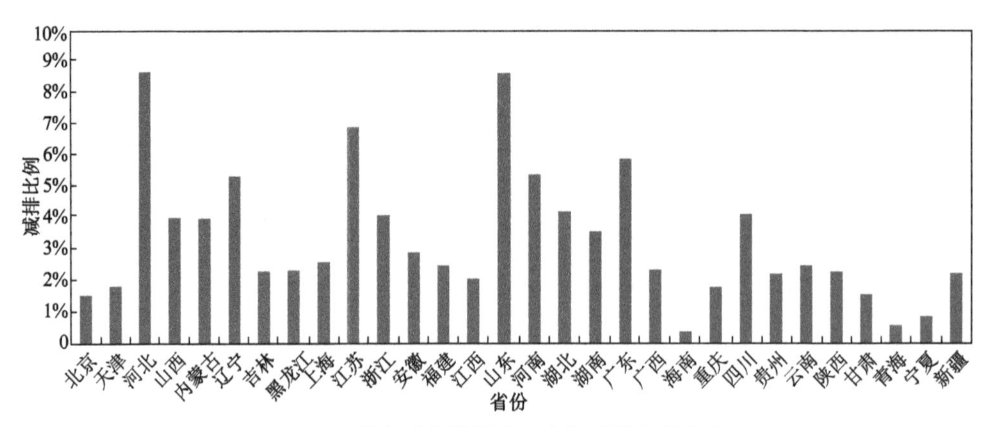

图 4-11　累积碳排放量法下省际减排比例分配

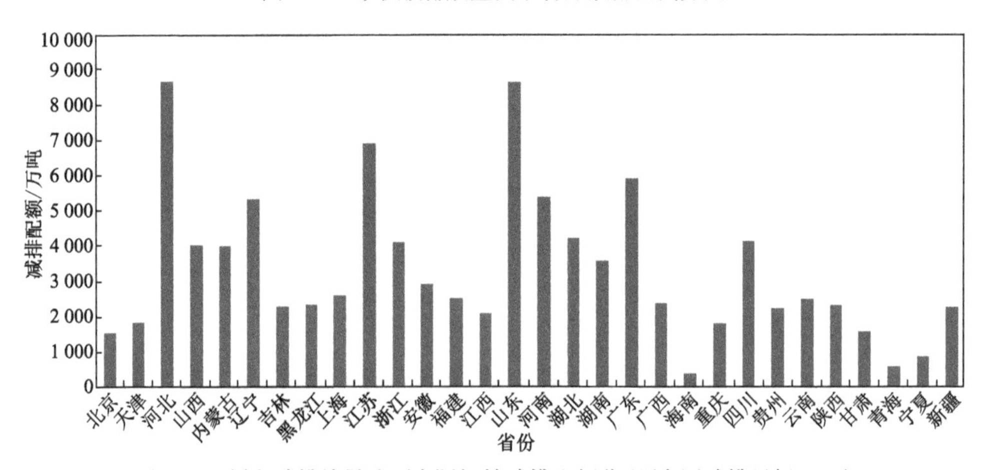

图 4-12　累积碳排放量法下省际初始减排配额分配(全国减排目标 40%)

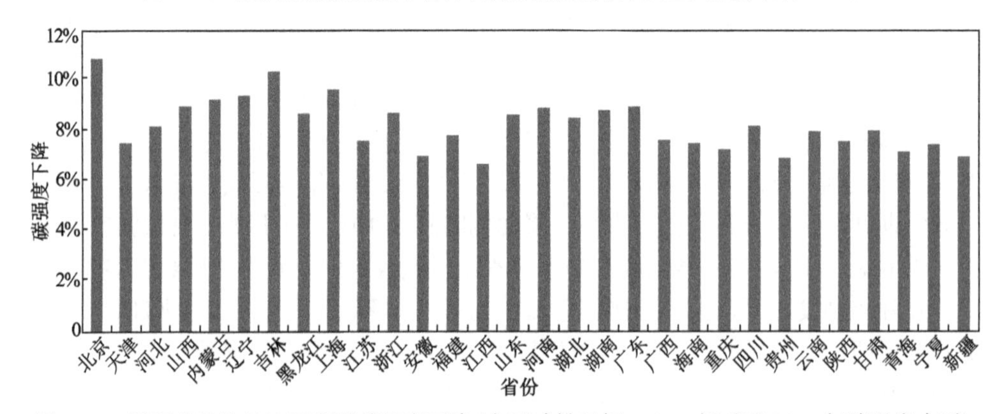

图 4-13　累积碳排放量法下省际碳强度下降(全国减排目标 40%，相对于 2015 年碳强度水平)

如表 4-4 和图 4-14 所示，政府决策实现 45%的减排目标，“十三五”期间，初始减排配额超过 1 亿吨的省份有河北(16 655.74 万吨)、辽宁(10 248.85 万吨)、江苏(13 278.53 万吨)、山东(16 606.28 万吨)、河南(10 334.17 万吨)和广东(11 337.25 万吨)，初始减排配额低于 2000 万吨的省份有海南(737.29 万吨)、青海(1117.00 万吨)和宁夏(1641.98 万吨)，而其他省份初始减排配额均介于 2000 万～1 亿吨。如表 4-4 和图 4-15 所示，相对于 2015 年碳强度水平，2020 年北京、辽宁、吉林和上海四个省份碳强度下降比例均超过 18%，其他省份碳强度下降比介于 12%～18%。相对于 GDP 法下碳强度减排目标，北京、天津、上海、江苏、浙江、安徽、福建、江西、山东、湖南、广东、海南、重庆、陕西 14 个省份碳强度下降比例缩小，其中碳强度下降比例缩小幅度较大的三个省份依次为北京(23.73%)、广东(12.82%)和浙江(8.01%)，而其他省份碳强度下降比例均有所放大，其中碳强度下降比例明显放大的五个省份依次有山西(9.73%)、河北(8.28%)、宁夏(8.00%)、青海(6.99%)和内蒙古(6.78%)。以累积碳排放量为基础进行省际减排负担和减排配额分配，高耗能产业集中的河北、辽宁、山西、内蒙古及西北部的甘肃、青海、宁夏和新疆将承受较大的减排负担，应分配更重的减排配额。如表 4-4 和图 4-16 所示，全国总减排目标从 40%调整为 45%，北京、山西、内蒙古、辽宁、吉林、上海、浙江、河南、湖南和广东碳强度下降幅度放大，介于 8～10 个百分点，而其他省份碳强度下降幅度放大，介于 6～8 个百分点，相对于以 GDP 法为基础的减排目标调整，累积碳排放量为基础的减排目标调整相对较为平衡，省际减排目标调整幅度变化较小。

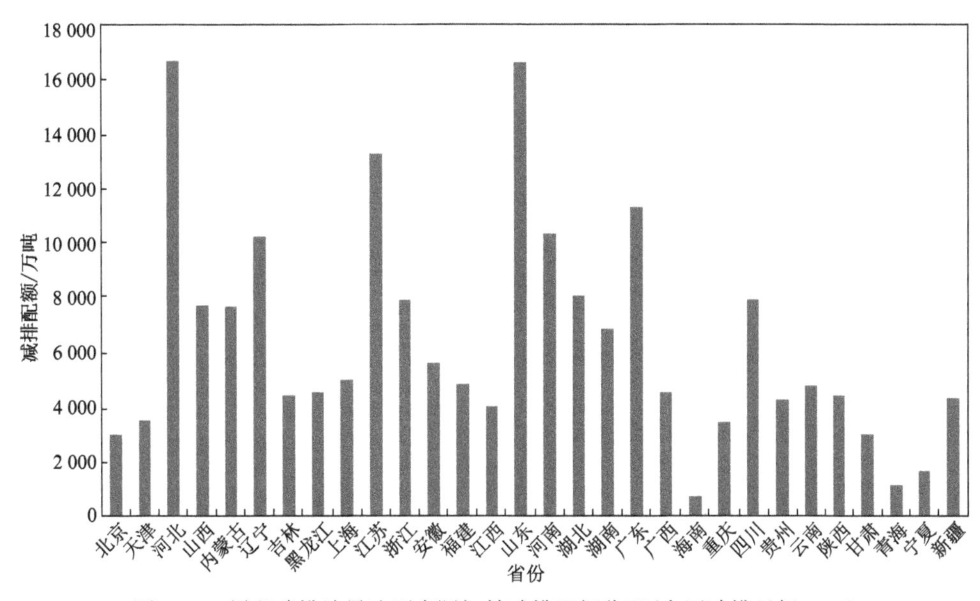

图 4-14　累积碳排放量法下省际初始减排配额分配(全国减排目标 45%)

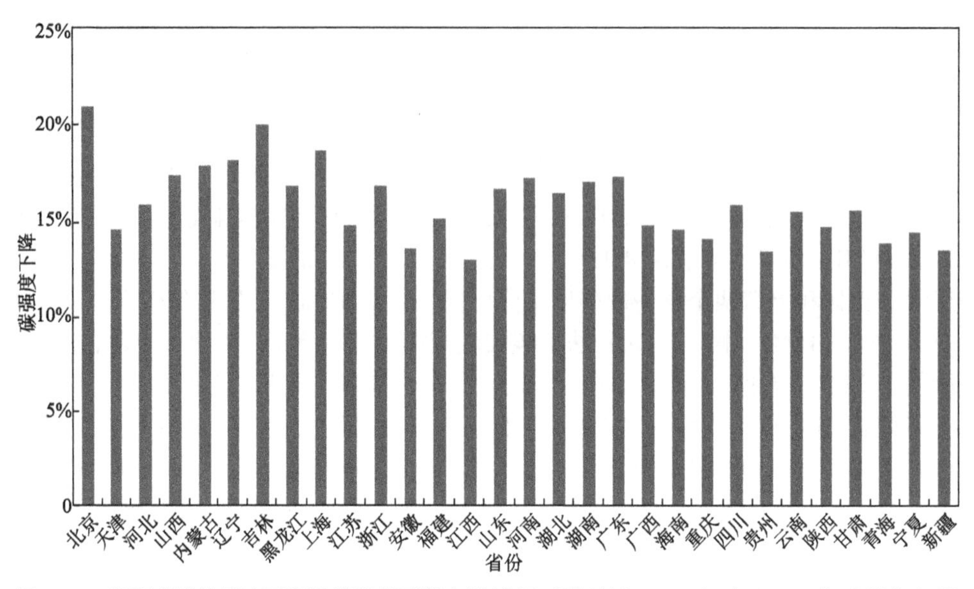

图 4-15　累积碳排放量法下省际碳强度下降比例（全国减排目标 45%，相对于 2015 年碳强度水平）

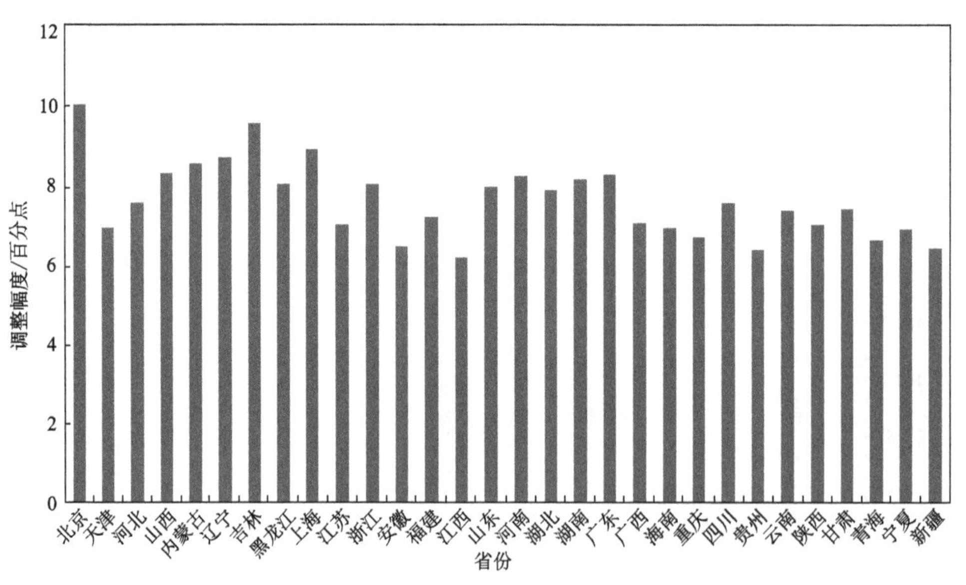

图 4-16　累积碳排放量法下省际碳强度调整幅度（全国减排目标从 40%调整为 45%）

4.3.3　工业碳强度法下省际初始减排配额分配

由于区域经济发展不均衡性，省际工业结构、能源消费模式和工业碳强度呈现较大的差异性，工业碳强度指标对各省份减排负担和初始减排配额的影响呈现较大的区域差异性。表 4-5 为工业碳强度法下省际减排负担和初始减排配额分配情况。如表4-5和图4-17所示，广东、浙江、福建和湖南四个省份承担减排比例超过全国总减排量的5%，共计占到全国总减排量的23.52%。山西、海南、云南、甘肃、青海、宁夏和新疆七个省份工业碳强度显著高于全国工业碳强度的平均水平，其位于工业产业链低端，生态环境较脆弱，这些省份承担的减排比例均低于2%，而其他省份承担的减排比例介于2%～5%。

表4-5 工业碳强度法下省际初始减排配额分配

省份	减排比例	减排目标(40%)		减排目标(45%)	
		初始减排配额/万吨	碳强度下降	初始减排配额/万吨	碳强度下降
北京	4.05%	4 057.43	28.64%	7 780.05	54.91%
天津	4.41%	4 408.94	18.13%	8 454.07	34.76%
河北	3.25%	3 248.33	3.07%	6 228.63	5.88%
山西	1.46%	1 461.58	3.27%	2 802.56	6.27%
内蒙古	2.88%	2 878.70	6.66%	5 519.87	12.76%
辽宁	2.95%	2 947.05	5.20%	5 650.92	9.96%
吉林	4.14%	4 139.93	18.75%	7 938.25	35.96%
黑龙江	3.09%	3 091.46	11.45%	5 927.82	21.96%
上海	4.80%	4 795.37	17.76%	9 195.03	34.06%
江苏	4.00%	4 000.90	4.41%	7 671.66	8.45%
浙江	5.59%	5 598.80	11.86%	10 735.60	22.75%
安徽	3.53%	3 526.98	8.48%	6 762.93	16.26%
福建	5.18%	5 180.69	16.15%	9 933.90	30.97%
江西	3.15%	3 144.81	10.07%	6 030.13	19.30%
山东	3.58%	3 580.73	3.58%	6 866.00	6.86%
河南	3.78%	3 776.16	6.25%	7 240.72	11.99%
湖北	3.73%	3 730.36	7.54%	7 152.91	14.45%
湖南	5.03%	5 029.34	12.42%	9 643.67	23.82%
广东	7.70%	7 708.60	11.71%	14 781.12	22.46%
广西	2.64%	2 639.06	8.53%	5 060.35	16.36%
海南	1.49%	1 491.35	29.13%	2 859.64	55.85%
重庆	3.42%	3 417.05	13.77%	6 552.14	26.41%

续表

省份	减排比例	减排目标(40%)		减排目标(45%)	
		初始减排配额/万吨	碳强度下降	初始减排配额/万吨	碳强度下降
四川	3.32%	3 317.27	6.58%	6 360.80	12.61%
贵州	2.26%	2 255.76	7.02%	4 325.38	13.46%
云南	1.86%	1 855.40	5.95%	3 557.69	11.41%
陕西	3.80%	3 795.26	12.49%	7 277.35	23.95%
甘肃	1.41%	1 417.27	7.31%	2 717.59	14.01%
青海	1.29%	1 287.70	15.85%	2 469.14	30.38%
宁夏	1.01%	1 012.08	8.83%	1 940.65	16.93%
新疆	1.20%	1 199.54	3.70%	2 300.09	7.10%
合计	100.00%	99 993.90		191 736.66	

注：①此处工业碳排放量包括化石能源燃烧释放的碳排放量和钢铁、水泥工业过程分解释放的碳排放量；②假定“十三五”期间，省际工业碳强度相对比例不会发生变化，即减排负担比例不变

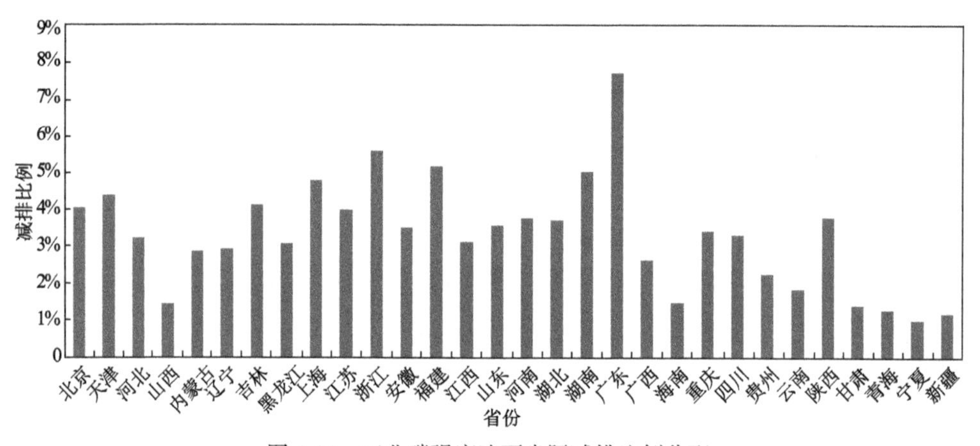

图 4-17　工业碳强度法下省际减排比例分配

如表 4-5 和图 4-18 所示，政府决策实现 40%的减排目标，广东、浙江、福建和湖南四个省份承担的初始减排配额均超过 5000 万吨，北京、天津、吉林、上海、江苏五个省份承担的初始减排配额介于 4000 万～5000 万吨，而经济水平较高且高耗能产业集中的省份河北、江苏、山东却承担较低的初始减排配额，煤炭消费结构突出的山西、内蒙古和陕西等省份也承担较低的初始减排配额。相对于 GDP 法和累积碳排放量法，工业碳强度法下初始减排配额显著增大的省份有北京、天津、吉林、黑龙江、上海、安徽、福建、江西、湖南、广西、海南、重庆、陕西、青海和宁夏，而初始减排配额明显缩小的省份有河北、山西、辽宁、江苏、山东、河南、湖北和四川。如表 4-5 和图 4-19 所示，相对于 2015 年碳强

度水平，北京和海南碳强度下降比例超过 25%，其工业碳强度明显低于全国工业碳强度水平，未来减排潜力有限。天津、吉林、上海、福建四个省份工业碳强度下降水平均介于 15%～20%，这些省份累积碳排放量处于较低水平，经济发展水平差异也较大。高耗能产业密集、累积碳排放量和工业碳强度较高的河北、山西、江苏、山东、云南、辽宁和新疆七个省份碳强度下降水平却明显低于其他省份。

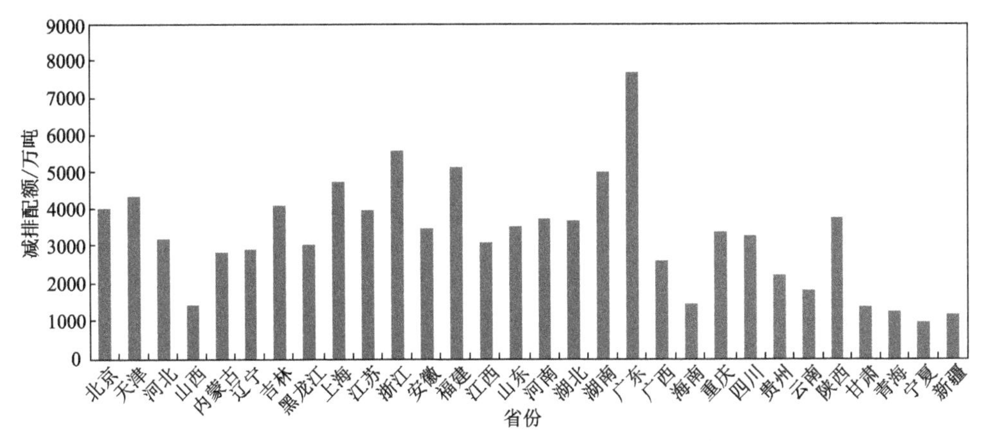

图 4-18　工业碳强度法下省际初始减排配额分配(全国减排目标 40%)

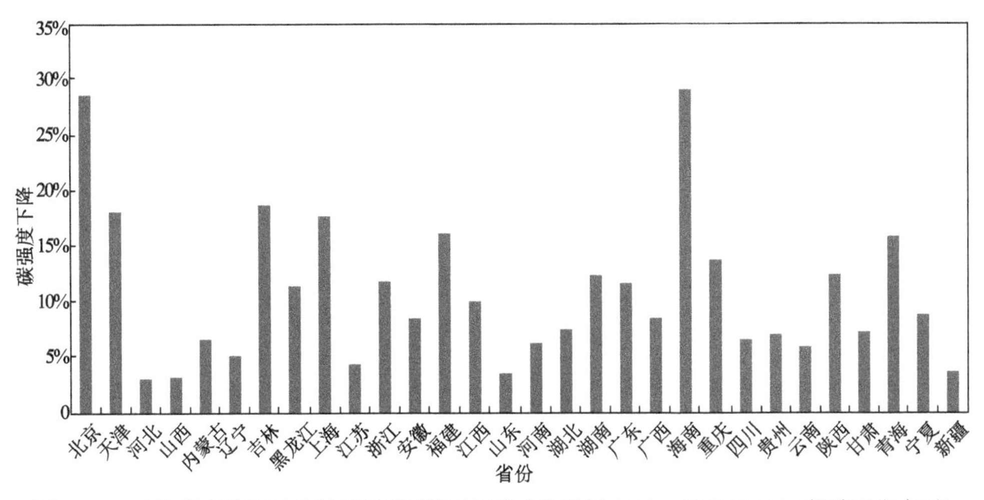

图 4-19　工业碳强度法下省际碳强度下降(全国减排目标 40%，相对于 2015 年碳强度水平)

如表 4-5 和图 4-20 所示，政府决策实现 45%的减排目标，广东、浙江、福建、湖南、上海和天津初始减排配额均超过 8000 万吨，仅有宁夏减排配额略低于 2000 万吨，30 个省份工业碳强度呈现显著的差异性，各省份承担的初始减排配额呈现显著的区域差异性。如表 4-5 和图 4-21 所示，在工业碳强度法下，相对于 2015 年碳强度水平，北京和海南碳强度下降比例均超过 50%，工业碳强度较低，未来减排潜力较小，“十三五”期间北京和海南将承担较高的碳强度减排目标。天津、吉林、上海、福建和青海五个省份碳强度下降比例介于30%～40%，而河北、山西、辽宁、江苏、山东和新疆碳强度下降比例低于10%，该六个省份累积碳排放量明显高于其他省份，且山东和江苏经济发展水平处于全国前列，这些省份却承担较低的碳强度减排目标。如图4-22所示，政府决策将全国减排目标从40%调整为45%时，海南、北京、吉林、上海、天津五个省份碳强度调整幅度超过15个百分点，河北、山西、辽宁、江苏、山东和新疆六个省份碳强度调整幅度却低于5个百分点，其他省份碳强度调整幅度介于5～15个百分点。综合上述，30个省份工业碳强度存在显著的区域差异性，以工业碳强度法分配省际初始减排配额缺乏公平性。

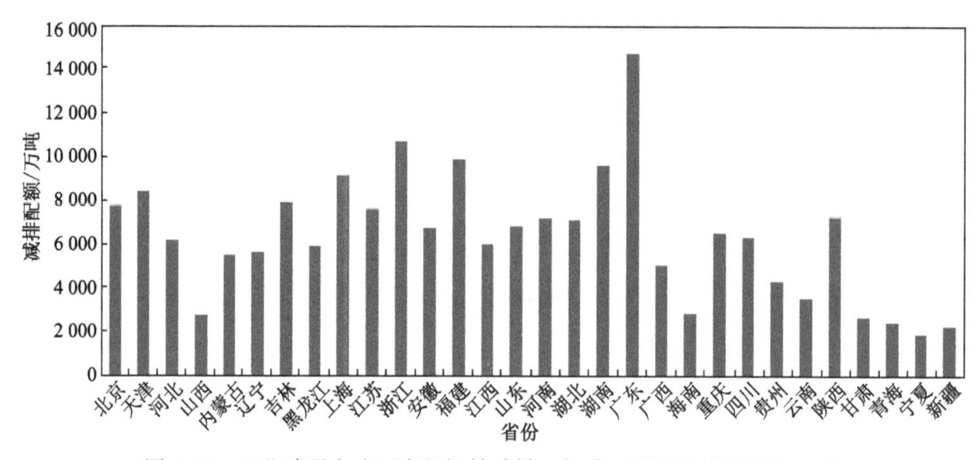

图4-20　工业碳强度法下省际初始减排配额分配(全国减排目标45%)

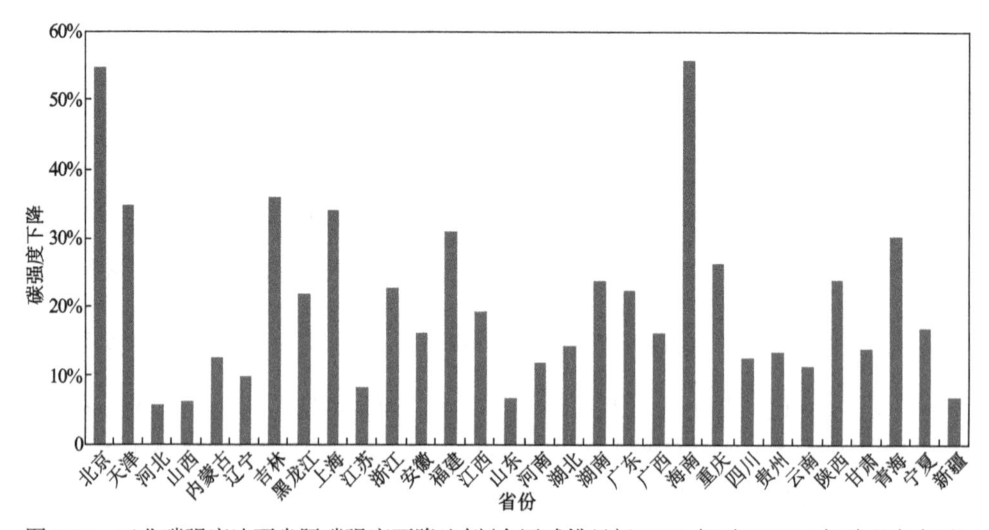

图4-21　工业碳强度法下省际碳强度下降比例(全国减排目标45%,相对于2015年碳强度水平)

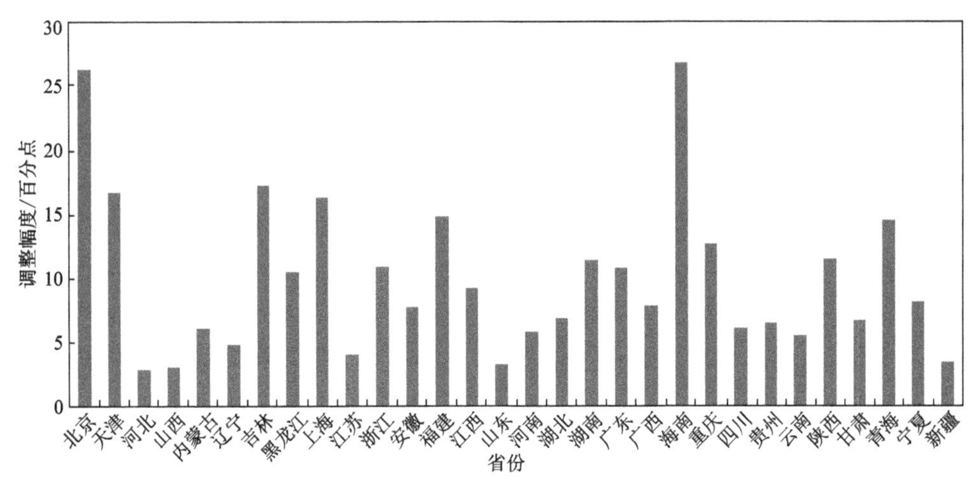

图 4-22　工业碳强度法下省际碳强度调整幅度(全国减排目标从 40%调整为 45%)

4.3.4　能耗强度法下省际初始减排配额分配

如表 4-6 和图 4-23 所示，北京、天津、河北、上海、江苏、浙江、福建、江西、山东、湖南、广东和陕西承担的减排比例均超过 4%，甘肃、青海和宁夏承担的减排比例低于 1%，而其他省份承担减排比例介于 1%～4%。如表 4-6 和图 4-24 所示，政府决策实现 40%的减排目标，初始减排配额分配最高的省份是广东省(5224.04 万吨)，明显低于其他分配方式下的初始减排配额。北京、天津、河北、上海、江苏、浙江、福建、江西、山东、湖南和陕西分配初始减排配额介于 4000 万～5000 万吨，甘肃、青海和宁夏分配初始减排配额明显低于 1000 万吨。如表 4-6 和图 4-25 所示，海南和北京碳强度下降比例超过 20%，海南省拥有较低的 GDP 和累积碳排放量，北京拥有较弱的工业碳强度和能耗强度，这两个省份面临较大的节能减排压力。天津、吉林、黑龙江、上海、浙江、福建、江西、湖南、广西、重庆和陕西碳强度下降比例介于 10%～20%，而其他省份碳强度下降比例低于 10%。

表 4-6　能耗强度法下省际初始减排配额分配

省份	减排比例	减排目标(40%)		减排目标(45%)	
		初始减排配额/万吨	碳强度下降	初始减排配额/万吨	碳强度下降
北京	4.01%	4 013.47	28.33%	7 695.76	54.32%
天津	4.41%	4 407.65	18.12%	8 451.60	34.75%
河北	4.83%	4 821.23	4.55%	9 244.63	8.72%
山西	1.36%	1 361.99	3.05%	2 611.59	5.84%

续表

省份	减排比例	减排目标(40%)		减排目标(45%)	
		初始减排配额/万吨	碳强度下降	初始减排配额/万吨	碳强度下降
内蒙古	2.16%	2 158.31	4.99%	4 138.53	9.57%
辽宁	3.04%	3 034.97	5.35%	5 819.50	10.26%
吉林	3.70%	3 702.62	16.77%	7 099.71	32.16%
黑龙江	2.75%	2 746.73	10.18%	5 266.80	19.51%
上海	4.84%	4 835.50	17.91%	9 271.99	34.35%
江苏	4.87%	4 874.12	5.37%	9 346.05	10.30%
浙江	4.85%	4 846.56	10.27%	9 293.20	19.69%
安徽	3.90%	3 904.36	9.39%	7 486.54	18.00%
福建	4.54%	4 544.44	14.17%	8 713.89	27.16%
江西	4.32%	4 319.78	13.83%	8 283.11	26.52%
山东	4.79%	4 789.77	4.79%	9 184.30	9.18%
河南	3.57%	3 567.40	5.91%	6 840.43	11.33%
湖北	3.84%	3 837.08	7.75%	7 357.54	14.87%
湖南	4.12%	4 121.74	10.18%	7 903.37	19.52%
广东	5.22%	5 224.04	7.94%	10 017.02	15.22%
广西	3.60%	3 603.29	11.65%	6 909.26	22.33%
海南	2.01%	2 011.18	39.28%	3 856.41	75.32%
重庆	3.92%	3 914.83	15.78%	7 506.61	30.26%
四川	3.22%	3 215.67	6.38%	6 166.00	12.23%
贵州	2.19%	2 193.51	6.83%	4 206.03	13.09%
云南	2.70%	2 698.47	8.65%	5 174.27	16.59%
陕西	4.74%	4 740.84	15.60%	9 090.47	29.91%
甘肃	0.55%	551.92	2.85%	1 058.30	5.46%
青海	0.34%	341.07	4.20%	653.99	8.05%
宁夏	0.45%	448.28	3.91%	859.57	7.50%
新疆	1.16%	1 163.08	3.59%	2 230.18	6.88%
合计	100.00%	99 993.90		191 736.65	

注：①此处能耗强度的倒数代表省际能源效率，即通过能源消费总量除以 GDP 获得，GDP 以 2005 年不变居民消费价格指数折算，假定“十三五”期间居民消费价格指数与“十二五”期间居民消费价格指数保持一致；②省际能耗强度比例在“十三五”期间保持不变

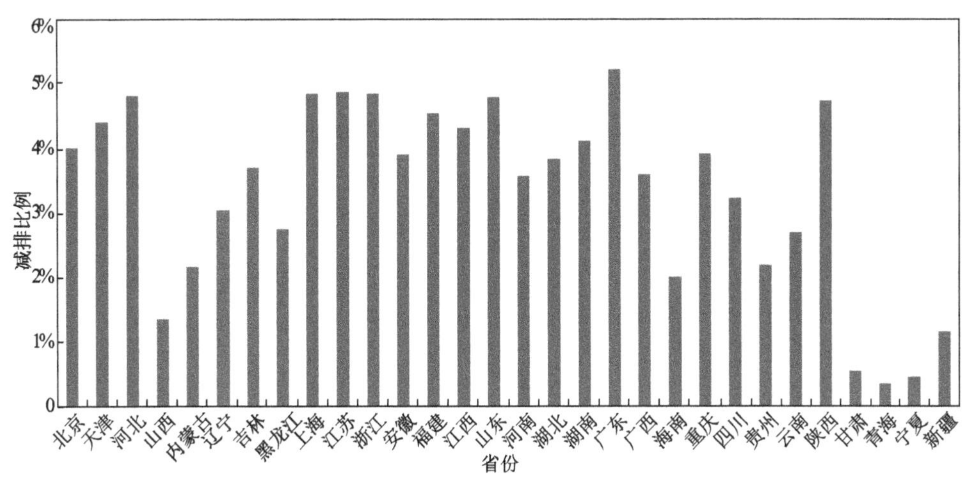

图 4-23　能耗强度法下省际减排比例分配

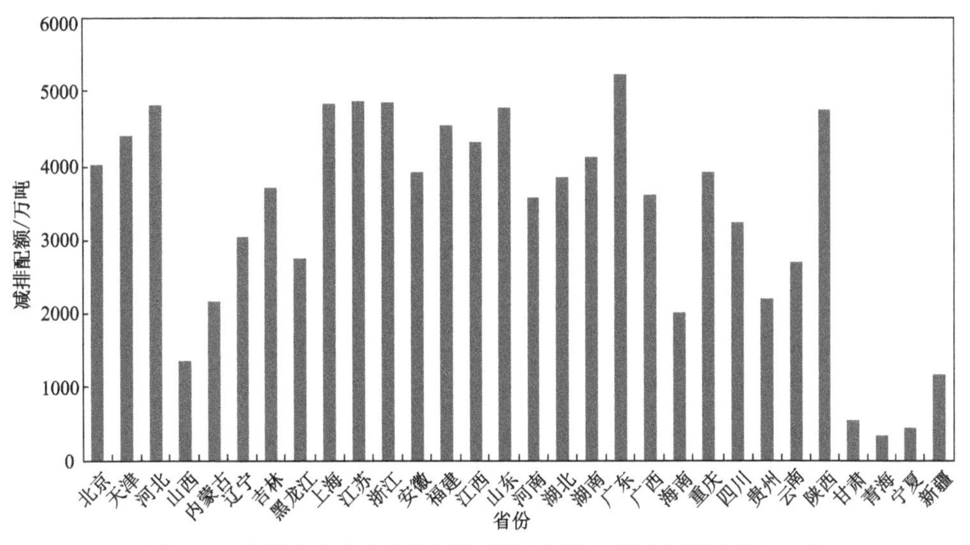

图 4-24　能耗强度法下省际初始减排配额分配(全国减排目标 40%)

如表 4-6 和图 4-26 所示，天津、河北、上海、江苏、浙江、福建、江西、山东、广东和陕西分配的初始减排配额超过 8000 万吨，甘肃、青海和宁夏分配初始减排配额低于 1500 万吨，而其他省份分配初始减排配额介于 2000 万～8000 万吨。如表 4-6 和图 4-27 所示，北京、天津、吉林、上海、海南和重庆碳强度下降比例均超过 30%，尤其海南省拥有较低的 GDP 和累积碳排放量，碳强度下降比例却超过 70%。河北、山西、内蒙古、山东、甘肃、青海、宁夏和新疆碳强度下降比例低于 10%，甘肃、青海和宁夏拥有最强的能耗强度，河北、山西、内蒙古和新疆拥有较大的累积碳排放量和较强的工业碳强度。如图 4-28 所示，政府决策减排目标从 40%调整为45%时，北京、天津、吉林、上海和海南碳强度下降调整幅度超过15个百分点，河北、山西、内蒙古、辽宁、江苏、山东、甘肃、青海、宁夏和新疆碳强度下降调整幅度低于5个百分点，其他省份碳强度下降调整幅度介于5～15个百分点。

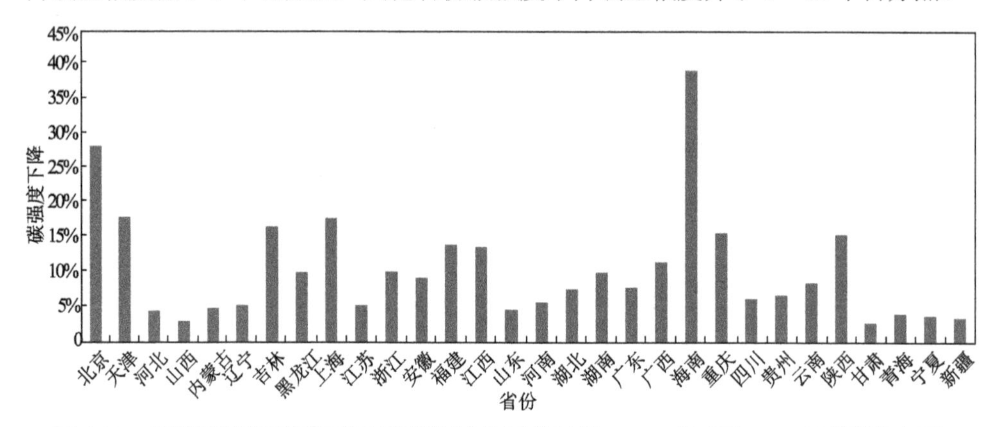

图 4-25　能耗强度法下省际碳强度下降(全国减排目标40%，相对于2015年碳强度水平)

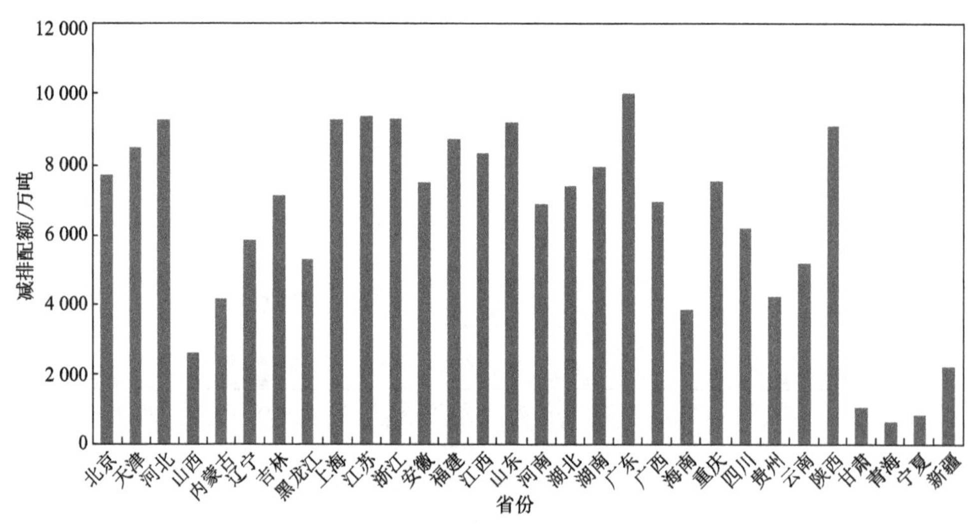

图 4-26　能耗强度法下省际初始减排配额分配(全国减排目标45%)

4.3.5　熵值法下省际初始减排配额分配

下面以共同但有区别的责任原则为基础，运用熵值法对“十三五”期间省际初始碳配额进行分配。分配对象涵盖全国30个省份，以保证全国各省份均承担碳减排的共同责任，同时又通过多维指标体系分配省际初始减排配额，缩小各指标的省际差异性，确定各省份的区别责任，以保证减排责任分担的公平性，再充分考虑各省份发展需求和挖掘各省份的减排能力、减排潜力和能耗强度。具体步骤

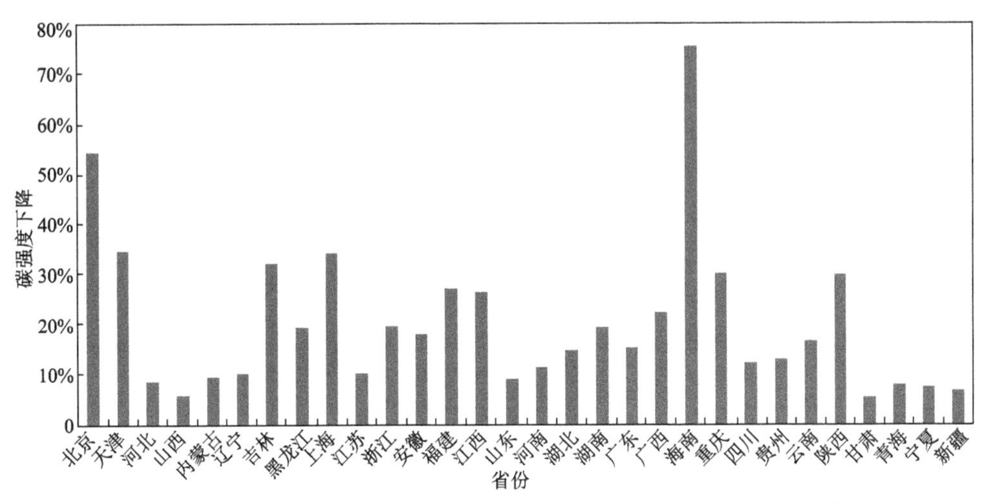

图 4-27 能耗强度法下省际碳强度下降比例(全国减排目标 45%，相对于 2015 年碳强度水平)

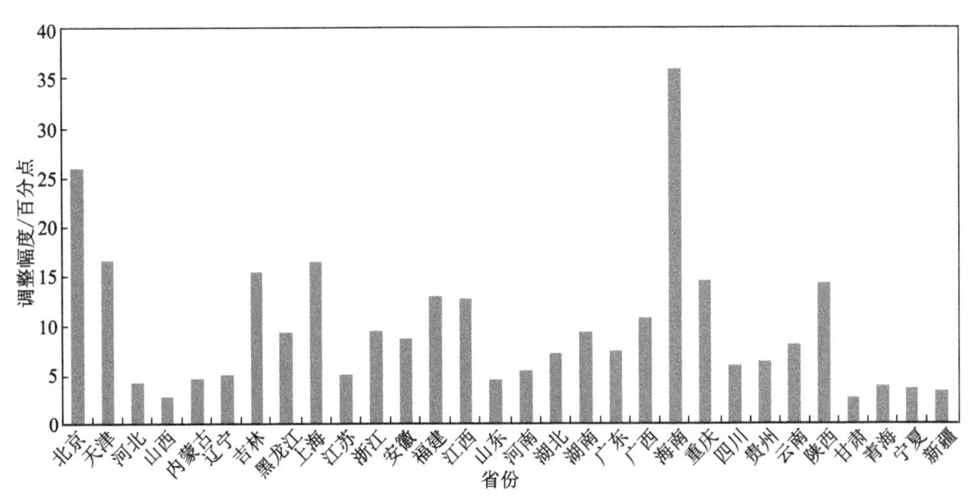

图 4-28 能耗强度法下省际碳强度调整幅度(全国减排目标从 40%调整为 45%)

如下：第一步，选择减排能力、减排责任、减排潜力和能耗强度四个维度指标，构建标准的决策矩阵；第二步，运用熵值法确定各个指标的权重，其反映了各个指标在不同省份碳减排实践的贡献程度，进而可计算省际的减排配额分配系数；第三步，在满足我国总减排目标下，根据各省份的基础排放量和分配系数测算“十三五”期间初始减排配额分配量；第四步，根据 2015 年碳强度水平，测算“十三五”期间各省份减排规划目标。

由于 30 个省份在经济发展水平、累积碳排放量、工业碳强度和能耗强度等方面具有显著的省际差异性，政府决策者应用单个指标对各省份分配初始减排配额时，无法克服该指标的省际差异性。初始减排配额直接影响到各省份的经济福利和减排效果，因此，单个指标分配在一定程度上缺乏公平性。《碳排放权交易管理暂行办法》规定，综合考虑省际经济发展水平、累积碳排放量、工业碳强度和能耗强度四个关键因素，本节首先评估四个因素的客观权重，这反映出不同因素在设计初始减排配额分配时的重要性。

如表 4-7 所示，GDP 指标在省际减排配额分配时占有最高的权重比例，即 $S_1 = 37.55\%$，这说明省际经济发展水平差异在设计减排配额分配时是最关键的因素。累积碳排放量和能耗强度占有较高的权重，即 $S_2 = 26.85\%$、$S_4 = 19.95\%$，这显示累积碳排放量和能耗强度在设计减排配额分配时也是较为重要的因素。工业碳强度占有最低的权重，即 $S_3 = 15.65\%$，这说明工业碳强度差异在减排配额分配时是次要的因素。

表 4-7　省际减排配额分配中四个因素的客观权重

指标	S_1	S_2	S_3	S_4
权重	37.55%	26.85%	15.65%	19.95%

注：①数据来源于 2005～2015 年《中国统计年鉴》和《中国能源统计年鉴》；②GDP、工业碳强度和能耗强度是按照 2005 年居民消费不变价格指数折算所得；③基于熵值法计算的 S_1、S_2、S_3、S_4 分别代表 GDP、累积碳排放量、工业碳强度和能耗强度的权重比例

表 4-8 为我国政府实现 40%和 45%减排目标下“十三五”期间省际减排比例和初始减排配额分配方案。在综合考虑省际经济发展水平、累积碳排放量、工业碳强度和能耗强度四个因素基础上，本节运用熵值法对 30 个省份进行初始减排配额分配。如表 4-8 和图 4-29 所示，河北、江苏、山东和广东四个省份是高耗能性的工业大省，拥有较高的经济发展水平和较多的累积碳排放量，需要承担较重的减排负担，各自减排比例均超过 7%，四个省份减排量承担了全国总减排量的 29.61%。海南、青海、宁夏、甘肃四个省份拥有较轻的累积碳排放量、较轻的工业碳强度和能耗强度，较低的经济发展水平，需要承担较轻的减排负担，各自减排比例均低于或接近 1%，四个省份减排量只承担了全国总减排量的 3.08%。

表 4-8　熵值法下“十三五”期间省际初始减排配额分配

省份	减排比例	减排目标（40%）		减排目标（45%）	
		初始减排配额/万吨	碳强度下降	初始减排配额/万吨	碳强度下降
北京	1.83%	1 831.89	12.00%	3 512.62	23.00%
天津	2.96%	2 956.87	12.16%	5 669.75	23.31%
河北	7.28%	7 279.56	6.87%	13 958.43	13.17%
山西	2.15%	2 153.95	4.82%	4 130.16	9.24%

续表

省份	减排比例	减排目标（40%）		减排目标（45%）	
		初始减排配额/万吨	碳强度下降	初始减排配额/万吨	碳强度下降
内蒙古	2.85%	2 843.71	6.58%	5 452.77	12.61%
辽宁	3.86%	3 860.60	6.81%	7 402.63	13.05%
吉林	2.78%	2 778.33	12.59%	5 327.41	24.13%
黑龙江	2.43%	2 427.98	8.99%	4 655.61	17.25%
上海	3.71%	3 705.30	13.73%	7 104.86	26.32%
江苏	7.36%	7 357.71	8.10%	14 108.28	15.54%
浙江	5.17%	5 155.85	10.93%	9 886.26	20.95%
安徽	3.21%	3 205.20	7.71%	6 145.91	14.78%
福建	3.79%	3 794.35	11.83%	7 275.61	22.68%
江西	2.73%	2 729.33	8.74%	5 233.44	16.75%
山东	7.40%	7 400.30	7.40%	14 189.95	14.18%
河南	4.45%	4 452.77	7.37%	8 538.11	14.14%
湖北	3.90%	3 895.13	7.87%	7 468.85	15.09%
湖南	4.06%	4 060.95	10.03%	7 786.80	19.23%
广东	7.57%	7 572.73	11.51%	14 520.58	22.06%
广西	2.55%	2 554.33	8.26%	4 897.89	15.83%
海南	0.76%	764.71	14.94%	1 466.32	28.64%
重庆	2.71%	2 709.39	10.92%	5 195.20	20.94%
四川	3.69%	3 691.79	7.32%	7 078.94	14.04%
贵州	1.90%	1 902.82	5.92%	3 648.62	11.36%
云南	2.11%	2 107.81	6.76%	4 041.70	12.96%
陕西	3.04%	3 043.25	10.01%	5 835.38	19.20%
甘肃	1.09%	1 093.88	5.64%	2 097.49	10.81%
青海	0.59%	585.96	7.21%	1 123.58	13.83%
宁夏	0.64%	642.06	5.60%	1 231.14	10.74%
新疆	1.43%	1 433.05	4.42%	2 747.85	8.48%
合计	100.00%	99 991.56		191 732.14	

注：①30 个省份 2020 年 GDP 是根据 2015 年 GDP 和“十三五”期间各省份设定的预期增长目标计算所得；②GDP、工业碳强度、能耗强度是根据 2005 年不变的居民消费价格指数折算所得，此处假设“十三五”期间居民消费价格指数与“十二五”期间居民消费价格指数变化保持一致；③各省份碳强度下降比例是相对于 2015 年各省份碳强度水平计算所得

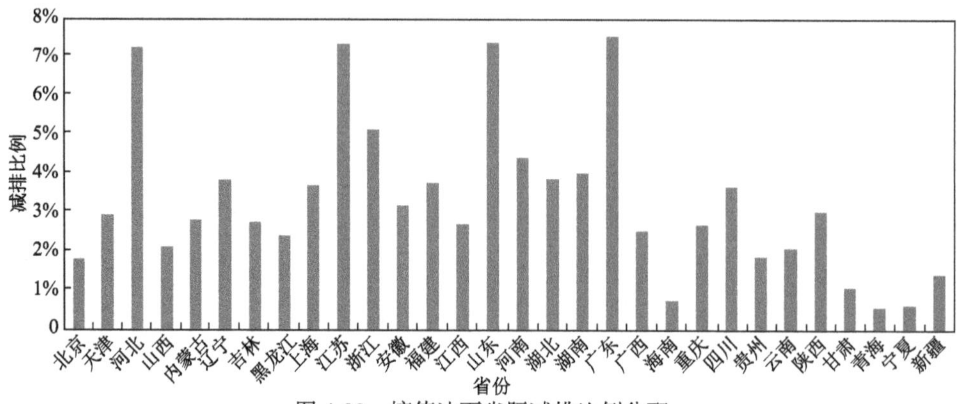

图 4-29　熵值法下省际减排比例分配

相当于 2005 年碳强度水平，我国政府想实现 40%的减排目标，各省份减排配额分配及其碳强度下降水平，如表 4-8 和图 4-30 所示。广东(7572.73 万吨)、河北(7279.56 万吨)、山东(7400.30 万吨)、江苏(7357.71 万吨)和浙江(5155.85 万吨)五个省份初始减排配额超过 5000 万吨，这些省份拥有较高的经济发展水平、较多的累积碳排放量、较高的工业碳强度和能耗强度，需要承担较重的初始减排负担，应分配较高的初始减排配额。而海南(764.71 万吨)、青海(585.96 万吨)和宁夏(642.06 万吨)三个省份初始减排配额低于 1000 万吨，这些省份拥有较低的经济发展水平、较小的累积碳排放量、较高的工业碳强度和能耗强度，处于产业链最低端，生态环境较脆弱，需要承担较低的减排负担，应分配较低的初始减排配额，因此，不同省份承担的初始减排配额差距较大。如表 4-8 和图 4-31 所示，北京、天津、吉林、上海、浙江、福建、湖南、广东、海南、重庆和陕西在“十三五”期间碳强度下降比例超过 10%，其他省份碳强度下降比例低于 10%。

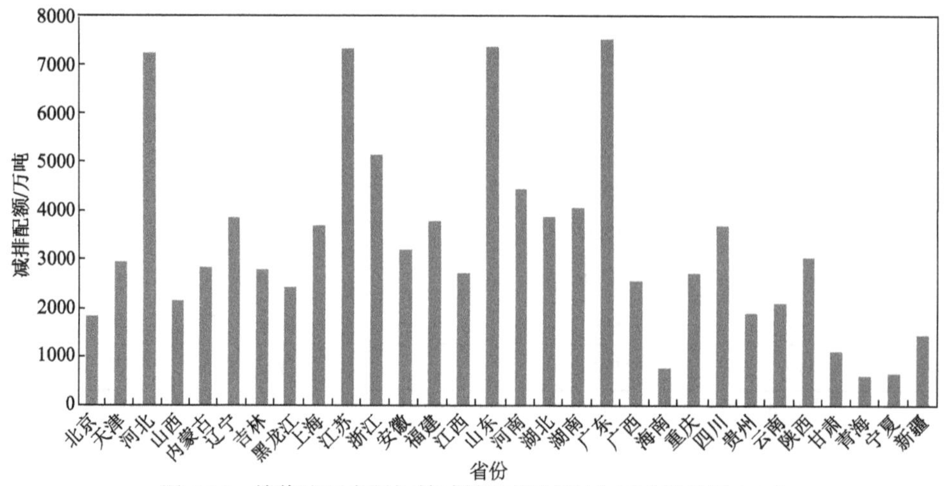

图 4-30　熵值法下省际初始减排配额分配(全国减排目标 40%)

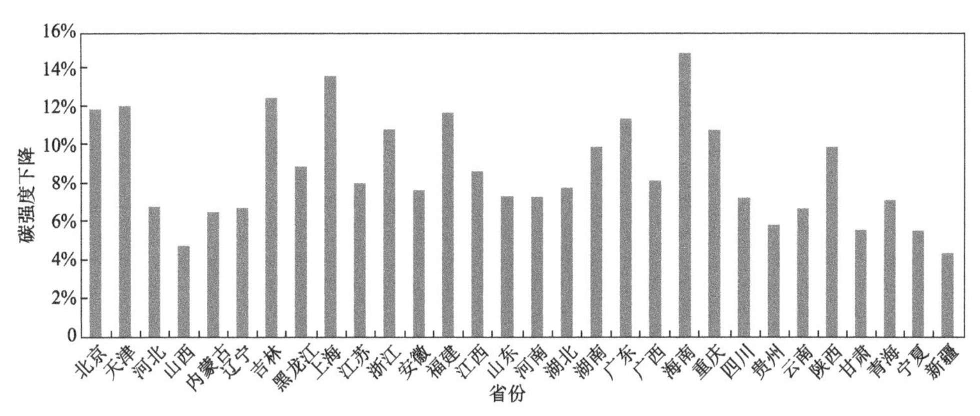

图 4-31　熵值法下省际碳强度下降(全国减排目标 40%，相对于 2015 年碳强度水平)

如表 4-8 和图 4-32 所示，若中国政府想实现 45%的减排目标，广东(14 520.58 万吨)、山东(14 189.95 万吨)、江苏(14 108.28 万吨)和河北(13 958.43 万吨)四个省份初始减排配额均超过 1 亿吨，而海南(1466.32 万吨)、青海(1123.58 万吨)和宁夏(1231.14 万吨)三个省份的初始减排配额均低于 1500 万吨。如表 4-8 和图 4-33 所示，北京、天津、吉林、上海、浙江、福建、广东、海南和重庆在“十三五”期间碳强度下降比例超过 20%，山西和新疆碳强度下降比例低于 10%，其他省份碳强度下降比例介于 10%～20%。如图 4-34 所示，政府决策者将减排目标从 40%调整到 45%时，北京、天津、吉林、上海、浙江、福建、广东、海南和重庆碳强度下降调整幅度超过 10 个百分点，山西和新疆碳强度下降调整幅度略低于 5 个百分点，其他省份碳强度下降调整幅度介于 5～10 个百分点。

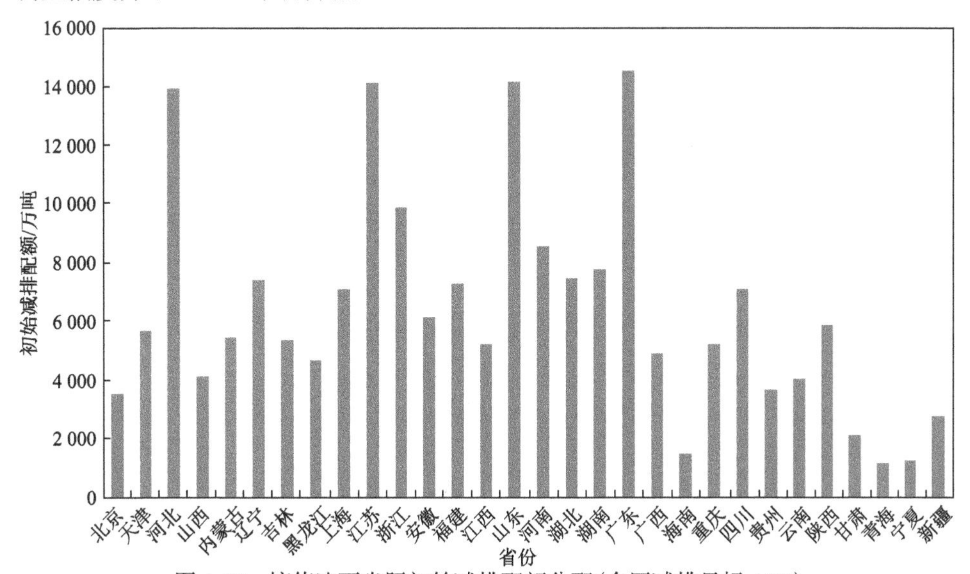

图 4-32　熵值法下省际初始减排配额分配(全国减排目标 45%)

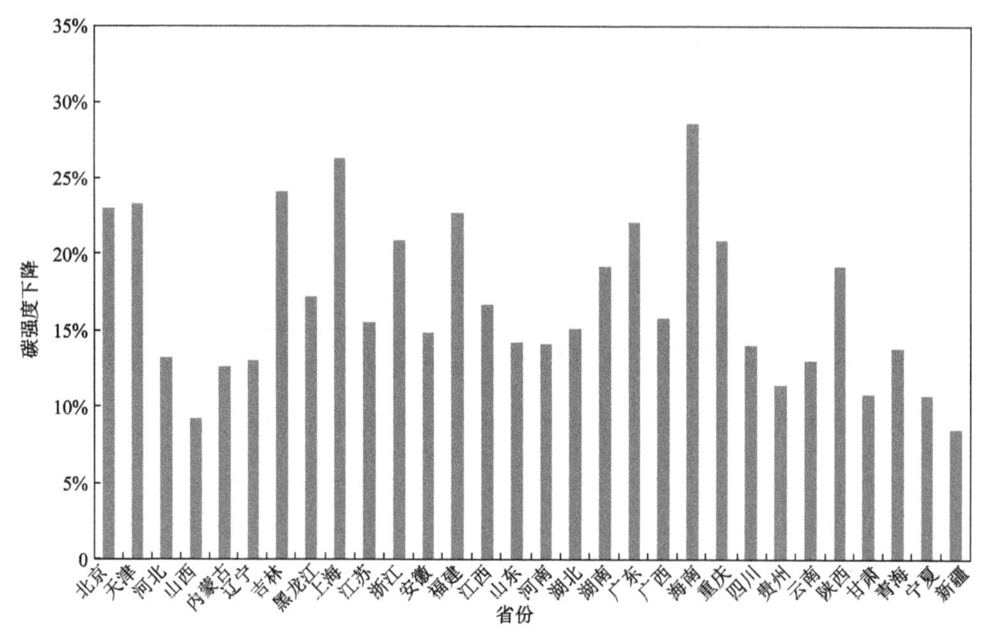

图 4-33　熵值法下省际碳强度下降比例(全国减排目标 45%，相对于 2015 年碳强度水平)

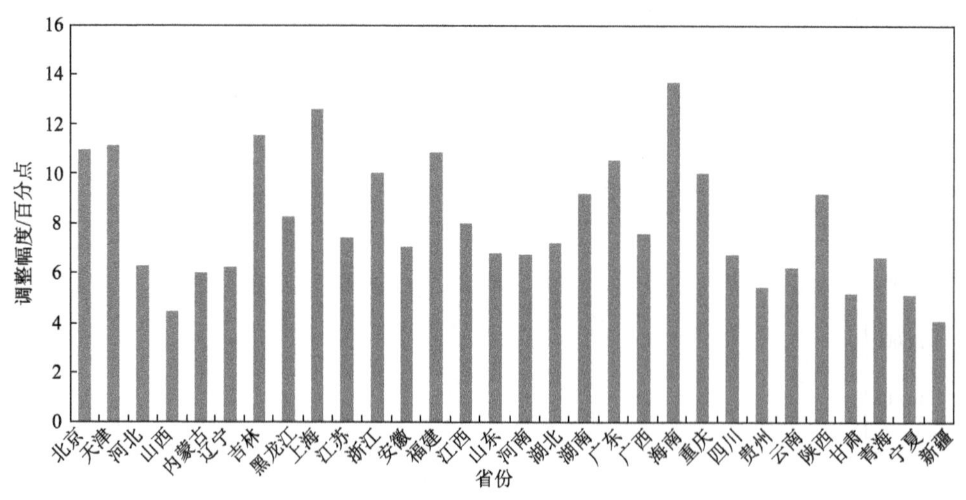

图 4-34　熵值法下省际碳强度调整幅度(全国减排目标从 40%调整为 45%)

4.4　本 章 小 结

区域差异化发展战略证实我国在经济发展水平、资源禀赋、碳排放量、能源消费空间分布等方面存在发展不均衡性。考虑到上述因素的不均衡性和复杂性，本章建议使用减排能力、减排责任、减排潜力和能耗强度四个关键因素，运用熵值方法对全国碳交易机制下省际减排负担和初始减排配额进行科学的分配。

经济发展水平、累积碳排放量、工业碳强度、能耗强度对各省份的减排目标分配方案设计有显著的差异性影响，能耗强度对区域减排目标分配的差异性影响最大，工业碳强度和累积碳排放量对区域差异性影响力次之，经济发展水平对区域差异性影响力最小。若我国政府实现碳强度削减 40%～45%的减排目标，河北、山西、山东、内蒙古、辽宁、江苏、河南、湖北、广东、四川、贵州、云南、甘肃、青海、宁夏和新疆拥有较高的累积碳排放量、较强的工业碳强度和能耗强度，需要承担的减排目标均高于全国碳强度平均 40%的减排目标。其他省份需要承担的减排目标均低于全国 40%的减排目标水平，这些地区拥有较低的累积碳排放量、较弱的工业碳强度和能耗强度，其中宁夏承担最高的减排目标负担，江西承担最低的减排目标负担。若 2020 年中国政府将减排目标从 40%上调到 45%，拥有较低的工业碳强度和能耗强度的北京、天津、吉林、黑龙江、上海、浙江、安徽、福建、江西、湖南、广西、重庆和陕西到 2020 年减排目标调整幅度均高于全国平均 5 个百分点的增幅水平，减排潜力均面临较大的减排空间。拥有较强的工业碳强度和能耗强度的河北、山西、山东、内蒙古、辽宁、江苏、河南、湖北、广东、四川、贵州、云南、甘肃、青海、宁夏和新疆到 2020 年减排目标上调幅度均低于全国平均 5 个百分点的增幅水平。

政府决策者选择以 GDP 指标对 30 个省份进行减排负担和初始减排配额分配，广东、江苏、山东、浙江四个省份经济发展水平排在 30 个省份前列，需要承担最大的减排负担和初始减排配额，而海南、甘肃、青海、宁夏四个省份承担最小的减排负担和初始减排配额。30 个省份经济发展水平呈现较大的不均衡性，且省际碳强度下降幅度呈现较大的差异性。

政府决策者选择以累积碳排放量指标对 30 个省份进行减排负担和初始减排配额分配，累积碳排放量最多的河北、山东、江苏、广东、河南和辽宁承担最大的减排负担和初始减排配额，而累积碳排放量最少的海南、青海和宁夏承担最小的减排负担和初始减排配额。30 个省份在累积碳排放量方面拥有显著的省际差异性，不同省份碳强度下降幅度也呈现省际差异性。

政府决策者选择以工业碳强度指标对 30 个省份进行减排负担和初始减排配额分配，拥有较低工业碳强度的北京、天津、吉林、上海、浙江、福建、湖南和广东处于产业链高端，产业附加值较高，承担较高的减排负担和初始减排配额，而拥有较高工业碳强度的山西、海南、云南、甘肃、青海、宁夏和新疆处于产业链低端，生态环境较脆弱，承担较低的减排负担和初始减排配额。30 个省份经济发展存在较大的不均衡性，不同省份处于不同的工业发展阶段，省际工业碳强度呈现较大的差异性，且不同省份碳强度下降幅度也呈现较大的省际差异性。

政府决策者选择以能耗强度指标对 30 个省份进行减排负担和初始减排配额

分配，拥有较弱能耗强度的北京、天津、河北、上海、江苏、浙江、福建、江西、山东、湖南、广东和陕西处于产业链高端，能源利用效率较高，承担较重的减排负担和初始减排配额，而拥有较强能耗强度的山西、甘肃、青海、宁夏和新疆处于产业链低端，能源利用效率较低，承担较轻的减排负担和初始减排配额。由于30个省份在资源禀赋方面存在显著的区域差异性，资源消费模式、消费结构和能耗强度呈现显著的省际差异性。

由于30个省份在减排能力、减排责任、减排潜力和能源效率方面存在显著的省际差异性，政府决策者运用单个指标对各省份进行初始减排配额分配缺乏一定的公平性。本章在综合考虑经济发展水平、累积碳排放量、工业碳强度和能耗强度四个关键因素，运用多维指标熵值法对省际初始减排配额进行分配时，在“十三五”期间，拥有较高GDP和较多累积碳排放量的河北、江苏、山东和广东四个省份需要承担较重的减排负担，共承担全国总减排量的29.61%，而拥有较少累积碳排放量、较强工业碳强度和能耗强度的海南、青海、宁夏和甘肃四个省份需要承担较轻的减排负担，共承担全国总减排量的3.08%。当我国政府实现40%减排目标时，北京、天津、吉林、上海、浙江、福建、湖南、广东、海南、重庆和陕西在“十三五”期间碳强度下降比例均超过10%，而其他省份碳强度下降比例均低于10%，其中，广东、河北、山东、江苏和浙江五个省份初始减排配额均超过5000万吨；当我国政府实现45%减排目标时，北京、天津、吉林、上海、浙江、福建、广东、海南和重庆在“十三五”期间碳强度下降比例超过20%，仅有山西和新疆碳强度下降比例低于10%，其他省份碳强度下降比例介于10%～20%。减排负担最重的广东、山东、江苏和河北四个省份初始减排配额均超过1亿吨，而减排负担最轻的海南、青海和宁夏三个省份初始减排配额均低于1500万吨。

通过实证结果分析，本章提出以下政策建议：第一，政府决策者应充分理解经济发展、碳排放量、碳强度、产业结构和能源消费模式的空间布局和省际差异性；第二，政府决策者设计减排配额分配时应充分考虑到减排能力、减排责任、减排潜力和能耗强度等多维指标；第三，政府决策者需要合理设计关键指标的权重性，估算出各省份减排目标分配方案，缩小每个指标的省际差异性及其相互作用，具有较高经济发展水平、较多累积碳排放量、较弱工业碳强度和较低能源效率的省份需要承担较重的减排负担；第四，政府需要设计一个合理的总减排目标，拥有越多的累积碳排放量、越强的工业碳强度及能耗强度和越好的经济发展水平的省份需要承担越重的减排负担、越大的减排空间压力。

第5章 不同碳配额分配模式下碳交易经济绩效评价

我国开展全国性碳交易市场，需要结合我国国情和区域经济发展的特殊性，采用正确有效的方法去辨别碳交易市场对各区域经济效率的潜在影响。从区域差异性维度，不同的区域具有不同的经济水平、资源禀赋、碳排放量、能源消费空间分布，这些因素为开展全国碳交易市场提供了必要的前提条件。

碳交易机制是一种成本有效的减排合作机制，通过市场手段，减排成本较低的利益主体能实现较多的实际减排量，通过出售减排配额获得额外的经济收益；减排成本较高的利益主体通过购买减排配额完成预定的减排任务，最终实现总减排成本最小化的社会效果。全国碳交易市场建立后，碳排放权将成为一种稀缺要素，将进一步衍生出巨大的经济价值。各省份利益主体在边际减排成本、初始减排配额、减排潜力等方面具有显著的差异性，碳交易市场的引入为各省份利益主体追求减排成本最小化提供了有效的机会。不同利益主体通过购买(出售)减排配额，优化减排行为决策，省际减排配额分配将会产生显著的社会财富分配效应和产业结构调整效应，这也是碳交易市场建立过程中所面临的关键、敏感和最有争议的问题。我国政府完成省际初始减排配额分配后，碳交易市场将会导致省际资本、劳动和能源要素的重新布局和产业的转移，因此，公平有效的减排配额分配可能会缩小省际的发展差距。

不同的碳配额分配机制、碳价格情景和行为主体能直接影响碳交易市场效率及各区域减排经济绩效，且不同区域在边际减排成本方面拥有明显的差异性。碳交易市场能增强区域间碳配额市场流通，有效地降低总减排成本，发挥明显的成本节约效应。碳配额分配不仅需要考虑到区域个体效率或利益最大化，还要从国家整体的利益或效率最大化出发来决策。目前跨省份碳配额分配很少统筹考虑经济水平、产业结构、能源消费模式、碳强度和碳排放量等因素，没有缩小单个因素的异质性和因素间相互作用效果，缺乏客观性和系统性的跨省份碳配额分配规则。从公平与效率角度来看，国内文献很少比较与分析单指标分配和多维指标集中分配的方案对“十三五”期间各省份总减排成本、成本节约及其经济福利变化的影响。

5.1 碳交易经济绩效评价模型

全国碳交易市场下，为了评价省际经济福利变化，本章需要评估不同省份的边际减排成本(MAC)曲线。边际减排成本是额外减少一单位二氧化碳所要支付的成本，随着减排比例递增，减排难度增大，省际边际减排成本也随之增加。本章采用 Cui 等(2014)的全国边际减排成本 $\mathrm{MAC}_{2020}(R)=-679.63\ln(1-R)$，式中，$R$ 为减排比例。

为了简化建模，本章对所研究问题进行简化：①假设省际减排能力、减排责任、减排潜力和能耗强度指标在短期内不会发生变化；②“十三五”期间，各项指标分配权重保持不变；③全国碳交易市场是完全竞争的，交易主体信息是完全对称的，不存在交易成本。

省际边际减排成本曲线是通过全国边际减排成本曲线衍生出来的，类比于 Okada(2007)和李陶等(2010)的研究思路，采用坐标平移方法估算 2020 年省际边际减排成本曲线，其坐标平移程度与碳强度大小有关。如果 i 省份的碳强度 e_i 低于全国碳强度平均水平，该省份的边际减排成本应高于全国的平均边际减排成本；反之，如果 i 省份的碳强度 e_i 高于全国碳强度平均水平，该省份的边际减排成本应低于全国的平均边际减排成本。图 5-1 显示 i 省份边际减排成本函数与全国边际减排成本函数关系，Y 代表边际减排成本，X 代表减排比例。

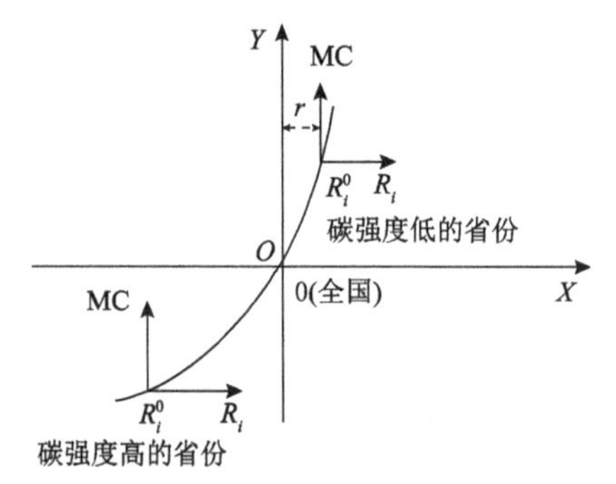

图 5-1　i 省份边际减排成本函数与全国边际减排成本函数关系

对于碳强度低于(高于)全国碳强度平均水平的 i 省份，满足 $\overline{e}(1-r_i)=e_i$，省份 i 边际减排成本曲线陡峭程度为

$$r_i=1-\frac{e_i}{\overline{e}} \tag{5-1}$$

此处 e_i 为较低(较高)的碳强度，$\overline{e}$ 为全国碳强度平均水平，r_i 为与全国碳强度偏离程度，省份 i 减排比例为 R_i 的边际减排成本 MC_i 满足

$$\mathrm{MC}_i=\mathrm{MAC}(R_i+r_i)-\mathrm{MAC}(r_i)=\beta\ln\left(1-\frac{R_i}{1-r_i}\right) \tag{5-2}$$

式中，MAC 为全国边际减排成本，式(5-2)可以转化为

$$\mathrm{MC}_i = \beta \ln\left(1 - \frac{A_i}{E_i(1-r_i)}\right) \tag{5-3}$$

式中，“十三五”期间 A_i 为省份 i 实际减排量；E_i 为基准期碳排放量。省份 i 总减排成本满足

$$\begin{aligned} C_i(A_i) &= \int_0^{A_i}\left[\beta \ln\left(1 - \frac{x}{E_i(1-r_i)}\right)\right]\mathrm{d}x \\ &= \beta[E_i(1-r_i) - A_i]\ln\left(1 - \frac{A_i}{E_i(1-r_i)}\right) - \beta A_i \end{aligned} \tag{5-4}$$

式中，$C_i(A_i)$ 为 i 省份减排成本；A_i 为 i 省份碳减排量。

在全国碳交易市场中，为了实现自身的减排目标，参与主体将会根据自身的边际减排成本曲线和碳价格决定各自的减排水平。市场均衡时省份 i 的减排成本包括实际减排 A_i 所支付的成本和从碳交易市场购买（出售）碳配额的成本（收益）。因此，省份 i 总减排成本为

$$\pi_i = C_i(A_i) + p(q_i - A_i) \tag{5-5}$$

式中，q_i 为初始减排配额；p 为碳交易市场均衡价格；π_i 为实现既定的减排目标时总减排成本；$p(q_i - A_i)$ 为省份 i 实现初始减排配额时从碳交易市场获得（损失）的经济福利（费用）。$p(q_i - A_i) > 0$ 时，省份 i 通过碳交易市场获得额外的经济福利；反之，$p(q_i - A_i) < 0$ 时，省份 i 通过碳交易市场损失额外的费用。为了实现全国总减排成本最小化，省际减排配额决策问题可以满足于

$$\begin{aligned} \min \mathrm{TAC} = \sum_{i=1}^{30}\Bigg[& -\beta E_i(1-r_i)\frac{\sum_{k=1}^{30} q_k}{\sum_{k=1}^{30} E_k(1-r_k)} - \beta E_i(1-r_i)\ln\left(1 - \frac{\sum_{k=1}^{30} q_k}{\sum_{k=1}^{30} E_k(1-r_k)}\right) \\ & + \beta q_i \ln\left(1 - \frac{\sum_{k=1}^{30} q_k}{\sum_{k=1}^{30} E_k(1-r_k)}\right)\Bigg] \end{aligned} \tag{5-6}$$

决策目标满足于

$$A_i + Q_i \geqslant q_i \tag{5-7}$$

$$A_i = E_i(1-r_i)\frac{\sum_{k=1}^{30} q_k}{\sum_{k=1}^{30} E_k(1-r_k)} \tag{5-8}$$

$$\sum_{i=1}^{30} Q_i = 0 \tag{5-9}$$

$$\mathrm{CW}_i = p(q_i - A_i) \tag{5-10}$$

式(5-6)中，TAC 为全国总减排成本，代表省际减排配额分配决策应满足于全国 30 个省份总减排成本最小化。式(5-7)中，Q_i 为省份 i 通过碳交易市场购买(出售)的减排配额；A_i 为省份 i 的实际减排量。式(5-7)代表省份 i 实际减排量与购买(出售)减排配额之和不低于初始减排配额。式(5-9)代表碳交易市场达到均衡状态时，买方购买减排配额与卖方出售减排配额保持平衡状态。式(5-10)代表省份 i 在碳交易机制下获得(损失)的经济福利(费用)，其中，CW_i 为 i 省份支付(获得)经济成本(收益)，初始减排配额 q_i、碳交易价格 p、交易主体实现实际减排量 A_i 仅会影响到省份 i 的减排决策及其经济福利变化。

5.2 碳交易的经济绩效评价

5.2.1 GDP 法下各省份经济绩效评价

经过模拟计算，GDP 法下碳交易市场对各省份经济绩效的影响，如表 5-1 所示。在没有实施碳交易市场前，30 个省份总减排成本为 583.81 亿元，其中，广东、北京、江苏和浙江四个省份总减排成本均超过 50 亿元，甘肃、青海、宁夏和新疆四个省份的总减排成本均低于 1 亿元。各省份为了完成减排目标的难易程度也不尽相同，经济发展水平较高的广东、北京、江苏和浙江总减排成本相对较高，经济发展水平较低的甘肃、青海、宁夏和新疆总减排成本相对较低，这说明各省份边际减排成本呈现较大的差异性，必须建立全国碳交易市场。

表 5-1 GDP 法下碳交易市场对各省份经济绩效的影响

省份	NETS		CETS				
	减排量/万吨	总减排成本/亿元	实际减排量/万吨	配额交易量/万吨	总减排成本/亿元	成本节约/亿元	经济福利/亿元
北京	3 297.25	117.11	333.89	2 963.37	17.47	99.64	15.61
天津	2 302.29	10.13	1 384.54	917.75	8.43	1.70	4.83

续表

省份	NETS		CETS				
	减排量/万吨	总减排成本/亿元	实际减排量/万吨	配额交易量/万吨	总减排成本/亿元	成本节约/亿元	经济福利/亿元
河北	4 113.62	2.59	16 681.84	−12 568.22	−22.83	25.42	−66.18
山西	1 756.59	1.09	7 222.47	−5 465.88	−10.01	11.10	−28.78
内蒙古	2 477.77	3.55	4 447.46	−1 969.69	1.19	2.36	−10.37
辽宁	4 009.72	8.40	4 948.75	−939.03	7.92	0.48	−4.94
吉林	1 960.10	6.80	1 480.38	479.72	6.37	0.43	2.53
黑龙江	2 044.20	4.95	2 192.26	−148.05	4.92	0.03	−0.78
上海	3 466.60	27.19	1 209.48	2 257.13	15.75	11.44	11.89
江苏	9 681.67	52.94	4 733.13	4 948.53	38.36	14.58	26.03
浙江	6 091.50	50.66	2 013.44	4 078.06	26.71	23.95	21.48
安徽	3 060.52	7.89	3 083.75	−23.22	7.89	0.00	−0.12
福建	3 691.31	25.22	1 463.54	2 227.77	15.54	9.68	11.73
江西	2 312.09	5.97	2 325.82	−13.73	5.97	0.00	−0.07
山东	8 930.87	33.55	6 249.74	2 681.13	30.36	3.19	14.12
河南	5 011.86	16.18	4 059.78	952.08	15.57	0.61	5.01
湖北	4 028.16	12.98	3 269.68	758.48	12.49	0.49	3.99
湖南	4 001.46	19.56	2 175.55	1 825.92	15.27	4.29	9.62
广东	10 313.22	135.49	2 262.73	8 050.50	48.28	87.21	42.39
广西	2 276.65	5.50	2 442.80	−166.16	5.47	0.03	−0.87
海南	490.76	2.04	311.65	179.12	1.75	0.29	0.94
重庆	2 189.47	8.93	1 415.93	773.54	7.75	1.18	4.07
四川	4 069.25	11.84	3 645.18	424.07	11.71	0.13	2.23
贵州	1 409.17	1.30	3 900.98	−2 491.81	−2.98	4.28	−13.12
云南	1 826.40	2.86	3 005.70	−1 179.30	1.60	1.26	−6.21
陕西	2 441.90	7.35	2 115.71	326.19	7.22	0.13	1.72
甘肃	875.90	0.76	2 587.34	−1 711.44	−2.29	3.05	−9.01
青海	286.39	0.14	1 444.36	−1 157.97	−2.34	2.48	−6.10
宁夏	377.85	0.17	2 104.26	−1 726.41	−3.62	3.79	−9.09
新疆	1 199.32	0.67	5 481.77	−4 282.45	−8.30	8.97	−22.55
合计	99 993.86	583.81	99 993.91	0	261.62	322.19	0

注：总减排目标为 40%；NETS 为无碳交易市场；CETS 为全国碳交易市场

“十三五”期间，我国政府实现40%的减排目标，如果在全国范围内实施碳交易市场，大部分省份总减排成本将均有不同程度的改善。实际减排量最大的五个省份依次为河北（16 681.84万吨）、山西（7222.47万吨）、山东（6249.74万吨）、新疆（5481.77万吨）和辽宁（4948.75万吨），实际减排量最小的五个省份依次为海南（311.65万吨）、北京（333.89万吨）、上海（1209.48万吨）、天津（1384.54万吨）和重庆（1415.93万吨）。全国总减排成本为261.62亿元，其中，总减排成本最高的三个省份依次是广东（48.28亿元）、江苏（38.36亿元）、山东（30.36亿元），而总减排成本最低的三个省份依次是河北（–22.83亿元）、山西（–10.01亿元）和新疆（8.30亿元）。从成本节约效应看，实施全国碳交易市场后，成本节约最大的三个省份依次是北京（99.64亿元）、广东（87.21亿元）、河北（25.42亿元），成本节约最小的四个省份依次是江西（0.00亿元）、安徽（0.00亿元）、黑龙江（0.03亿元）和广西（0.03亿元）。值得注意的是，河北、山西、贵州、甘肃、青海、宁夏和新疆的总减排成本均为负值，表明这些地区不仅完成了“十三五”期间的减排目标，而且通过碳交易市场获得了正的经济福利。在碳交易市场中，碳排放权总交易量为33 843.36万吨，占总减排量的33.85%。河北、山西、内蒙古、辽宁、黑龙江、安徽、江西、广西、贵州、云南、甘肃、青海、宁夏和新疆是碳排放权卖方市场，出售碳排放权配额最多的三个省份依次是河北、山西和新疆，占到碳总交易量的65.94%，碳排放权卖方市场垄断程度相对较高。在碳排放权买方市场中，占据主导地位的分别为广东（8050.50万吨）、江苏（4948.53万吨）和浙江（4078.06万吨），三者共占据50.46%，碳排放权买方市场垄断程度也相对较高。

碳交易市场建立后，碳排放权是一种稀缺的要素，这会进一步衍生出巨大的经济价值。初始减排配额分配将直接影响省际社会财富分配效应，会导致省际资本、劳动和能源要素的重新布局和产业的转移。在GDP法分配方式下，由于不同省份经济发展水平呈现较大的不均衡性，省际初始减排配额直接衍生出显著的社会财富分配转移，广东、江苏、浙江、北京和山东五个省份为了完成“十三五”减排目标，必须通过碳交易市场购买大量的减排配额，损失较高的费用，而河北、山西、新疆、贵州和内蒙古出售大量的减排配额，通过碳交易市场获得较高的经济福利。

5.2.2 累积碳排放量法下各省份经济绩效评价

经过模拟计算，累积碳排放量法下各省份经济绩效指标变化情况如表5-2所示。如果我国没有实施碳交易市场，为了完成2020年40%的减排目标，我国共需要付出333.80亿元的总减排成本，总减排成本最大的五个省份依次是广东（38.67亿元）、山东（31.41亿元）、江苏（25.75亿元）、浙江（21.44亿元）和河南（18.89亿元)。如果全国范围内实施碳交易市场，全国总减排成本为 261.62 亿元，相对于 NETS 情景，全国成本节约为 72.18 亿元。不同省份承担的减排量及其付出的总减排成本各不相同。累积碳排放量最大的五个省份依次是河北、山东、江苏、广东和河南，而总减排成本最大的五个省份依次为山东(28.05 亿元)、广东(23.88 亿元)、江苏(23.57 亿元)、河南(17.73 亿元)和浙江(16.22 亿元)。实施全国碳交易市场后，大部分省份减排成本均有不同程度的改善。广东、北京、河北、新疆和浙江五个省份成本节约效应较为明显些。欠发达地区的青海、宁夏和新疆三个省份不仅完成“十三五”期间的减排目标，而且通过碳交易市场出售剩余的减排配额，获得正的经济收益。

表 5-2　累积碳排放量法下碳交易市场对各省份经济绩效的影响

省份	NETS		CETS				
	减排量/万吨	总减排成本/亿元	实际减排量/万吨	配额交易量/万吨	总减排成本/亿元	成本节约/亿元	经济福利/亿元
北京	1 543.71	17.39	393.20	1 150.51	7.18	10.21	6.15
天津	1 830.55	6.21	1 434.11	396.44	5.90	0.31	2.12
河北	8 686.25	12.16	16 157.20	−7 470.94	2.68	9.48	−39.92
山西	4 023.02	6.08	6 937.62	−2 914.59	2.72	3.36	−15.57
内蒙古	4 007.74	9.74	4 340.81	−333.07	9.67	0.07	−1.78
辽宁	5 344.95	15.44	4 891.28	453.67	15.32	0.12	2.42
吉林	2 294.01	9.54	1 476.30	817.72	8.26	1.28	4.37
黑龙江	2 349.06	6.64	2 195.95	153.11	6.61	0.03	0.82
上海	2 610.67	14.55	1 271.12	1 339.55	10.51	4.04	7.16
江苏	6 924.98	25.75	4 962.68	1 962.30	23.57	2.18	10.47
浙江	4 119.27	21.44	2 139.77	1 979.51	16.22	5.22	10.57
安徽	2 913.95	7.12	3 139.05	−225.10	7.07	0.05	−1.20
福建	2 512.57	10.95	1 545.76	966.80	9.24	1.71	5.17
江西	2 090.07	4.83	2 376.66	−286.60	4.73	0.10	−1.53
山东	8 660.45	31.41	6 356.52	2 303.93	28.05	3.36	12.31
河南	5 389.44	18.89	4 088.85	1 300.59	17.73	1.16	6.95
湖北	4 222.89	14.35	3 301.50	921.39	13.63	0.72	4.92
湖南	3 576.06	15.35	2 231.90	1 344.16	13.07	2.28	7.18
广东	5 912.57	38.67	2 476.53	3 436.04	23.88	14.79	18.36

续表

省份	NETS		CETS				
	减排量/万吨	总减排成本/亿元	实际减排量/万吨	配额交易量/万吨	总减排成本/亿元	成本节约/亿元	经济福利/亿元
广西	2 367.49	5.98	2 469.34	−101.85	5.97	0.01	−0.54
海南	384.51	1.21	323.29	61.22	1.18	0.03	0.33
重庆	1 805.35	5.92	1 460.24	345.11	5.69	0.23	1.84
四川	4 135.87	12.26	3 691.18	444.69	12.11	0.15	2.38
贵州	2 225.75	3.35	3 850.72	−1 624.97	1.47	1.88	−8.68
云南	2 496.40	5.49	2 978.46	−482.06	5.28	0.21	−2.58
陕西	2 309.85	6.54	2 155.63	154.22	6.51	0.03	0.82
甘肃	1 557.38	2.51	2 527.20	−969.82	1.48	1.03	−5.18
青海	582.53	0.63	1 409.37	−826.83	−0.70	1.33	−4.42
宁夏	856.32	0.93	2 041.79	−1 185.47	−0.95	1.88	−6.33
新疆	2 260.22	2.47	5 369.88	−3 109.66	−2.46	4.93	−16.61
合计	99 993.89	333.80	99 993.91	0	261.62	72.18	0

注：总减排目标为 40%；NETS 为无碳交易市场；CETS 为全国碳交易市场

在碳排放权买方市场中，北京、天津、辽宁、吉林、黑龙江、上海、江苏、浙江、福建、山东、河南、湖北、湖南、广东、海南、重庆、四川和陕西是碳排放权的买方，其中，占据主导地位的省份分别为广东（3436.04 万吨）、山东（2303.93 万吨）、浙江（1979.51 万吨）和江苏（1962.30 万吨），四者共占据 49.57%的市场份额。在碳排放权卖方市场中，河北、山西、内蒙古、安徽、江西、广西、贵州、云南、甘肃、青海、宁夏和新疆是碳排放权卖方，其中占据主导地位的省份依次是河北（7470.94 万吨）、新疆（3109.66 万吨）和山西（2914.59 万吨），三个省份共占据 69.10%的市场份额。相对于 GDP 法分配方式，在 NETS 和 CETS 情景下，累积碳排放量分配方式下全国总成本节约均明显低于 GDP 法分配方式，这说明累积碳排放量分配方式下减排是经济有效的，但碳排放权总交易量显著下降，碳排放权卖方市场垄断程度明显提升，碳交易市场效率相对较低，且社会财富分配过于集中在河北、新疆和山西等省份，碳交易市场不能很好地发挥优化资源配置的作用。

5.2.3 工业碳强度法下各省份经济绩效评价

经过模拟计算，工业碳强度法下各省份经济绩效指标变化情况如表 5-3 所示。在工业碳强度法分配方式下，如果我国没有实施全国碳交易市场，为了实现 2020

年 40%的减排目标，我国需要付出 761.89 亿元的总减排成本，远高于 GDP 法和累积碳排放量法分配方式下的总减排成本。总减排成本最大的五个省份依次是北京(249.02 亿元)、广东(69.43 亿元)、上海(57.42 亿元)、福建(54.35 亿元)和天津(43.32 亿元)，共占据全国总减排成本的 62.15%。如果我国实施全国碳交易市场，为了实现 2020 年 40%的减排目标，我国仅需要付出 261.62 亿元的总减排成本，其中，总减排成本最大的五个省份依次为广东(34.35 亿元)、浙江(24.10 亿元)、福建(23.63 亿元)、上海(22.26 亿元)和湖南(20.88 亿元)，共占据总减排成本的 47.86%。我国实施全国碳交易市场后，各省份减排成本也均有不同程度的改善。值得注意的是，河北、山西、新疆工业碳强度较高，且拥有较大的碳排放量和较低的边际减排成本，却承担较轻的减排负担，通过碳交易市场出售剩余减排配额，获得了正的经济收益。由于各省份边际减排成本呈现较大的差异性，经济发达且碳强度较低的北京、广东、上海、福建和天津等省份边际减排成本较高，通过碳交易市场购买大量的减排配额，有效地降低减排成本。

表 5-3　工业碳强度法下碳交易市场对各省份经济绩效的影响

省份	NETS		CETS				
	减排量/万吨	总减排成本/亿元	实际减排量/万吨	配额交易量/万吨	总减排成本/亿元	成本节约/亿元	经济福利/亿元
北京	4 057.43	249.02	311.29	3 746.14	20.59	228.43	19.78
天津	4 408.94	43.32	1 255.10	3 153.84	19.92	23.40	16.65
河北	3 248.33	1.60	13 864.07	−13 615.73	−26.86	28.46	−71.88
山西	1 461.58	0.75	7 289.59	−5 828.01	−11.77	12.52	−30.76
内蒙古	2 878.70	4.85	4 414.32	−1 535.62	3.39	1.46	−8.11
辽宁	2 947.05	4.42	5 060.58	−2 113.63	2.03	2.39	−11.16
吉林	4 139.93	35.81	1 323.14	2 816.79	18.32	17.49	14.87
黑龙江	3 091.46	11.98	2 105.29	986.17	10.69	1.29	5.21
上海	4 795.37	57.42	1 143.91	3 651.45	22.26	35.16	19.28
江苏	4 000.90	8.17	5 076.87	−1 075.97	7.55	0.62	−5.68
浙江	5 598.80	41.95	2 042.49	3 556.31	24.10	17.85	18.77
安徽	3 526.98	10.66	3 053.74	473.24	10.45	0.21	2.50
福建	5 180.69	54.35	1 390.10	3 790.60	23.63	30.72	20.01
江西	3 144.81	11.50	2 264.31	880.51	10.55	0.95	4.65
山东	3 580.73	4.98	6 632.61	−3 051.89	1.17	3.81	−16.11
河南	3 776.16	8.91	4 160.37	−384.21	8.81	0.10	−2.03
湖北	3 730.36	11.03	3 299.02	431.34	10.87	0.16	2.28

续表

省份	NETS		CETS				
	减排量/万吨	总减排成本/亿元	实际减排量/万吨	配额交易量/万吨	总减排成本/亿元	成本节约/亿元	经济福利/亿元
湖南	5 029.34	32.28	2 119.34	2 910.00	20.88	11.40	15.36
广东	7 708.60	69.43	2 374.63	5 333.98	34.35	35.08	28.16
广西	2 639.06	7.52	2 417.72	221.33	7.47	0.05	1.17
海南	1 491.35	27.68	244.87	1 246.48	7.22	20.46	6.58
重庆	3 417.05	23.64	1 342.31	2 074.74	14.45	9.19	10.95
四川	3 317.27	7.70	3 713.22	−395.96	7.58	0.12	−2.09
贵州	2 255.76	3.45	3 802.59	−1 546.83	1.74	1.71	−8.17
云南	1 855.40	2.95	3 009.96	−1 154.56	1.75	1.20	−6.09
陕西	3 795.26	19.04	2 018.11	1 777.15	14.64	4.40	9.38
甘肃	1 417.27	2.06	2 517.75	−1 100.48	0.75	1.31	−5.81
青海	1 287.70	3.42	1 262.93	24.77	3.42	0.00	0.13
宁夏	1 012.08	1.33	1 988.66	−976.57	0.03	1.30	−5.16
新疆	1 199.54	0.67	5 494.93	−4 295.38	−8.36	9.03	−22.68
合计	99 993.90	761.89	99 993.82	0	261.62	500.27	0

注：总减排目标为40%；NETS为无碳交易市场；CETS为全国碳交易市场

在工业碳强度法分配方式下，减排配额交易总量为37 074.84万吨。在碳排放权买方市场中，经济发达且边际减排成本较高的广东、北京、上海、浙江、福建、天津、吉林等省份是碳排放权主要的买方，其中占据主导地位省份依次有广东(5333.98万吨)、福建(3790.60万吨)、北京(3746.14万吨)和上海(3651.45万吨)。共占到44.56%的市场份额。在碳排放权卖方市场中，河北、山西、内蒙古、辽宁、江苏、山东、河南、四川、贵州、云南、甘肃、宁夏和新疆是碳排放权主要的卖方，其中占据主导地位的省份依次有河北(13 615.73万吨)、山西(5828.01万吨)和新疆(4295.38万吨)，共占到卖方的64.03%市场份额。从各省份经济福利变化情况看，河北、山西、新疆、山东拥有较高的碳排放量和工业碳强度，边际减排成本远低于全国平均水平，通过碳交易市场出售剩余减排配额获取较多的经济收益。广东、北京、上海、福建、浙江和天津等省份经济发展水平较高，工业碳强度处于较低水平，边际减排成本明显高于全国平均水平，通过碳交易市场购买减排配额，以完成“十三五”期间的减排目标。工业碳强度分配方式下，碳排放权卖方市场有较高的市场垄断性，河北、山西、新疆和山东等省份是社会财富分配主要的受益方，而广东、北京和上海是财富分配主要的受损方，但通过购买减排配额有效地降低减排成本。

5.2.4　能耗强度法下各省份经济绩效评价

经过模拟计算，能耗强度法下碳交易市场对各省份经济绩效的影响如表 5-4 所示。以能源效率为基础的分配方式下，如果没有实施碳交易市场，我国共需要付出 748.69 亿元的总减排成本，其中，北京、上海、海南、天津和福建等省份的总减排成本明显高于其他省份。如果我国实施碳交易市场，为了完成 2020 年 40%的减排目标，我国仅需要付出 261.62 亿元的总减排成本，跟 GDP 法、累积碳排放量法和工业碳强度法分配方式下的总减排成本是保持一致的。总减排成本最大的五个省份依次是上海(22.47 亿元)、广东(21.97 亿元)、北京(20.35 亿元)、福建(20.19 亿元)和浙江(20.03 亿元)，共占据全国总减排成本的 40.14%。河北、山西、内蒙古、甘肃、青海、宁夏和新疆等省份具有较高的能耗强度，高耗能和高污染产业较为集中，承担较低的减排负担，但其减排成本明显低于全国平均水平，通过碳交易市场出售剩余减排配额，获取了正的经济收益。从成本节约程度来看，我国实施全国碳交易市场后，共节约 487.07 亿元的总减排成本，其中，成本节约程度最大的五个省份依次是北京(215.46 亿元)、海南(58.45 亿元)、上海(36.10 亿元)、天津(23.38 亿元)和河北(22.40 亿元)，共占到全国总成本节约的 73.05%。

表 5-4　能耗强度法下碳交易市场对各省份经济绩效的影响

省份	NETS		CETS				
	减排量/万吨	总减排成本/亿元	实际减排量/万吨	配额交易量/万吨	总减排成本/亿元	成本节约/亿元	经济福利/亿元
北京	4 013.47	235.81	312.63	3 700.83	20.35	215.46	19.53
天津	4 407.65	43.29	1 255.15	3 152.50	19.91	23.38	16.64
河北	4 821.23	3.58	14 605.41	−11 784.18	−18.82	22.40	−62.19
山西	1 361.99	0.65	7 306.20	−5 944.20	−12.34	12.99	−31.38
内蒙古	2 158.31	2.67	4 492.98	−2 334.67	−0.62	3.29	−12.32
辽宁	3 034.97	4.70	5 052.27	−2 017.31	2.51	2.19	−10.65
吉林	3 702.62	27.64	1 355.37	2 347.25	15.92	11.72	12.39
黑龙江	2 746.73	9.27	2 135.60	611.12	8.79	0.48	3.23
上海	4 835.50	58.57	1 141.82	3 693.68	22.47	36.10	19.50
江苏	4 874.12	12.31	5 025.66	−151.53	13.29	−0.98	−0.80
浙江	4 846.56	30.52	2 079.37	2 767.19	20.03	10.49	14.61
安徽	3 904.36	13.24	3 023.39	880.97	12.53	0.71	4.65
福建	4 544.44	40.20	1 422.94	3 121.50	20.19	20.01	16.48

续表

省份	NETS		CETS				
	减排量/万吨	总减排成本/亿元	实际减排量/万吨	配额交易量/万吨	总减排成本/亿元	成本节约/亿元	经济福利/亿元
江西	4 319.78	23.02	2 169.55	2 150.23	17.00	6.02	11.35
山东	4 789.77	9.06	6 549.32	–1 759.55	7.78	1.28	–9.29
河南	3 367.41	7.01	4 190.30	–822.89	6.57	0.44	–4.34
湖北	3 837.08	11.71	3 291.24	545.84	11.46	0.25	2.88
湖南	4 121.74	20.86	2 173.54	1 948.20	15.95	4.91	10.28
广东	5 224.04	29.59	2 476.11	2 747.94	21.97	7.62	14.51
广西	3 603.29	14.70	2 335.29	1 268.00	12.78	1.92	6.69
海南	2 011.18	68.51	209.79	1 801.40	10.06	58.45	9.51
重庆	3 914.83	32.18	1 315.06	2 599.75	17.16	15.02	13.72
四川	3 215.67	7.21	3 721.14	–505.46	7.03	0.18	–2.67
贵州	2 193.51	3.25	3 810.42	–1 616.90	1.39	1.86	–8.54
云南	2 698.47	6.48	2 923.38	–224.91	6.43	0.05	–1.19
陕西	4 740.84	31.29	1 946.31	2 794.53	19.82	11.47	14.75
甘肃	551.92	0.29	2 638.87	–2 086.95	–4.14	4.43	–11.02
青海	341.07	0.21	1 437.70	–1 096.63	–2.04	2.25	–5.79
宁夏	448.28	0.24	2 095.88	–1 647.60	–3.24	3.48	–8.70
新疆	1 163.08	0.63	5 501.21	–4 138.15	–8.57	9.20	–21.84
合计	99 993.91	748.69	99 993.90	0	261.62	487.07	0

注：总减排目标为 40%；NETS 为无碳交易市场；CETS 为全国碳交易市场

能耗强度法分配方式下，减排配额总交易量为 36 130.93 万吨。在碳排放权卖方市场中，河北、山西、内蒙古、辽宁、江苏、山东、河南、四川、贵州、云南、甘肃、青海、宁夏和新疆是碳排放权卖方，其中，占据主导地位的省份依次有河北（11 784.18 万吨）、山西（5944.20 万吨）和新疆（4138.15 万吨），占到卖方的 60.52% 市场份额。在碳排放权买方市场中，北京、上海、天津、福建、陕西、浙江、广东、重庆等省份是碳排放权买方，其中占据买方市场主导地位的省份有北京（3700.83 万吨）、上海（3693.68 万吨）和天津（3152.50 万吨），占到买方的 29.19% 市场份额。从经济福利变化情况看，河北、山西、新疆等省份具有较高的能耗强度，能源效率较低，边际减排成本明显低于全国平均水平，通过碳交易市场出售碳排放权，获得较多的经济福利；而北京、上海、天津等省份经济发展水平较高，具有较低的能耗强度，边际成本高于全国平均水平，通过碳交易市场购买减排配额，完成“十三五”期间减排目标，有效降低减排成本。

5.3　公平与效率讨论

公平合理地分配碳配额不仅直接影响到碳交易市场供需均衡状况和市场效率，还间接影响到跨省份碳配额市场流动及其经济福利。表 5-5 显示了碳交易机制前后不同碳配额分配方法对 30 个省份总减排成本、成本节约及其经济福利的潜在影响。我国政府实现 40%的减排目标，在开展全国碳交易机制前，工业碳强度法下总减排成本为 761.89 亿元，远高于其他方法下总减排成本，成本节约为 500.27 亿元，明显高于其他碳配额分配方式下成本节约程度，这说明以工业碳强度为基础的减排配额分配是最不经济有效的方式。累积碳排放量法下总减排成本为 333.80 亿元，远低于其他方法下总减排成本，且成本节约为 72.18 亿元，明显低于其他分配方式下成本节约的程度，这说明以累积碳排放量为基础的减排配额分配是最经济有效的方式。在开展全国碳交易机制后，五种配额分配方式下总减排成本均是 261.62 亿元，这说明不同的初始减排配额分配不会影响到省际最终的经济产出。但从碳交易市场交易量和交易金额来看，以累积碳排放量为基础的减排配额分配方式下碳交易市场交易量仅有 19 530.96 万吨，明显低于其他减排配额分配方式下的碳配额交易量，且成本节约仅有 72.18 亿元。但熵值分配法成本节约程度略高于以累积碳排放量为基础的碳配额分配方式，明显低于以 GDP、工业碳强度和能耗强度为基础的碳配额分配方式，同时碳交易市场交易量为 27 376.73 万吨，明显高于累积碳排放量法下碳交易市场交易量，碳交易市场交易金额 145.15 亿元略低于工业碳强度和能耗强度法下碳交易市场交易金额，这充分说明以熵值为基础的减排配额分配方式充分发挥了减排资源市场化配置作用。

表 5-5　不同碳配额分配方法下全国碳交易的经济绩效评价（减排目标 40%）

经济绩效	熵值法	GDP 法	累积碳排放量法	工业碳强度法	能耗强度法
TAC（NETS）/亿元	416.47	583.81	333.80	761.89	748.69
TAC（ETS）/亿元	261.62	261.62	261.62	261.62	261.62
成本节约/亿元	154.87	322.19	72.18	500.27	487.07
碳配额交易量/万吨	27 376.73	33 843.36	19 530.96	37 074.84	36 130.93
碳排放价格/元	53.02	53.02	53.02	53.02	53.02
碳交易金额/亿元	145.15	179.44	103.55	179.44	191.57

注：NETS 为没有开展碳交易机制；ETS 为开展碳交易机制；TAC 为总减排成本

初始减排配额分配虽然不会影响碳交易市场的均衡结果，但会显著地影响各省份经济福利的分配效应。一个公平有效的减排配额分配需要综合考虑减排能力、减排责任、减排潜力和能耗强度等省际差异和相互作用。从减排效率看，以累积碳排放量为基础的碳配额分配是最经济有效的分配方式，体现了共同但有区别的责任。河北、江苏、山东、辽宁、河南和广东拥有较大的累积碳排放量，需要承担更重的减排责任，而北京、海南、甘肃、青海和宁夏拥有较小的累积碳排放量，需要承担更轻的减排责任。但一个公平有效的分配方式需要缩小累积碳排放量显著的省际差异，考虑省际的未来区域经济发展需求、减排潜力和能耗强度。经济发达的东北部和南部沿海地区，如北京、山东、上海、江苏、浙江和广东具备良好的经济发展水平，拥有先进的减排技术和良好的减排能力，通过碳交易市场为欠发达的西北和西南地区提供良好的金融援助和技术扶持。经济欠发达的西南和西北地区，如云南、贵州、甘肃、青海、宁夏和新疆，其具有较强的碳强度、较低的能耗强度，但拥有良好的减排潜力和能耗强度改进及较强的经济发展潜力。但以累积碳排放量为基础的分配方式下碳交易市场规模远不如其他分配方式，政府通过碳交易市场发挥减排资源市场化配置作用有限。

缩小各个指标的省际差异和相互作用是政府决策者设计公平有效的减排配额分配方式时亟须解决的难题。政府决策者需要考虑不同省份利益集团的政治可接受力、经济发展潜力、减排潜力、省际差异和产业再配置效应等因素。以熵值为基础的分配方式综合考虑减排能力、减排责任、减排潜力和能耗强度等不同关键因素及不同指标间的重要性。具有较小熵值的指标显示该指标在不同省份具有显著的地区差异，该指标在减排配额分配时尤为重要；反之，具有较大熵值的指标显示该指标具有较小的地区差异，该指标在减排配额分配时的重要性降低。在减排效率方面，以熵值为基础的分配方式下成本节约程度略高于累积碳排放量法下成本节约程度，但成本节约程度明显低于工业碳强度和能耗强度分配方法，这说明以熵值为基础的分配方式具有较高的减排效率。从分配公平性看，以熵值为基础分配方式综合考虑了减排能力、减排责任、减排潜力和能耗强度四个关键要素，缩小每个指标的省际差异和相互作用，多维指标分配方式更为公平些。

5.4 熵值法下省际经济福利变化

在全国碳交易情景下，不同省份实际减排量、碳配额交易量及其经济福利各不相同。表 5-6 和表 5-7 显示了在多维指标熵值法下省际实际减排量、碳配额交易量及其经济福利变化。我国政府实现 40%的减排目标时，实际减排量最大的五个省份依次为河北（16 268.10 万吨）、山西（7202.04 万吨）、山东（6395.91 万吨）、新疆(5475.97 万吨)和辽宁(4994.92 万吨)，占到全国总减排量的 40.34%。工业碳强度和能耗强度均较强的省份在全国碳交易市场下总减排成本为负值，相对于实施碳交易市场前，山西(7.92 亿元)、新疆(7.11 亿元)、河北(5.09 亿元)、宁夏(2.15 亿元)、甘肃(1.11 亿元)、青海(0.65 亿元)和贵州(0.29 亿元)这些省份通过碳交易市场出售碳配额抵消各自的总减排成本，获取显著的正经济福利。从成本节约程度来看，通过实施全国碳交易市场，“十三五”期间各省份减排成本均有不同程度的改善，其中成本节约较大的五个省份有广东(32.98 亿元)、上海(15.18 亿元)、北京(14.76 亿元)、河北(13.49 亿元)、浙江(13.19 亿元)，成本节约效应较为明显，占到全国总成本节约的 57.86%，这说明全国碳交易市场给不同省份带来了不同程度的成本节约效应。

表 5-6　多维指标熵值法下碳交易机制对各省份经济绩效的影响(减排目标 40%)

省份	TAC (NETS)/亿元	TAC (ETS)/亿元	实际减排量/万吨	碳配额交易量/万吨	成本节约/亿元	经济福利/亿元
北京	23.36	8.60	415.21	1 416.67	14.76	7.51
天津	17.47	12.05	1 352.09	1 604.77	5.42	8.51
河北	8.40	−5.09	16 268.10	−8 988.55	13.49	−47.66
山西	1.66	−7.92	7 202.04	−5 048.09	9.58	−26.76
内蒙古	4.72	3.16	4 436.11	−1 592.40	1.56	−8.44
辽宁	7.76	7.05	4 994.92	−1 134.33	0.71	−6.01
吉林	14.49	10.89	1 429.37	1 348.97	3.60	7.15
黑龙江	7.12	7.04	2 172.53	255.45	0.08	1.35
上海	31.59	16.41	1 204.97	2 500.34	15.18	13.24
江苏	29.29	25.85	4 900.33	2 457.38	3.44	13.03
浙江	34.96	21.77	2 072.63	3 083.22	13.19	16.35
安徽	8.70	8.69	3 092.08	113.11	0.01	0.60
福建	26.81	16.18	1 467.68	2 326.67	10.63	12.34
江西	8.49	8.27	2 307.13	422.20	0.22	2.24
山东	22.50	22.06	6 395.91	1 004.38	0.44	5.33
河南	12.59	12.52	4 127.36	325.41	0.07	1.73
湖北	12.08	11.79	3 300.51	594.63	0.29	3.15

续表

省份	TAC (NETS)/亿元	TAC (ETS)/亿元	实际减排量/万吨	碳配额交易量/万吨	成本节约/亿元	经济福利/亿元
湖南	20.20	15.66	2 186.08	1 874.87	4.54	9.94
广东	66.71	33.73	2 389.86	5 182.87	32.98	27.48
广西	7.02	7.00	2 434.82	119.51	0.02	0.63
海南	5.42	3.26	295.10	469.61	2.16	2.49
重庆	14.15	10.63	1 392.35	1 317.03	3.52	6.98
四川	9.64	9.64	3 698.68	–6.90	0.00	–0.04
贵州	2.42	–0.29	3 863.17	–1 960.34	2.71	–10.39
云南	3.85	3.13	2 996.19	–888.38	0.72	–4.71
陕西	11.77	10.54	2 083.61	959.64	1.23	5.09
甘肃	1.20	–1.11	2 573.46	–1 479.58	2.31	–7.84
青海	0.63	–0.65	1 398.18	–812.21	1.28	–4.31
宁夏	0.51	–2.15	2 067.43	–1 425.37	2.66	–7.56
新疆	0.96	–7.11	5 475.97	–4 040.58	8.07	–21.42
合计	416.47	261.60	99 993.87	0	154.87	0

注：①碳配额交易量为正值代表该省份从碳交易市场买入配额，为负值代表该省份卖出配额；②此处经济福利代表购买（出售）碳配额所损失（获得）的费用（经济福利），经济福利变化为正值代表该省份购买碳配额损失的费用，为负值代表该省份出售碳配额所获得的经济福利；③TAC 为总减排成本，NETS 为没有实施碳交易机制，ETS 为实施碳交易机制

表 5-7　多维指标熵值法下碳交易机制对各省份经济绩效的影响（减排目标 45%）

省份	TAC (NETS)/亿元	TAC (ETS)/亿元	实际减排量/万吨	碳配额交易量/万吨	成本节约/亿元	经济福利/亿元
北京	155.53	36.55	650.72	2 861.89	118.98	32.92
天津	79.72	50.73	2 448.91	3 220.84	28.99	37.05
河北	33.54	–25.51	31 465.89	–17 505.75	59.05	–201.36
山西	6.43	–36.74	14 247.48	–10 116.00	43.17	–116.36
内蒙古	18.90	11.81	8 606.90	–3 155.72	7.09	–36.30
辽宁	31.25	27.97	9 668.14	–2 265.10	3.28	–26.06
吉林	65.87	46.05	2 573.70	2 753.72	19.82	31.68
黑龙江	29.79	29.31	4 098.44	557.18	0.48	6.41
上海	155.00	69.09	2 134.92	4 969.94	85.91	57.17
江苏	122.74	107.02	9 343.63	4 765.07	15.72	54.81

续表

省份	TAC (NETS)/亿元	TAC (ETS)/亿元	实际减排量/万吨	碳配额交易量/万吨	成本节约/亿元	经济福利/亿元
浙江	158.62	91.14	3 816.00	6 070.67	67.48	69.83
安徽	35.71	35.66	5 923.37	222.54	0.05	2.56
福建	123.98	67.89	2 670.13	4 604.47	56.09	52.97
江西	35.47	34.38	4366.00	867.44	1.09	9.98
山东	92.34	90.49	12 296.70	1 893.65	1.85	21.78
河南	51.55	51.27	7 937.23	600.88	0.28	6.91
湖北	49.94	48.59	6 310.54	1 158.32	1.35	13.32
湖南	88.03	65.49	4 071.33	3 715.47	22.54	42.74
广东	316.47	141.19	4 366.52	10 154.07	175.28	116.80
广西	29.02	28.93	4 634.27	263.62	0.09	3.03
海南	26.44	13.83	513.60	952.72	12.61	10.96
重庆	62.70	44.59	2 563.71	2 631.50	18.11	30.27
四川	39.34	39.33	7 117.27	−38.33	0.01	−0.44
贵州	9.57	−2.69	7 551.58	−3 902.96	12.26	−44.90
云南	15.46	12.18	5 802.61	−1 760.91	3.28	−20.26
陕西	50.53	44.16	3 881.35	1 954.03	6.37	22.48
甘肃	4.72	−5.71	5 046.14	−2 948.65	10.43	−33.92
青海	2.53	−3.01	2 693.87	−1 570.29	5.54	−18.06
宁夏	2.01	−9.82	4 055.64	−2 824.50	11.83	−32.49
新疆	3.72	−32.72	10 878.07	−8 129.81	36.44	−93.52
合计	1 896.92	1 071.45	191 734.66	0.00	825.47	0. 00

注：①碳配额交易量为正值代表该省份从碳交易市场买入配额，为负值代表该省份卖出配额；②经济福利变化为正值代表该省份购买碳配额损失的费用，为负值代表该省份出售碳配额所获得的经济福利

从碳交易市场碳配额交易量看，以熵值为基础的减排配额分配方式下减排配额卖出的省份主要有河北(8988.55 万吨)、山西(5048.09 万吨)、新疆(4040.58 万吨)、贵州(1960.34 万吨)、内蒙古(1592.40 万吨)、甘肃(1479.58 万吨)、宁夏(1425.37 万吨)、辽宁(1134.33 万吨)、云南(888.38 万吨)、青海(812.21 万吨)、四川(6.9 万吨)，碳配额交易总量为 27 376.73 万吨，占到全国减排总量的 27.38%，这些省份均具有较低的边际减排成本、较强的工业碳强度和较高的能耗强度，具备较强的减排潜力和能源效率的改进空间。在碳排放权卖方市场中，占据主导地

位的是河北(8988.55 万吨)、山西(5048.09 万吨)、新疆(4040.58 万吨)，三个省份占据 66.03%的市场份额，卖方市场集中度较高。其他省份选择从碳交易市场购买相应的碳配额实现既定的减排目标，其中，北京、天津、上海、江苏、浙江、广东、福建等省份具有较低的工业碳强度和能耗强度，且边际减排成本均高于全国其他省份。在碳排放权买方市场中，占据主要地位的是广东(5182.87 万吨)、浙江(3083.22 万吨)、上海(2500.34 万吨)，三个省份占据买方 39.33%的市场份额，买方市场集中度较低些。从省际经济福利变化来看，不同省份从碳交易市场获得(损失)的经济福利(费用)也有明显的差异性，通过全国碳交易市场河北、山西、内蒙古、辽宁、四川、贵州、云南、甘肃、宁夏、青海和新疆获取额外的经济福利，其中获取经济福利最多的五个省份依次是河北(47.66 亿元)、山西(26.76 亿元)、新疆(21.42 亿元)、贵州(10.39 亿元)和内蒙古(8.44 亿元)，工业碳强度和能耗强度较高的省份及欠发达的西部地区位于产业链最低端，高耗能密集型产业较为集中，生态环境较为脆弱，亟须较多的资金援助和先进的技术扶持。北京、天津、吉林、黑龙江、上海、江苏、浙江、安徽、福建、江西、山东、河南、湖北、湖南、广东、广西、海南、重庆和陕西通过碳交易市场购买碳配额，需要损失额外的费用，其中损失费用最大的五个省份为广东(27.48 亿元)、浙江(16.35 亿元)、上海(13.26 亿元)、江苏(13.03 亿元)和福建(12.34 亿元)，东部和南部沿海地区是经济较为发达的地区，具有较弱的工业碳强度和能耗强度，位于产业链最高端，具备较强的经济能力和先进的低碳技术，通过碳交易市场向西部地区和高耗能产业密集的省份输送大量的资金和提供技术扶持，更好地发挥减排资源市场化配置作用。

相对于 2005 年碳强度水平，我国政府实现 45%的减排目标，多维指标熵值法分配方式下各省份总减排成本、实际减排量、碳配额交易量、成本节约及其经济福利如表 5-7 所示。在全国碳交易机制下，“十三五”期间总减排成本最大的五个省份依次为广东(141.19 亿元)、江苏(107.02 亿元)、浙江(91.14 亿元)、山东(90.49 亿元)和上海(69.09 亿元)，而总减排成本为负值的依次有山西(36.74 亿元)、新疆(32.72 亿元)、河北(25.51 亿元)、宁夏(9.82 亿元)、甘肃(5.71 亿元)、青海(3.01 亿元)和贵州(2.69 亿元)，相对于实施碳交易机制前，通过全国碳交易市场这些省份明显地获取正的经济福利。实际减排量最大的五个省份依次为河北(31 465.89 万吨)、山西(14 247.48 万吨)、山东(12 296.70 万吨)、新疆(10 878.07 万吨)和辽宁(9668.14 万吨)。广东、北京、上海、浙江、河北、福建、山西和新疆等省份成本节约效应明显些，相对于 40%的减排目标，其中，广东、北京和上海三个省份成本节约程度依次增加了 175.28 亿元、118.98 亿元和 85.91 亿元。

在碳排放权卖方市场中，河北、山西、内蒙古、辽宁、四川、贵州、云南、甘肃、青海、宁夏和新疆是碳交易市场的主要卖方，其中，占据主导地位的省份依次为河北(17 505.75 万吨)、山西(10 116.00 万吨)和新疆(8129.81 万吨)，三个省份共占据 65.49%的市场份额。广东、浙江、上海、江苏、福建、湖南、天津和北京等省份是碳交易市场的买方，具有较高的边际减排成本，通过购买碳排放权降低总减排成本，其中占据主导地位的省份依次为广东(10 154.07 万吨)、浙江(6070.67 万吨)、上海(4969.94 万吨)，三者共占据 39.09%的市场份额。通过碳交易市场获得额外经济福利的省份依次有河北(201.36 亿元)、山西(116.36)、新疆(93.52 亿元)、贵州(44.90 亿元)、内蒙古(36.30 亿元)、甘肃(33.92 亿元)、宁夏(32.49 亿元)、辽宁(26.06 亿元)、云南(20.26 亿元)、青海(18.06 亿元)和四川(0.44 亿元)。损失额外费用的有广东(116.80 亿元)、浙江(69.83 亿元)、上海(57.17 亿元)、江苏(54.81 亿元)、福建(52.97 亿元)、湖南(42.74 亿元)、天津(37.05 亿元)和北京(32.92 亿元)等省份，东部和南部沿海地区购买碳配额降低总减排成本，向西部地区转移更多的资金援助和技术扶持，更好地发挥减排资源市场化配置作用。

5.5　区域间碳交易机制下区域经济福利估算

根据国务院发展研究中心对八大综合经济区的划分，八大综合经济区省份归属见表 3-8。我国区域发展存在不平衡性，八大综合经济区在经济发展、碳排放空间布局、工业结构和碳强度等方面存在区域差异性。此处运用多维指标熵值法和碳交易经济绩效评价模型，选择八大综合经济区的经济发展水平、累积碳排放量和工业碳强度作为配额分配的关键指标，仿真分析我国八大综合经济区的减排配额分配及其经济福利变化，得出三个主要贡献：首先，相对于以经济发展水平、累积碳排放量和工业碳强度单个指标分配方式，此处使用熵值法对八大综合经济区进行减排配额分配更具有公平性；其次，从公平和效率视角，此处比较多维熵值与单个指标分配方式下区域减排成本及其经济福利变化；最后，尝试确立公平有效的减排目标分配和最优的减排成本。

5.5.1　数据处理

2005～2012 年 30 个省份的累积碳排放量是根据 2005～2012 年化石能源结构和水泥与钢铁行业生产过程燃烧产生的二氧化碳排放量计算的，2013 年累积碳排放量是根据 2012 年碳强度与实际 GDP(按 2005 年不变的居民消费价格指数折算)乘积估算所得。根据表 3-8 中国八大综合经济区的划分，2013 年区域碳强度是根据 2012 年区域碳排放量和 2010～2012 年区域碳强度变化的平均比例估算所得。

省份 GDP 数据来自各年的《中国统计年鉴》，我国各省份实际 GDP 是根据 2005 年不变的居民消费价格指数折算所得。八大综合经济区的工业能耗强度为 30 个省份的工业能耗量除以工业增加值(2005 年不变的居民消费价格指数)的折扣值计算所得。工业能源消耗数据来自各省份统计年鉴的能源平衡表，30 个省份的工业增加值数据来自《中国统计年鉴》。根据表 3-8 八大综合经济区划分，2013 年八大综合经济区的工业能耗强度是根据 2012 年工业能耗强度和 2010～2012 年工业能耗强度变化的平均比例估算所得。

5.5.2 实证结果和讨论

1. 区域减排配额分配方案

随着经济的高速发展，我国能源消耗，尤其化石能源消耗正在迅速增长。在图 5-2 和图 5-3 中，碳排放量是化石能源燃烧产生的碳排放量及水泥和钢铁工业生产过程原料分解释放的碳排放量之和。2005～2013 年，我国碳排放总量从 53.0 亿吨增加到 93.3 亿吨，每年平均增长速度为 5.44%，此处碳排放总量估计与世界银行数据库公布的碳排放总量相似。图 5-2 显示，2005～2013 年，北部沿海综合经济区、黄河中游综合经济区碳排放量比其他综合经济区碳排放量高。北部沿海综合经济区和大西南综合经济区碳排放量以每年 10.03%和 10.06%的增长速度，呈现出高速增长趋势。东北综合经济区、东部沿海综合经济区、南部沿海综合经济区、长江中游综合经济区的碳排放量平均每年以 7%～9%增长速度的快速增加，而大西北综合经济区和黄河中游综合经济区的碳排放量平均每年以 4.41%和 6.08%速度缓慢增加。以 2005 年不变的消费者物价指数折算，2005～2013 年我国碳强度从 2.68 吨/万元下降至 1.90 吨/万元，碳强度下降了 29.10%，平均每年递减率为 3.88%。近年来，我国采取多种减排措施，如“十二五”期间减排和节能综合解决方案、约束性节能减排目标、空气污染防治计划和可再生能源发展等举措。

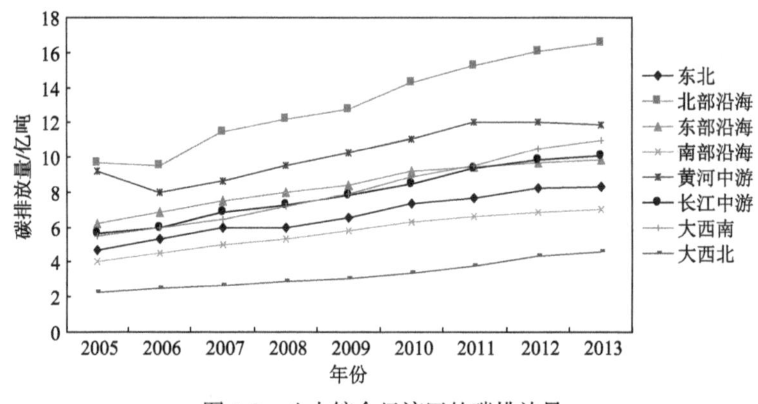

图 5-2 八大综合经济区的碳排放量

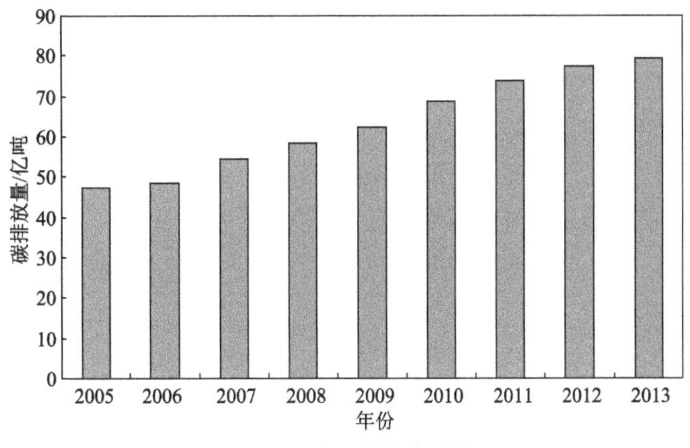

图 5-3　我国碳排放总量

区域初始减排配额分配是区域间碳交易市场的基本构成要素，因此，政府决策者需要确定区域初始减排配额分配方案。八大综合经济区初始减排配额分配直接决定不同区域的利益集团之间的利益分配和资源配置，已有较多学者设计多种初始减排配额分配方法，如祖父制法、碳排放量法、人均碳排放法、碳强度法等，与前者相关研究成果相比，此处考虑减排能力、减排责任和减排潜力三项指标，运用熵值法和碳交易经济绩效评价模型制订出我国八大综合经济区最佳的初始减排配额分配方案及其对减排成本和经济福利变化的影响。此处假设中国承诺到 2020 年实现相对于 2005 年碳强度水平下降 40%，然后估计 2014～2020 年八大综合经济区初始减排配额分配及其经济福利。

表 5-8 中显示，在多维指标熵值分配下，2014～2020 年，北部沿海和东部沿海综合经济区具有最重的累积碳排放量和最高的经济发展水平，需要承担超过 3 亿吨初始减排配额，减排比例均超过全国减排配额总量的 15%。大西北综合经济区具有最轻的累积碳排放量、最低的经济发展水平和最高的工业能耗强度，仅需要承担 0.723 亿吨初始减排配额，减排比例占到全国减排配额总量的 4.03%。东北、南部沿海、黄河中游、长江中游和大西南综合经济区具有较重的碳排放量、较高的经济发展水平和工业碳强度，需要承担 1.875 亿～2.447 亿吨的初始减排配额，减排比例均介于全国减排配额总量的 10.45%～13.64%。与 2013 年碳强度水平相比，2014～2020 年，东部沿海和南部沿海综合经济区的减排目标应分别设定为 17.22%和 19.57%，需要承担最重的减排负担，大西北综合经济区减排目标为 9.11%，东北、北部沿海、黄河中游、长江中游和大西南综合经济区需要减排目标设定为 10.39%～13.33%。多维指标熵值法既考虑到各大综合经济区的区域差异性，又降低各个指标之间的相互作用，是一种相对公平且有效率的分配方式。

表 5-8 熵值法下区域初始减排配额分配(2014～2020 年)

综合经济区	减排比例	减排配额/亿吨	减排目标
东北	10.45%	1.875	13.33%
北部沿海	17.31%	3.105	10.72%
东部沿海	16.90%	3.032	17.22%
南部沿海	13.34%	2.393	19.57%
长江中游	12.74%	2.286	10.89%
黄河中游	13.64%	2.447	13.30%
大西南	11.59%	2.079	10.39%
大西北	4.03%	0.723	9.11%
总计	100%	17.94	

资料来源：《中国统计年鉴》《中国能源统计年鉴》和各省份统计年鉴

注：①GDP、碳强度和工业能耗强度以 2005 年不变居民消费价格指数进行折算；②到 2020 年，国家减排目标设定下降 40%左右，而 2014～2020 年我国所有省份经济增长率均保持在 6%左右；③各综合经济区减排目标估算是根据 2013 年碳强度水平进行估算

2. 区域减排成本及经济福利评价

表 5-9 显示多维指标熵值分配方式下开展碳交易机制前后各大综合经济区减排成本及其经济福利变化。在开展碳交易机制前，2014～2020 年，东部沿海和南部沿海综合经济区将需要付出最大的总减排成本，大西北综合经济区需要承担最低的总减排成本。从开展碳交易机制后成本节约效应来看，与开展碳交易机制前相比，东部沿海和南部沿海综合经济区实现了惊人的成本节约，成本节约分别为 150.93 亿元和 211.80 亿元，成本降幅分别为 40.06%和 52.91%。从实际减排量和碳配额交易量来看，东部沿海和南部沿海综合经济区的边际减排成本是八大综合经济区处于最高水平，是碳交易市场的最大买方，购买配额交易量累积占到市场交易量 91.84%的份额。2014～2020 年，在开展碳交易机制后北部沿海、长江中游、黄河中游、大西南和大西北综合经济区减排成本呈现略微下降趋势。从开展碳交易机制后的成本节约效应看，大西南和大西北综合经济区实现较大的成本节约，成本节约分别为 15.35 亿吨和 38.75 亿吨，相对于实施碳交易前，成本节约比例分别为 24.10%和 332.05%。大西南和大西北综合经济区的边际减排成本处于最低水平，是碳交易市场中的卖方，累积占到市场交易量 58.68%的份额。北部沿海和长江中游综合经济区具有能源密集型产业和较高的减排潜力，也是碳交易市场的卖方。东部沿海和南部沿海综合经济区具有较高的边际减排成本，也是主要的碳交易市场的买方。从开展碳交易机制后的经济福利来看，北部沿海、长江中游、大西南和大西北综合经济区会获得额外的经济福利，东北、东部沿海和南部沿海、

黄河中游综合经济区需要损失额外的费用。

表 5-9　多维指标熵值法下区域减排成本及其经济福利评价

地区	TAC (NETS)/亿元	TAC (ETS)/亿元	实际减排量/亿吨	碳配额交易量/亿吨	节约成本/亿元	经济福利/亿元
东北	86.07	86.06	1.87	0.01	0.01	0.90
北部沿海	113.93	107.12	3.83	–0.72	6.81	–67.67
东部沿海	376.73	225.80	1.20	1.83	150.93	170.81
南部沿海	400.29	188.49	0.74	1.66	211.80	154.83
长江中游	75.14	63.81	3.13	–0.85	11.33	–79.14
黄河中游	128.53	126.33	2.14	0.30	2.20	28.61
大西南	63.68	48.33	3.05	–0.97	15.35	–91.00
大西北	11.67	–27.08	1.98	–1.26	38.75	–117.34
总计	1256.04	818.86	17.94	0	437.18	0

注：TAC 为总减排成本；NETS 为没有开展碳交易机制；ETS 为开展碳交易机制；GDP 没有按照 2005 年居民消费价格指数进行折算

3. 公平与效率讨论

碳交易将引起产业再分配效应，激励不同利益群体优化减排策略，一个公平有效的配额分配推动社会资本流向低碳产业，提升环境效应和产出效率。表 5-10 为开展碳交易机制前后四个不同配额分配方法下总减排成本的比较。在开展碳交易机制前，以工业能耗强度对八大综合经济区进行减排配额分配，导致总减排成本是最高的，开展碳交易机制后总成本节约程度也是最大的，这种分配方式不是经济有效的。以二氧化碳指标对八大综合经济区进行减排配额分配，开展碳交易机制前社会总减排成本是最低的，开展碳交易机制后总成本节约下降比例为 13.58%，是一种成本有效的分配方式。开展碳交易机制后，熵值、GDP、累积碳

表 5-10　不同配额分配法下总减排成本变化

项目	熵值法	GDP 法	累积碳排放量法	能耗强度法
TAC (NETS)/亿元	1256.04	1437.46	947.62	1637.52
TAC (ETS)/亿元	818.95	818.95	818.95	818.95
节约成本	34.80%	43.03%	13.58%	50.00%
碳配额交易量/亿吨	3.80	4.30	1.95	5.60
碳交易金额/亿元	355.15	402.93	182.43	523.14

注：TAC 为总减排成本；NETS 为没有开展碳交易机制；ETS 为开展碳交易机制

排放量和能耗强度四种分配方式下总减排成本是相同的，这意味着初始碳配额分配不会影响整个社会的总减排成本。从碳交易市场交易情况看，熵值法下配额交易量及其交易金额均明显高于累积碳排放量法下配额交易量和交易金额，这说明熵值法下碳交易市场具有更高的市场效率。

所有综合经济区均受益于跨区域碳交易市场，初始减排配额分配导致不同综合经济区将获得不同的经济福利，公平的初始减排配额分配需要考虑到区域差异性和多维指标相互作用性。尽管累积碳排放量法是体现共同而有区别原则、公平和社会公正性的最佳分配方式，北部沿海和黄河中游综合经济区具有较重的累积碳排放量，需要承担较大的减排责任，而大西北综合经济区具有较轻的累积碳排放量，需要承担较小的减排责任。一个公平的初始减排配额分配方式既要考虑各个综合经济区减排责任的区域差异性，又要兼顾各个综合经济区未来的经济发展需求和减排潜力。东部沿海和南部沿海综合经济区经济比较发达，具有较好的减排能力，为经济欠发达的区域提高较多的资金援助和技术支撑，而大西南和大西北综合经济区具有较高的工业能耗强度、较弱的技术进步，但拥有较强的减排潜力和经济发展需求。

减少区域差异性和多维指标相互作用是政府决策者构建公平有效的初始减排配额分配的关键问题，政府决策者需要考虑利益群体的政治接受力、经济发展潜力、区域差异性和产业再分配效应。熵值法可以决定不同指标的重要性，较低熵值显示出某个指标的区域差异性较大，这说明该指标是减排配额分配更为重要的指标；反之，较高熵值显示出某个指标的区域差异性较小，这说明该指标是减排配额分配不太重要的指标。从多维指标熵值法的经济福利变化看，初始减排配额分配给欠发达的大西南和大西北综合经济区带来额外的经济收益，这些意外的经济收益为欠发达的大西南和大西北综合经济区提供强有力的资金援助和技术扶持，促进发达地区和欠发达地区多种形式的合作，创造了环境效益和推进社会再分配的公正性。鉴于多维指标熵值法与其他分配方式下，碳交易带来相同的经济效率，政府决策者降低区域差异性和多个指标相互作用性，应该采取多维指标熵值法。

5.6 本章小结

我国区域差异化发展战略证实在经济发展水平、资源禀赋、碳排放量、能源消费空间分布等方面存在发展的不均衡性。建立以市场机制为基础的碳交易体系是我国实现长期减排目标的一种成本有效的政策工具。考虑到上述因素的不均衡性和复杂性，本章建议使用减排能力、减排责任、减排潜力和能耗强度四个关键因素，运用熵值法对全国碳交易机制下省际初始减排配额分配、经济绩效及其经济福利进行科学的评价。

从减排效率角度分析，我国政府实现 40%和 45%的减排目标，以工业碳强度为基础的分配方式下总减排成本和成本节约幅度均明显高于其他分配方式下总减排成本和成本节约幅度，而以累积碳排放量为基础的分配方式下总减排成本和成本节约幅度均明显低于其他分配方式下总减排成本和成本节约幅度，以累积碳排放量为基础的分配方式是最经济有效的。但从碳交易市场效率角度分析，在 40%减排目标下，全国碳交易市场配额交易量仅有 19 530.96 万吨，碳交易市场交易金额仅有 103.55 亿元，碳交易市场规模明显低于其他分配方式，政府通过碳交易市场发挥减排资源市场化配置作用有限。从公平性角度分析，以累积碳排放量为基础的分配方式体现了气候治理共同而有区别的责任，河北、山东、江苏、辽宁、河南和广东拥有较大的累积碳排放量，需要承担更大的减排责任；而北京、海南、甘肃、青海和宁夏拥有较小的累积碳排放量，仅承担较小的减排责任，但省际累积碳排放量具有显著的差异性，初始减排配额分配需要考虑省际未来经济发展需求、减排潜力和能耗强度的开发空间。一个公平有效的初始减排配额分配方式需要缩小不同指标的省际差异性和相互作用，政府决策者需要权衡不同省份利益集团的政治可接受力、经济发展潜力、减排潜力、省际差异和产业再配置效应等因素。从减排效率角度分析，40%的减排目标下，以多维指标熵值为基础的分配方式下开展碳交易机制前全国总减排成本为 416.47 亿元，开展碳交易机制后成本节约幅度为 154.87 亿元，总减排成本和成本节约幅度均高于以累积碳排放量为基础的分配方式，但明显低于其他分配方式，这说明以多维指标熵值为基础的分配方式具有较高的减排效率。从碳交易市场效率看，碳交易市场的配额交易量为 27 376.73 万吨，碳交易市场交易金额为 145.15 亿元，明显高于累积碳排放量法分配方式，这说明以熵值为基础的分配方式可以充分发挥减排资源市场化配置作用。从分配公平性看，以熵值为基础的分配方式综合考虑了减排能力、减排责任、减排潜力和能耗强度四个关键要素，缩小每个指标的省际差异和相互作用，多维指标熵值法显得更为公平些。

在全国碳交易情景下，不同省份实际减排量、碳交易量及其经济福利各不相同。多维指标熵值法下，实际减排量最大的五个省份依次为河北、山西、山东、新疆和辽宁，而总减排成本为负值依次有山西、新疆、河北、宁夏、甘肃、青海和贵州，通过出售减排配额获得额外的经济收益。成本节约程度较大的五个省份有广东、上海、北京、河北、浙江，成本节约效应较为明显些，这说明全国碳交易市场给不同省份带来了不同程度的成本节约效应。在碳交易市场中，河北、山西、内蒙古、辽宁、四川、贵州、云南、甘肃、青海、宁夏和新疆是碳交易市场的卖方，其中占据主导地位的省份依次为河北、山西和新疆。其他省份选择从碳交易市场购买相应的碳配额实现既定的减排目标，广东、浙江、上海、江苏、福建、湖南、天津和北京等省份是碳排放权的买方，具有较高的边际减排成本、较低的工业碳强度和能耗强度，通过购买碳配额降低总减排成本，在碳排放权买方市场中，占据主导地位的省份依次为广东、浙江、上海。通过碳交易市场获得额外的经济福利的省份依次有河北、山西、新疆、贵州、内蒙古、甘肃、宁夏、辽宁、云南、青海和四川，其中获得经济福利最多的三个省份依次是河北、山西和新疆，工业碳强度和能耗强度较高的省份及欠发达的西部地区位于产业链最低端，高耗能密集型产业较为集中，生态环境较为脆弱，亟须较多的资金援助和先进的技术扶持。北京、天津、吉林、黑龙江、上海、江苏、浙江、安徽、福建、江西、山东、河南、湖北、湖南、广东、广西、海南、重庆和陕西通过碳交易市场购买碳配额，需要损失额外的费用，其中，损失费用最大的三个省份为广东、浙江和上海，东部和南部沿海地区是经济较为发达的地区，具有较弱的工业碳强度和能耗强度，位于产业链较高端，具备较高的经济发展水平和先进的低碳技术，通过碳交易市场向西部地区和高耗能产业密集的省份输送大量的资金援助和技术扶持，更好地发挥减排资源市场化配置作用。

“十二五”期间，北京、天津、河北、辽宁、上海、江苏、浙江、山东和广东承担最高的减排负担和节能目标，欠发达地区的新疆、青海和海南承担最低的减排负担和节能目标。各个省份在经济发展水平、资源禀赋、碳排放量、能源消费空间分布存在显著的省际差异性，因此，各个省份在减排能力、减排责任、减排潜力和能耗强度方面显示出很大的异质性，“十二五”期间大多数省份具有相似的减排负担和节能目标，这没有充分考虑省际差异性。根据《碳排放权交易管理暂行办法》规定，未来减排配额分配需要充分考虑到减排能力、减排责任、减排潜力和能耗强度。本章提出以多维指标熵值法确定减排能力、减排责任、减排潜力和能耗强度四个关键指标的客观权重，运用经济绩效评价模型，从公平与效率角度分析五种分配方式的减排效率、碳交易市场规模及其省际经济福利变化。相对于“十二五”期间减排负担和节能目标设计，在多维指标熵值法下，河北、江苏、山东和广东四个省份共承担全国27.37%的总减排量，海南、青海、宁夏和甘肃四个省份仅承担全国3.08%的总减排量。在碳交易市场中，广东、浙江、上海、江苏、福建、湖南、天津和北京等省份是碳交易市场的买方，而河北、山西、新疆和内蒙古等省份是碳交易市场的卖方，东部沿海地区通过碳交易市场向西部地区输送大量的资金援助和技术扶持，更好地发挥减排市场化配置作用。

通过实证结果分析，本书提出以下政策建议：首先，以多维指标熵值为基础的分配方式实现碳配额交易量和交易金额均明显高于其他分配方式，有效地输送大量的资金援助和技术扶持，更好地发挥减排资源市场化配置作用；其次，政府决策者根据未来经济发展需求、减排潜力和能源效率的改进空间合理地设计总减排目标和省际初始减排配额，根据省际经济福利变化合理调整省际初始减排配额及其减排目标，推进利益集团政治接受能力和发挥减排市场化配置作用。

政府若采纳按照八大综合经济区的减排配额分配方案，当我国承诺到 2020 年实现相当于 2005 年碳强度下降 40%时，2014～2020 年碳排放量减少 17.94 亿吨，碳减排总量占 2020 年碳排放总量的 14.66%。相当于 2013 年碳强度水平，2014～2020 年经济发达的东部沿海和南部沿海综合经济区碳强度分别下降了 17.22%和 19.57%，欠发达的大西北综合经济区碳强度下降 9.11%，而其他综合经济区碳强度下降介于 10.39%～13.33%。从碳交易成本节约和市场交易情况看，实施碳交易后，东部沿海和南部沿海综合经济区购买大量的减排配额，实现了惊人的成本节约，下降比例分别为 40.06%和 52.91%，而大西南和大西北综合经济区成本节省下降比例达到了 24.10%和 332.05%。从碳交易市场的经济福利变化看，东部沿海和南部沿海、东北和黄河中游综合经济区是碳排放权买方市场，这些地区具有较高的边际减排成本，需要损失额外的费用；而大西南、大西北、北部沿海和长江中游综合经济区是碳排放权卖方市场，这些地区拥有能源密集型和高碳密集型行业，获得额外的经济福利。因此，所有综合经济区均从跨区域碳交易机制中获取相应的利益。

引入碳交易机制后，多种分配方式下总减排成本是相似的，区域间初始碳配额分配不会影响区域间的经济产出。多维指标熵值法既考虑到区域差异性，又减缓各个指标的相互作用，各个综合经济区公平获取了初始减排配额。为了推进发达地区和欠发达地区多种形式合作，政府决策者可以采纳八大综合经济区的多维指标熵值配额分配方式，为欠发达的地区提供强有力的资金援助和技术扶持，为推进区域间环境效益和再分配公正性创造有利的条件。如果政府采纳区域间碳交易机制及其分配方案，建议采取以下政策建议：①政府决策者需要掌握和理解各大综合经济区的区域差异性，理解各个分配方式的利弊；②实证结果显示不同配额分配方式不会影响社会的总减排成本，应该降低区域差异性和减缓不同指标间的相互作用；③制定各大综合经济区初始碳配额和减排目标时，决策者应该考虑到各大综合经济区的减排能力、减排责任和减排潜力；④多维指标熵值分配方式为欠发达地区提供强有力的资金援助和技术扶持，促进发达和欠发达地区的各种合作框架，避免不合理的再分配效应；⑤考虑到政治妥协和利益团体可接受力，政府决策者根据区域间经济福利变化协调各个利益团体的经济利益。

第6章　能源产业链的管制政策优化

大量温室气体排放诱使生态环境恶化和区域气候骤变，碳排放引起的生态环境变化是一种外部不经济性的问题，温室气体排放是阻碍市场效率的外在性因素，可以通过征收碳税、提供财政补贴等环境管制政策加以矫正。目前我国能源企业执行节能减排仍以政府推动和行政管理为主的环境管制政策，缺乏以市场驱动为基础的激励性管制政策，如何从考虑社会福利和社会成本的角度，制定最优化的碳税和减排补贴政策组合是当前政府亟须解决的环境难题。

近几年，我国的可再生能源产业呈现出产业规模不断扩大、发展扶持政策不断出台、产业发展区域特性明显和产业链不断完善的特点，初步形成了以环渤海、长江三角洲、西南、西北等为核心的新能源产业集聚区。然而，在我国新能源产业突飞猛进的发展过程中，可再生能源发展也暴露出核心技术缺失、上游产能过剩、补贴政策引起财政负担日益沉重等一系列问题。下面以能源产业为例，比较与分析补贴政策、碳税和碳排放交易三种管制政策效果。

6.1　可再生能源补贴政策的经济效应

我国政府为了应对气候变化和能源安全，推进可再生能源的快速发展，颁布实施了一系列可再生能源发展政策，如《新能源和可再生能源发展纲要(1996～2010)》(1995 年)、《国家计委、科技部关于进一步支持可再生能源发展有关问题的通知》(1999 年)、《关于加快风力发电技术装备国产化的指导意见》(2000 年)、《关于发展生物能源和生物化工财税扶持政策的实施意见》(2006 年)、《风力发电设备产业化专项资金管理暂行办法》(2008 年)、《关于支持分布式光伏发电金融服务的意见》(2013 年)及《可再生能源中长期发展规划》等。中国政府通过这些扶持政策实施财政补贴、税收优惠及技术创新奖励等措施给予可再生能源企业补贴。

国外学者对可再生能源补贴政策主要集中研究补贴政策对可再生能源技术创新、生产效率、减排效果等方面。Batlle(2011)在综合考虑终端能源消费者和各种能源消费结构基础上，讨论直接和间接的可再生能源补贴政策对各种终端能源消费者补贴成本的经济影响；Keyuraphan 等(2012)比较与分析欧盟、美国和中国大陆可再生能源发展政策基础上，提出中国台湾发展可再生能源的价格补贴和税收优惠等相关激励政策；Koseoglu 等(2013)发现德国、美国和中国政府给予可再生能源研发的资金补贴，推进可再生能源快速发展，加速可再生能源技术推广和市场应用；Marousek 等(2014)运用净现值法分析欧盟可再生能源补贴政策可以提高可再生能源项目的投资收益。可再生能源补贴政策可以推进可再生能源技术创新与市场推广应用，提高能源配置效率和生产效率，优化能源消费结构，创造良好的经济收益和社会效益。

国内学者对可再生能源补贴政策的研究主要集中在补贴政策对能源供应、补贴成本及减排效果等方面。Song(2011)检验可再生能源补贴标准和配额可以增加可再生能源企业的产量；Huang 等(2013)运用案例法剖析了可再生能源补贴和碳排放交易组合政策可以有效降低温室气体排放；Zhao 等(2014)运用成本收益方法分析中国执行可再生能源发展的补贴政策效果，检验结果显示2006～2011年中国可再生能源补贴成本为0.2480元/千瓦时，同时补贴政策给社会带来巨大的社会收益；Ouyang 和 Lin(2014a，2014b)指出中国可再生能源补贴政策可以提高能源使用效率，优化能源消费结构和控制碳排放总量；赵子健和赵旭(2012)利用科布-道格拉斯生产函数描述电力消费量、火电发电量和可再生能源发电量之间的投入产出关系，在此基础上构建了两阶段的最小化购电成本的电力上网模型。随着中国可再生能源规模飞速扩大，可再生能源补贴政策迫使中国政府承担巨额的财政补贴，补贴资金压力与日俱增。

根据《国家可再生能源“十二五”发展规划》已公布的可再生能源发展规划目标，到2015年，风电将产生电量2000亿千瓦时，政府约需要承担补贴资金约400亿元；光伏发电装机3500万千瓦，当年产生电量500亿千瓦时，按每千瓦时0.5000元补贴标准计算，政府需要承担补贴资金约250亿元；生物质发电装机1300万千瓦时，当年产生电量700亿千瓦时，政府需要补贴资金约280亿元；电网接入还需要政府承担补贴资金约 100 亿元，政府每年需要承担补贴资金不会低于1000亿元。现有可再生能源补贴资金全额由政府财政负担，补贴资金缺口通过上调电价或电价附加征收标准等办法弥补，其实最终是由终端消费者和全社会纳税人全部承担可再生能源补贴资金。根据欧美发达国家发展可再生能源政策和操作经验，从成本和利益视角，本章探索补贴政策促进可再生能源发展的经济效益。

6.1.1　可再生能源发展的成本和收益

现有的可再生能源补贴政策是通过降低生产商生产成本或降低消费价格及购买可再生能源满足市场需求等方式，帮助生产厂商增加可再生能源发电量。现有可再生能源补贴政策有直接补贴和间接补贴两种方式。间接补贴是隐含的支付或折扣，如可再生能源补贴计划、战略优先布局、研发基金、促进可再生能源电网接入、可再生能源项目投资和服务的歧视性规定、政府保护和扶持。中国制定优先发展可再生能源策略，国家发改委优先审核可再生能源项目，扶持可再生能源技术创新，优先建设可再生能源传输和分销系统，等等。直接补贴是显性的、可以量化的成本补贴、价格补贴、资金奖励、税收优惠和返还、利益捆绑等方式。欧盟流行的补贴政策有：英国是由可再生能源的财政支持、扫除发展障碍和开发新兴技术的政策组成；德国是由法案、市场激励、基金扶持等系列政策组成；西班牙是由可再生能源技术研发和储能系统研发、建设高水平实验平台和示范工程等政策组成；法国是由行政程序修正、可减免增值税、电价补贴、项目筹建资金扶持等政策组成；另外还有荷兰和挪威可再生能源项目专项资金资助、罗马尼亚可再生能源免征消费税等。中国可再生能源补贴政策主要由产业优先规划、专项资金扶持、推广示范工程、上网电价补贴等系列政策组成。

1. 可再生能源补贴成本

2011 年，财政部、国家发改委和国家能源局印发的《可再生能源发展基金征收使用管理暂行办法》指出，可再生能源发展基金包括国家财政公共预算安排的专项资金和依法向电力用户征收的可再生能源电价附加收入等。可再生能源发展基金主要用于可再生能源开发利用的科学技术研究、标准制定和示范工程，用于可再生能源的资源勘探、评价和相关信息系统建设，促进可再生能源开发利用设备的本土化生产等相关可再生能源发电和开发利用活动。根据可再生能源补贴政策现状，当前可再生能源补贴有价格补贴和配额贸易补贴，其中主要有可再生能源项目安装的投资补贴、电网传输和分销系统建设补贴、独立电力系统建设补贴及其他相关成本。

自 2006 年中国执行可再生能源上网电价补贴以来，可再生能源补贴规模一直保持着稳定的增长势头，补贴范围延伸到风力发电、太阳能光伏发电及生物能发电。中国风力发电现有补贴政策体现在电价分摊、财税优惠、接网费用补贴、现金直补的政策组合上。2006～2011 年，国家发改委多次调整风力发电上网电价补贴，2006 年 1 月价格补贴调为 0.2415 元/千瓦时，2007 年 1 月下调为 0.2386 元/千瓦时，2007 年 10 月下调为 0.2336 元/千瓦时，2008 年 7 月下调为 0.2204 元/千瓦时，2009 年 1 月下调为 0.2191 元/千瓦时，2009 年 7 月下调为 0.2189 元/千瓦时，2010 年 1 月上调为 0.2264 元/千瓦时，2010 年 10 月下调为 0.2158 元/千瓦时。截至 2011 年 4 月政府给予风力发电厂商电价补贴资金约 113.2603 亿元，给予电力传输及电网并入补贴资金约 5.0827 亿元，对于建设公共独立可再生能源电力系统给予补贴资金约 0.2928 亿元，国家给予风力发电补贴资金总额为 118.6358 亿元（表 6-1）。2012 年国家给予风力发电补贴资金出现大幅度上升，上升为 153.6669 亿元，约占可再生能源补贴资金总额的 66.5%，补贴资金比例达到最高。2013 年国家给予风力发电补贴资金降低到 123.0768 亿元，约占可再生能源补贴资金总额的 51.2%(表 6-2)。根据《中国风电发展路线图 2050》，预计到 2050 年我国风电装机将达 10 亿千瓦时，满足 17%的国内电力需求，2020 年后，国内风电价格将低于煤电价格，国内现行的风力发电补贴政策将逐步取消、退出。

表 6-1　可再生能源补贴成本总额(2006～2011 年)

类型	风力发电	生物能发电	太阳能发电	合计
装机容量/亿千瓦时	395.8692	394.4542	324.335	1114.6584
并网容量/亿千瓦时	485.3630	483.1473	381.1179	1349.6282
电价补贴/亿元	113.2603	112.6443	93.8823	319.7869
电网补贴/亿元	5.0827	5.0518	3.9417	14.0762
独立电力系统补贴/亿元	0.2928	0	0.3326	0.6254
补贴总额/亿元	118.6358	117.6960	98.1566	334.4884

资料来源：国家发改委和 Zhao 等(2014)的研究成果

表 6-2　2012 年和 2013 年可再生能源补贴资金情况

年份	风力发电补贴	生物能发电补贴	太阳能光伏发电补贴	补贴总额
2012	153.6669 亿元 (66.5%)	44.8292 亿元 (19.4%)	32.5820 亿元 (14.1%)	231.0782 亿元
2013	123.0768 亿元 (51.2%)	79.4432 亿元 (33.1%)	37.8000 亿元 (15.7%)	240.3200 亿元

资料来源：中国可再生能源信息网、2012 年和 2013 年中国风电建设统计评价报告、2012 年和 2013 年中国生物能发电建设统计评价报告、2012 年和 2013 年中国太阳能发电建设统计评价报告

注：因四舍五入，表中数据存在误差。括号里数字代表各种可再生能源补贴资金所占的比例

2006～2011 年，国家发改委多次调整生物能发电上网电价补贴，2006 年 1 月上网电价补贴为 0.2372 元/千瓦时，2007 年 1 月上调为 0.3165 元/千瓦时，2007 年 10 月轻微下调为 0.3152 元/千瓦时，2008 年 7 月下调为 0.2140 元/千瓦时，2009 年 1 月下调为 0.2102 元/千瓦时，2009 年 7 月轻微上调为 0.2111 元/千瓦时，2010 年 1 月上调为 0.2424 元/千瓦时，2010 年 10 月上调为 0.3182 元/千瓦时。截至 2011 年国家给予生物能发电厂商电价补贴资金约为 112.6443 亿元，给予电力传输和电网并入补贴资金约为 5.0518 亿元，国家给予生物能发电补贴资金总额约为 117.6960 亿元。2012 年，国家给予生物能发电补贴资金约为 44.8292 亿元，约占可再生能源补贴资金总额的 19.4%。2013 年国家给予生物能发电补贴资金约为 79.4432 亿元，约占可再生能源补贴资金总额的 33.1%，相对于 2012 年，2013 年国家给予生物能发电补贴资金有大幅度提升。

近年来，随着光伏组件成本的下降和技术水平的提升，太阳能光伏发电已具

备加快发展的条件。从 2009 年开始，中国启动了“光电建筑应用示范项目”“金太阳示范工程”“大型光伏电站特许权招标”，在这些项目的带动下，我国光伏发电容量得到了大幅度的提升。特别是 2011 年 8 月，国家发改委出台了光伏发电临时电价政策后，我国西北太阳能资源丰富的地区掀起了一波光伏电站建设高潮，我国光伏发电容量呈现爆发式的增长。截至 2011 年，国家给予太阳能光伏发电厂商电价补贴资金约为 93.8823 亿元，给予电力传输和电网并入补贴资金约为 3.9417 亿元，对于建设公共独立电力系统给予补贴资金约为 0.3326 亿元，国家给予太阳能光伏发电补贴资金总额约为 98.1566 亿元。2012 年，国家给予太阳能光伏发电补贴资金约为 32.5820 亿元，约占可再生能源补贴资金总额的 14.1%。2013 年国家给予太阳能光伏发电补贴资金约为 37.8000 亿元，约占可再生能源补助资金总额的比例为 15.7%，相对于 2012 年，2013 年国家给予太阳能光伏发电补贴资金有轻微上升。

2006 年至 2010 年 9 月，全国可再生能源电价附加资金管理由国家发改委负责，共计下发补贴资金约为 268 亿元，2006～2008 年资金缺口较小，2009 年资金缺口为 13 亿元，2010 年资金缺口约为 20 亿元，资金缺口由专项资金解决。2011 年 5 月至 12 月补助资金缺口约为 125 亿元，不含税的资金缺口约为 107 亿元，财政部、国家发改委和国家能源局正统筹研究解决的方案。综合上述，从 Zhao 等(2014) 分析的可再生能源补贴资金组成来看，国家给予可再生能源厂商的价格补贴资金所占比例最大，约占 95.6%，电网并入和公共独立电力系统补贴资金所占比例很小。

2. 可再生能源收益

为了开发和利用可再生能源发电，中国投入了大量的人力、物质和资金等资源，对可再生能源发展的补贴规模是巨大的。本节探讨可再生能源开发和利用会产生的经济效应和社会收益。根据可再生能源的特点，本节运用成本效益法从环境收益、能源供应安全、技术创新和经济发展等方面详细分析可再生能源发展的收益。

1) 环境收益

当前温室气体排放主要源自现代经济发展高度依赖化石燃料，大量温室气体排放诱使气候变暖和生态环境恶化。减少温室气体排放对于生态环境保护和可持续发展是一个重要的议题。可再生能源是指从持续不断地补充的自然过程中得到的能量来源，包括太阳能、水能、风能、生物质能、潮汐能等，开发和利用可再生能源发电不会释放碳，大大减少污染物排放，因此，可再生能源快速发展可以有效降低温室气体排放密度，获得显著的环境收益。在常规能源发电过程中，碳排放量是基于所确定的化石能源消费类型，根据不同燃料燃烧发电的碳排放系数及能源使用量综合评估所得。与常规能源发电相比，开发和利用可再生能源发电具有较强的正外部性，可以大幅度减少二氧化碳、二氧化硫、氮氧化物、一氧化碳、总悬浮颗粒物、烟尘、滞留物等，产生了显著的环境收益。

$$E_{jt} = \sum_{i=1}^{2} \mathrm{TQ}_{it} \cdot \rho_c \cdot \mathrm{PE}_{it} \tag{6-1}$$

$$\mathrm{EB}_t = \sum_{j=1}^{7} E_{jt} \cdot \mathrm{EV}_j \tag{6-2}$$

式中，i 为可再生能源类型，1 为风电，2 为太阳能和生物能发电及其他；j 为各种温室气体和污染物类型，1 为二氧化碳，2 为二氧化硫，3 为氮氧化物，4 为一氧化碳，5 为总悬浮颗粒物，6 为烟尘，7 为滞留物；E 为各种温室气体及污染物排放量；ρ_c 为替代标准煤发电系数，此处 $\rho_c = 0.32$，即 1 千瓦时替代 0.32 吨标准煤；TQ 为各种可再生能源发电量；PE 为单位燃煤发电量释放各种温室气体和污染物排放系数；EB 为环境收益；EV 为减少单位温室气体和污染物所创造的收益。

表 6-3 显示 2006～2013 年各种可再生能源发电量情况，开发和利用可再生能源呈现高速发展，可再生能源发电量呈现逐年递增的发展趋势。风能发电总体规模较大，特别在 2008～2012 年风力发电占到可再生能源发电总量的 95%以上，太阳能和生物能发电及其他所占比例较小。2013 年太阳能和生物能发电及其他呈现爆发式增长。根据 Dong 等(2012)的研究成果，表 6-4 显示了可再生能源替代常规燃煤发电所释放的各种温室气体和污染物的排放系数，开发和利用可再生能源减少常规化石能源煤炭的消耗量，大幅度降低燃煤发电所释放的二氧化碳、二氧化硫、氮氧化物、一氧化碳、总悬浮颗粒物、烟尘和滞留物等。根据 Li 等(2011)的研究成果，各种温室气体和污染物减少所产生的环境收益系数分别为 0.13 元/千克、6.00 元/千克、8.00 元/千克、1.00 元/千克、2.20 元/千克、0.12 元/千克和 0.10 元/千克(表 6-5)，根据式(6-1)和式(6-2)计算，本节可以评价开发利用可再生能源所创造的环境收益，如图 6-1 所示。2006～2013 年，开发和利用可再生能源所创造的环境收益分别为 24.77 亿元、33.38 亿元、49.36 亿元、103.43 亿元、185.00 亿元、279.00 亿元、430.61 亿元和 668.43 亿元，环境收益呈现逐年递增的趋势。从环境收益评估结果看，为了鼓励可再生能源的开发和利用，政府给予的可再生能源补贴规模是巨大的，但创造的环境效益更可观，可以充分抵消政府所支付的补贴资金。

表 6-3 各种可再生能源发电量 单位：亿千瓦

类型	2006 年	2007 年	2008 年	2009 年
风力发电	28.40	57.10	130.80	276.15
太阳能和生物能发电及其他	38.10	32.50	1.70	1.52
合计	66.50	89.60	132.50	277.67

续表

类型	2010 年	2011 年	2012 年	2013 年
风力发电	494.00	741.00	1030.00	1357.00
太阳能和生物能发电及其他	2.65	8.00	41.00	437.42
合计	496.65	749.00	1071.00	1794.42

资料来源：2007～2013 年《中国电力年鉴》和 2013 年中国风电、太阳能和生物能发电建设统计评价报告

表 6-4 替代燃煤发电释放各种温室气体及污染物排放系数 单位：千克/兆千瓦时

	二氧化碳	二氧化硫	氮氧化物	一氧化碳	总悬浮颗粒物	烟尘	滞留物
系数	639.73	1.76	1.77	0.10	0.05	52.5	20.02

资料来源：Dong 等（2012）

表 6-5 减少各种温室气体和污染物所产生的环境收益系数 单位：元/千克

	二氧化碳	二氧化硫	氮氧化物	一氧化碳	总悬浮颗粒物	烟尘	滞留物
系数	0.13	6.00	8.00	1.00	2.20	0.12	0.10

资料来源：Li 等(2011)

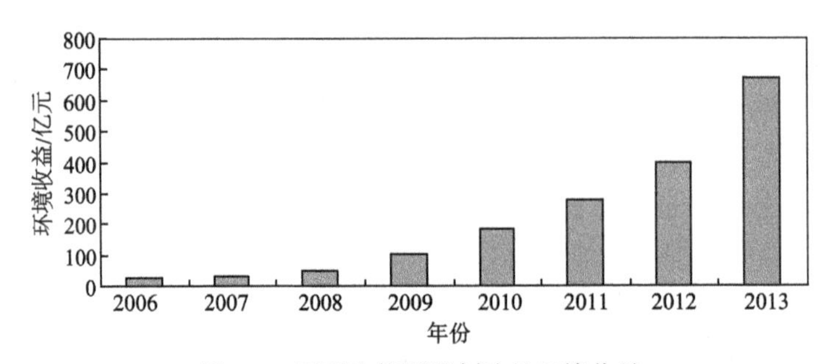

图 6-1 可再生能源所创造的环境收益

2) 能源供应安全

随着中国经济持续发展，能源消费总量增长过快，中国超过美国成为世界上最大的能源消费国，能源供求矛盾日益突出，能源供应安全问题正在发生质变。由于化石燃料价格，特别是石油价格大幅度提升，中国能源进口需求逐年增长，石油对外依存度已接近 60%，天然气对外依存度接近 1/3，成为全球煤炭净进口国，中国一次能源全面进口使得中国能源安全风险加大。根据 Zhao 等(2013)的研究成果，未来煤炭、石油、天然气常规能源开发利用周期分别为 100 年、15 年和 30 年，低于世界常规能源开发和利用的平均周期。应构建能源供应多元化渠道，优先发展可再生能源，尽快减少和摆脱对石油、煤等传统能源的依赖、增加可再生能源的使用。转变能源消费结构，提高能源使用效率，合理

布局和规划可再生能源发展，完善可再生能源供应系统，其中包括储存、输送管网等，开发多元化和本土化的能源供应渠道，减少能源对外依存度，确保能源供应安全。

3)技术创新

在可再生能源开发和利用初期，可再生能源技术研发投入多、技术应用和设备装机成本很高，可再生能源开发和利用的成本明显高于常规能源开发和利用的成本。近几年，风能发电技术获得高速发展，风电产业布局集中，水平轴风电机组技术占主流，风电机组单机容量持续增大，变桨变速功率调节技术得到广泛应用，双馈异步发电技术占有主导地位，直驱式、全功率变流技术得到迅速发展，低风速风电设备研发取得重大进展，等等。风力发电设备安装成本及其运行成本呈现逐年递减的趋势，到2020年风力发电成本会明显低于常规能源发电成本。在光伏产业补贴政策激励下，中国光伏发电产业获得高速发展，政府和企业积极倡导自主创新，设立专项研发基金，引导企业、高校和科研机构积极投入光伏发电核心技术的研发，在多晶硅工艺技术、光伏电池转化率、太阳能跟踪技术、光伏发电储能技术及智能电网等方面掌握核心技术，实现光伏发电技术的重大突破。

4)经济增长和就业机会

开发和利用可再生能源是开拓新的经济增长领域、促进经济转型和扩大就业的重要选择。可再生能源资源分布广泛，各区域具有一定的可再生能源开发和利用条件。可再生能源产业也是高新技术和新兴产业，快速发展可再生能源产业已成为一个新的经济增长点，可以有效拉动装备制造等相关产业的发展，对调整产业结构、促进经济增长方式转变、扩大就业、推动经济和社会可持续发展有重要的价值。

5)其他溢出效益

可再生能源发展可以提高宏观经济运行的稳定性。溢出效应主要体现在大力发展可再生能源可以降低能源对外依存度、减轻贸易不平衡性、降低能源供应外部因素对经济产生冲击的可能性。相对于常规能源发电技术，成熟的可再生能源技术可以降低可再生能源的生产成本、提高市场竞争优势和经济收益。

6.1.2　补贴政策效果讨论

可再生能源补贴政策有直接补贴和间接补贴两种方式，间接补贴是隐含的支付或折扣，如可再生能源补贴计划、战略优先布局、研发基金、促进可再生能源电网接入、可再生能源项目投资和服务的歧视性规定、政府保护和扶持。根据可再生能源补贴政策现状，当前中国可再生能源补贴政策主要有可再生能源项目安装的投资补贴、电网传输和分销系统建设补贴、独立电力系统建设补贴及财税扶持补贴的政策。这些补贴政策主要通过降低生产商的生产成本或降低消费价格及购买可再生能源满足市场需求等方式，帮助生产厂商增加可再生能源发电量。国家规划可再生能源装机规模还有可能大幅度突破，政府未来还需要将更多的补贴资金投向可再生能源，现有可再生能源补贴政策不具有可持续性。

根据可再生能源补贴政策现状，当前可再生能源补贴成本主要有可再生能源项目安装的投资补贴成本、电网传输和分销系统建设补贴成本、独立电力系统建设补贴成本及其他相关成本。自 2006 年中国执行可再生能源上网电价补贴以来，可再生能源补贴规模一直保持着稳定的增长势头，补贴范围延伸到风力发电、太阳能发电及生物能发电。2006～2013 年国家给予可再生能源补助资金总共 805.8865 亿元，其中风力发电补贴资金为 395.3795 亿元，太阳能发电补贴资金为 168.5386 亿元，生物能发电补贴资金为 241.9684 亿元，2012 年和 2013 年国家给予太阳能发电及生物能发电补贴资金呈现明显的增长势头。

2006～2011 年国家给予风力发电补贴资金总额为 118.6358 亿元，2012 年风力发电补助资金出现大幅度上升，上升到 153.6669 亿元，2013 年风力发电补助资金减少到 123.0768 亿元。截至 2011 年国家给予生物能发电补贴资金总额为 117.6960 亿元，2012 年给予生物能发电补贴资金 44.8292 亿元，2013 年给予生物能发电补贴资金 79.4432 亿元，国家给予生物能发电补贴资金有大幅度提升。截至 2011 年国家给予太阳能发电补贴资金总额为 98.1566 亿元，2012 年给予太阳能发电补贴资金 32.5820 亿元，2013 年国家给予太阳能发电补贴资金 37.8000 亿元。上网电价补贴资金是可再生能源补贴总额中所占比例最高的，2020 年后，国内风力发电、太阳能发电和生物能发电价格将低于煤电价格，国内现行的可再生能源发电补贴政策将逐步取消、退出。

开发利用可再生能源发电不会释放碳，大大减少污染物排放，因此，可再生能源快速发展可以有效降低温室气体排放密度，获得显著的环境收益。2006～2013 年，开发和利用可再生能源所创造的环境收益分别为 24.77 亿元、33.38 亿元、49.36 亿元、103.43 亿元、185.00 亿元、279.00 亿元、430.61 亿元和 668.43 亿元，环境收益呈现逐年递增的趋势。为了鼓励可再生能源的开发和利用，中国政府给予的可再生能源补贴规模是巨大的，但创造的环境效益更可观，可以充分抵消政府所支付的补贴资金。应合理布局和规划可再生能源发展，完善可再生能源供应系统，提高能源使用效率，转变能源消费结构，开发多元化和本土化的能源供应渠道，尽快减少和摆脱对石油、煤等传统能源的依赖，增加可再生能源的使用，确保能源供应安全。大力开发利用可再生能源可以加速技术创新与推广应用、培育新的经济增长、扩大就业、促进贸易平衡、保持宏观经济稳定运行。

6.2　可再生能源发展管制政策优化

中国可再生资源信息网统计数据显示，2006年至2010年9月，全国可再生能源电价附加资金管理由国家发改委负责，共计下发补助资金约268亿元，2006～2008年资金缺口较小，2009年资金缺口为13亿元，2010年资金缺口约为20亿元，资金缺口由专项资金解决。2011年5月至12月资金缺口约为125亿元。因此，现有可再生能源补贴政策具有不可持续性。

为了缩减碳排放量，碳排放交易、税收抵免及可再生能源补贴是欧美发达国家普遍执行的管制政策。可再生能源补贴和碳排放交易政策可以缩减碳排放量和影响发电企业的生产行为，其中可再生能源补贴政策有可再生能源购买义务、价格补贴、投资补贴等，碳排放交易政策有减排计划、配额分配方式、初始碳配额等。碳排放交易政策可以提升可再生能源装机容量，提高可再生能源技术推广应用，提升能源供应战略能力。可再生能源补贴和碳排放交易政策会直接影响不同发电企业的市场博弈行为，也会影响到不同发电企业的生产策略及其财务绩效。碳排放交易和可再生能源补贴可以大幅度提升能源气候政策的整体效率，显著提高可再生能源的开发和利用及大幅度缩减碳排放量。可再生能源设备投资和生产的税收减免可以激励企业增加可再生能源设备投资，降低可再生能源发电成本，推动可再生能源的开发和利用。可再生能源补贴、税收减免和碳排放交易政策可以推进可再生能源的开发和利用，提高能源战略供应能力和缩减碳排放量。

我国现有可再生资源补贴资金缺口通过上调电价或电价附加征收标准及国家财政等办法弥补，最终补贴资金缺口是由政府财政填补负担，其实最终是由终端消费者和全社会纳税人全部承担可再生能源补贴资金。在制定环境管制政策时，政府需要综合衡量政府、发电厂商、能源消费者及纳税人等利益相关者的利益。从公共政策和社会福利视角，政府在权衡不同利益群体情景时，比较分析可再生能源价格补贴和碳排放交易政策对推进可再生能源发电行业的经济影响，寻求一种更合理的碳排放管制政策。

6.2.1　可再生能源价格补贴政策

与常规能源发电相比，可再生能源发电的技术不够成熟，开发和利用成本比较高，可再生能源企业缺乏市场竞争性，与此同时，昂贵的可再生能源技术增加了保护生态环境的社会成本，降低了环境政策干涉市场的效果。现有的可再生能源补贴政策是通过降低生产商的生产成本、提高上网电力价格或购买可再生能源配额提升市场需求等方式帮助生产厂商增加可再生能源发电量及其经济利润水平。中国当前可再生能源补贴政策主要是由产业优先规划、专项资金扶持、推广示范工程、上网电价补贴等一系列补贴政策组成的，主要体现在价格补贴、设备安装投资补贴、电网传输和分销系统建设补贴、独立电力系统建设补贴等。根据 Zhao 等(2014)的研究成果，2006～2011 年，可再生能源价格补贴占补贴总额的比例为 95.60%，公共独立可再生能源电力系统建设补贴占补贴总额的 0.19%，电网传输及设备安装补贴占补贴总额的 4.21%。下面本节主要探讨可再生能源价格补贴对可再生能源开发和利用及社会福利的经济影响。

假设可再生能源电力市场是一个完全竞争性市场，有 $i\,(i=1,2,\cdots,n)$ 个企业利用可再生能源发电，i 企业利用可再生能源的发电量为 q_i。根据 Yu(2012)的定义，可再生能源发电企业 i 的生产成本为 $C(q_i)$，其中，$C'(q_i)>0$、$C''(q_i)>0$。可再生能源电力市场的反需求函数为 $P(Q)=a-bQ$，此处可再生能源市场需求量 $Q=\sum_{i=1}^{n}q_i$，且反需求函数 $P'(Q)<0$。当前政府对可再生能源发电企业实施上网电价补贴，若单位可再生能源电价补贴为 s_p，可再生能源发电企业追求利益最大化时的公式为

$$\max_{q_i}\ \Pi_i=[P(Q)+s_p]q_i-C(q_i) \tag{6-3}$$

由式(6-3)得知，当电力市场出清时，$q_1=q_2=\cdots=q_n$，$C(q_1)=C(q_2)=\cdots=C(q_n)$，政府制定的最优的可再生能源价格补贴水平为

$$s_p^*=C'(q_i)-P(Q)-P'(Q)Q/n \tag{6-4}$$

$$P(Q)=C'(q_i)-s_p-P'(Q)Q/n \tag{6-5}$$

由式(6-4)得知，政府制定最优的价格补贴水平需要综合考虑到可再生能源发电企业的边际生产成本、电力需求价格、需求弹性、可再生电力市场厂商数量及发电量等因素。在政府补贴政策情景下，电力市场需求价格与可再生能源发电企业边际发电成本、价格补贴率、需求价格弹性、厂商数量及发电量等因素有关联性。

可再生能源是无碳燃料，具有清洁低碳的特性，开发和利用可再生能源发电不会释放碳排放量，大幅度减少温室气体和污染物的排放，因此，可再生能源快速发展可以有效缓解温室气体排放密度。与常规能源发电相比，开发和利用可再生能源发电具有较强的正外部性，可以大幅度减少二氧化碳、二氧化硫、氮氧化物、一氧化碳、总悬浮颗粒物、烟尘、滞留物等，创造显著的环境收益。

$$B(E_t)=\mathrm{TQ}\cdot\sum_{j=1}^{m}\mathrm{PE}_{jt}\cdot\mathrm{EV}_j \tag{6-6}$$

式中，j 为各种温室气体和污染物类型，1 为二氧化碳，2 为二氧化硫，3 为氮氧化物，4 为一氧化碳，5 为总悬浮颗粒物，6 为烟尘，7 为滞留物；E 为各种温室气体和污染物排放量；TQ 为可再生能源发电量；PE 为单位燃煤发电量释放各种温室气体和污染物排放系数；$B(E)$ 为环境收益；EV 为减少单位温室气体和污染物所创造的收益。

政府制定补贴政策时，需要综合权衡政府、可再生能源发电企业及生态环境的利益，可再生能源行业的社会福利是所有生产者剩余、政府补贴和环境收益之和。可再生能源行业的社会福利 W 可以表达为

$$\begin{aligned} W &= \int_0^{nq_i} P(u)\mathrm{d}u + B(E) + s_p Q - nC(q_i) \\ &= [P(Q)+s]Q + B(E) - nC(q_i) \end{aligned} \tag{6-7}$$

6.2.2 碳排放交易政策

政府依靠传统的行政手段难以实现预期的减排目标，减排需要尊重经济规律，还需要借助另一只“无形的手”，把价值规律和市场机制引入到环境资源配置和减排进程中，充分发挥市场在环境资源配置中的决定性作用。可再生能源补贴政策会直接降低可再生能源发电成本，创造良好的环境收益及社会效益，但补贴政策可能会导致市场失灵和价格扭曲，直接影响可再生能源企业的市场竞争性。随着可再生能源发电规模与日俱增，可再生能源补贴规模逐渐增大，补贴资金缺口逐步放大，政府财政负担会加重，最终会影响到纳税人的经济利益，补贴政策增加了开发和利用可再生能源的社会成本，降低补贴政策的经济效果。碳排放交易是一种纠正负外部性且成本有效的碳排放控制方式，借助一只“看不见的手”建立可再生能源利益补偿机制，合理引导可再生能源企业调整经济行为决策，推进可再生能源的开发和利用。在碳排放交易政策下，可再生能源发电企业将多余的碳配额出售获得额外的经济福利，常规能源发电释放出大量的温室气体，诱使生态环境受到破坏，实际上可再生能源企业是从高碳能源企业那里获得相应的环境利益补偿。与可再生能源补贴政策相比，碳排放交易政策实际上向破坏生态环境的高碳能源企业征收相应的环境损害成本，将环境成本外部性转化为内部性，可再生能源企业从高碳能源企业获得相应的环境补偿利益。

可再生能源行业假设条件与上面补贴政策假设条件相同，在碳排放交易政策下，碳配额分配和减排目标设定是碳排放交易最关键的环节。目前碳排放配额分配比较流行的做法有免费分配(祖父制、碳排放量法、产量法)、拍卖分配及混合模式。我国政府已在北京、上海、天津、深圳、重庆等地区开展碳交易试点工作，拟在 2015 年全面部署碳交易市场。从北京、上海、深圳、武汉等地区开展碳交易

的市场试点看，北京、上海、深圳碳交易市场在试验阶段碳配额分配方式均采用免费分配方式，其中，北京和上海碳交易市场采用碳排放量法，深圳碳交易市场采用碳排放量和碳强度法，湖北和广东碳交易市场在试验阶段采用免费分配为主，拍卖分配为辅相结合的交易制度。假设碳配额分配采用排放量法免费分配初始碳配额 $e(q_i)$，碳价格为 p_e，可再生能源企业利润 π_i 最大时的公式为

$$\pi_i = P(Q)q_i - C(q_i) + p_e e(q_i) \tag{6-8}$$

对式(6-8)进行求导，电力市场需求价格为

$$P(Q) = C'(q_i) - p_e e'(q_i) - P'(Q)Q/n \tag{6-9}$$

在碳排放交易情景下，电力市场需求价格与可再生能源企业的边际发电成本、碳排放价格、可再生能源减排系数、需求价格弹性、厂商数量及发电量等因素有关。

同样在碳排放交易政策下，政府也需要权衡可再生能源发电企业、政府及生态环境的利益，此时可再生能源行业的社会福利是由所有生产者剩余、碳排放收益和环境收益三部分组成的。在碳排放交易情景下，政府不需要承担相应的财政负担，可再生能源企业获得的碳配额收益实际上是高碳能源企业支付的相应的环境损失的补偿。

$$\begin{aligned} W &= \int_0^{nq_i} \Pi(u)\mathrm{d}u + B(E) \\ &= P(Q)Q + B(E) + p_e E - nC(q_i) \end{aligned} \tag{6-10}$$

6.2.3 算例分析

1. 补贴政策情景下经济福利

下面我们以风力发电为例比较和分析补贴政策和碳排放交易政策对社会福利的经济影响。2008～2013 年《中国电力年鉴》《2013 年度中国风电建设统计评价报告》显示，2007～2013 年我国风力发电量分别为 57.10 亿千瓦、130.80 亿千瓦、276.15 亿千瓦、494.00 亿千瓦、741.00 亿千瓦、1030.00 亿千瓦和 1357.00 亿千瓦，呈现快速增长的发展趋势。假设我国以风力发电替代燃煤发电战略，表 6-4 显示了替代燃煤发电释放各种温室气体和污染物的排放系数，表 6-5 显示了可再生能源因温室气体和污染物减排所创造的环境收益系数。表 6-6 显示，2007～2013 年，我国因风能发电减排所创造的环境收益分别为 2.74 亿元、6.27 亿元、13.24 亿元、23.69 亿元、35.54 亿元、49.40 亿元和 65.08 亿元，风力发电企业所创造的环境总收益为 195.96 亿元。

表 6-6　风力发电行业环境收益和经济福利　单位：亿元

项目	2007 年	2008 年	2009 年	2010 年	2011 年	2012 年	2013 年
环境收益	2.74	6.27	13.24	23.69	35.54	49.40	65.08
经济福利（无补贴）	0.57	1.27	2.75	4.92	7.38	10.26	13.51
经济福利（补贴）	8.56	19.58	41.41	74.08	111.12	154.46	203.49

根据 Ouyang 和 Lin(2014b)的估算，风力发电上网标杆电价为 0.56 元/千瓦时，尹详和陈文颖(2012)估算，风力发电成本为 0.46 元/千瓦时，2011 年 12 月国家发改委发布全国火电含脱硫脱硝上网平均标杆电价为 0.42 元/千瓦时。中国电力价格是由国家发改委制定的市场指导价，本节认为电力价格是一个固定的价格水平，电力需求价格弹性为零。如果政府没有对可再生能源企业实施补贴政策，考虑风力发电企业的生产剩余和环境收益，2007～2013 年风力发电行业的经济福利分别为 0.57 亿元、1.27 亿元、2.75 亿元、4.92 亿元、7.38 亿元、10.26 亿元和 13.51 亿元，因此，风力发电企业的生产剩余为负值。当前我国政府对可再生能源企业实施价格补贴政策，2007～2013 年风力发电行业经济福利分别为 8.56 亿元、19.58 亿元、41.41 亿元、74.08 亿元、111.12 亿元、154.46 亿元和 203.49 亿元，相对于无可再生能源补贴政策情景，政府价格补贴政策增加了风力发电企业生产剩余，推进风力发电行业经济福利呈现较大的增长幅度。

2. *碳交易情景下经济福利*

目前北京、上海、广东、天津、深圳、湖北和重庆已经开展碳交易市场试点工作，由于各区域碳排放交易价格实时行情呈现很大的差异性，本节以北京环境交易所碳排放交易价格数据为例分析风电行业社会总福利。

图 6-2 显示北京环境交易所的碳排放价格行情。从 2013 年 11 月 28 日至 2014 年 9 月 4 日，碳排放交易的平均价格为 55.55 元/吨，其中最大交易价格为 77.00 元/吨，最小交易价格为 48.00 元/吨，碳排放价格的标准差为 6.23。本节评估在碳排放交易情景下风力发电行业经济福利情况，此处设定可再生能源发电替代供电标准煤耗系数为 0.34 千克/千瓦时(2010 年以前)和 0.32 千克/千瓦时[①](2011 年以后)，标准煤碳排放系数为 2.4567 吨二氧化碳/吨标准煤(国家发改委能源研究所推荐值)。

① 源自《2013 年度中国风电建设统计评价报告》。

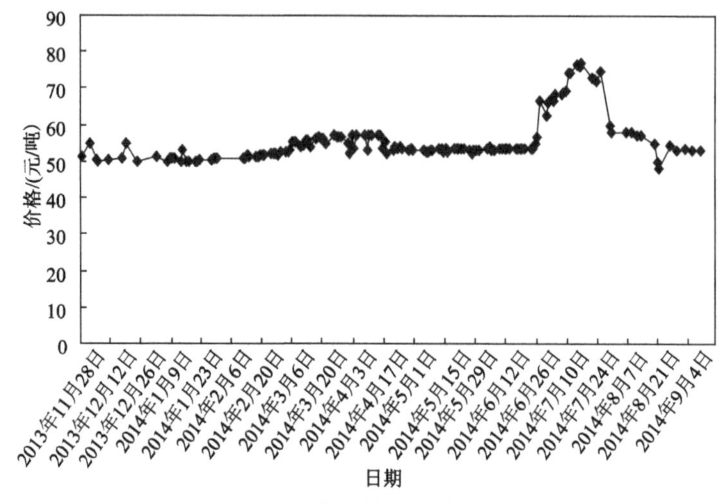

图 6-2 北京环境交易所碳排放交易价格

在碳排放交易情景下，风力发电企业将减排的碳排放权配额出售可以获得额外的碳排放权收益，降低发电企业的生产成本，提高风力发电企业的市场竞争能力。如表 6-7 所示，如果按照碳排放平均价格 55.55 元/吨，2007～2013 年风力发电行业企业因碳减排所产生的碳排放收益分别为 2.67 亿元、6.11 亿元、12.89 亿元、23.06 亿元、32.36 亿元、44.98 亿元和 72.77 亿元。随着碳减排量逐年递增，风力发电行业企业所创造的碳收益呈现快速增长趋势。如果按照碳排放最高交易价格 77.00 元/吨，2007～2013 年风力发电行业企业因碳减排所产生的碳排放收益分别为 3.69 亿元、8.46 亿元、17.87 亿元、31.96 亿元、44.86 亿元、62.35 亿元和 82.14 亿元。随着碳排放交易价格和减排量增加，风力发电企业创造的碳排放收益呈现出较大幅度的提升。在碳排放交易情景下，如果政府没有给予风力发电行业价格补贴政策，当碳排放价格为 55.55 元/吨时，2007～2013 年风力发电行业经济

表 6-7 碳排放交易情景下风力发电行业经济福利（无补贴） 单位：亿元

项目	2007 年	2008 年	2009 年	2010 年	2011 年	2012 年	2013 年
环境收益	2.74	6.27	13.24	23.69	35.54	49.40	65.08
碳排放收益（p=55.55 元/吨）	2.67	6.11	12.89	23.06	32.36	44.98	72.77
经济福利	3.23	7.37	15.64	27.98	39.74	55.24	72.77
碳排放收益（p=77.00 元/吨）	3.69	8.46	17.87	31.96	44.86	62.35	82.14
经济福利	4.26	9.73	20.62	36.88	52.23	72.61	95.66

福利分别为 3.23 亿元、7.37 亿元、15.64 亿元、27.98 亿元、39.74 亿元、55.24 亿元和 72.77 亿元，碳排放收益可以明显改善风力发电行业企业的经济福利状况。当碳排放价格为 77.00 元/吨时，2007～2013 年风力发电行业经济福利分别为 4.26 亿元、9.73 亿元、20.62 亿元、36.88 亿元、52.23 亿元、72.61 亿元和 95.66 亿元。随着碳排放价格的增加，风力发电行业企业的经济福利获得较大幅度的提升。

表 6-8 显示，在碳排放交易和可再生能源补贴政策混合情景下，如果政府按照当前的补贴政策执行，当碳排放价格为 55.55 元/吨时，2007～2013 年风力发电行业经济福利分别为 11.23 亿元、25.68 亿元、54.30 亿元、97.14 亿元、143.48 亿元、199.44 亿元和 262.75 亿元。当碳排放价格为 77.00 元/吨时，2007～2013 年风力发电行业经济福利分别为 12.26 亿元、28.04 亿元、59.28 亿元、106.04 亿元、155.97 亿元、216.81 亿元和 285.64 亿元。与单纯补贴政策情景相比，碳排放交易和可再生能源补贴政策混合情景下额外的碳排放收益促使风电行业经济福利呈现较大的提升，随着碳排放价格的提高，风电行业经济福利增加幅度明显加快。

表 6-8　碳排放交易和可再生能源补贴政策混合情景下风力发电行业经济福利

单位：亿元

项目	2007 年	2008 年	2009 年	2010 年	2011 年	2012 年	2013 年
环境收益	2.74	6.27	13.24	23.69	35.54	49.40	65.08
碳排放收益（p=55.55 元/吨）	2.67	6.11	12.89	23.06	32.36	44.98	72.77
经济福利	11.23	25.68	54.30	97.14	143.48	199.44	262.75
碳排放收益（p=77.00 元/吨）	3.69	8.46	17.87	31.96	44.86	62.35	82.14
经济福利	12.26	28.04	59.28	106.04	155.97	216.81	285.64

6.3　在垂直垄断能源产业链中碳税与减排补贴混合政策优化

最优化的环境管制政策一直是国内外学者日益关注的热点话题。中国能源产业链充斥着市场垄断，其中，煤炭供应市场是以神华集团有限责任公司作为市场领头羊，电力生产是由中国国电集团公司、中国华能集团有限公司、中国华电集团有限公司等五大发电公司控制，电网是由国家电网有限公司、中国南方电网有限责任公司两大电网集团占有绝对市场控制地位，石油石化行业由中国石油天然气集团公司、中国石油化工集团公司和中国海洋石油集团有限公司占有市场主导地位。能源企业拥有很强的资源垄断地位和市场势力，通过调整生产策略控制产量，特别是限制减排产品供应，造成能源市场价格扭曲和产业环境负外部性。特别是在垂直垄断的能源产业链中，政府制定恰当的环境管制是控制温室气体排放总量的重要管制策略。

在垂直垄断的能源生态产业链中，若环境污染没有实施管制，上游和下游能源企业实施减排驱动力下降，会提供更少的减排产品和服务，导致碳排放总量高于最优化环境管制水平。上游和下游能源企业具有较强的资源垄断能力和市场势力，直接影响环境税收和减排补贴的最优水平。在垄断的生态产业链中，制造企业需要综合考虑生产成本和环境损害成本积极限制产量，使最优环境税收低于边际社会损害成本。严格的环境管制推动企业积极执行减排活动和下游电力生产商的市场竞争。Reichenbach 和 Requate (2012) 从理论上分析碳税对垄断火力发电厂商行为决策的经济影响，以及可再生能源补贴政策对新能源企业的学习溢出效应；Cherry 等 (2012) 通过市场调研方式验证庇古税、补贴和数量控制对环境管制的可接受性，调研发现补贴比庇古税更被公众接受，而庇古税比数量控制更容易被公众接受；Yu (2012) 探索了在垄断的碳排放拍卖市场中退税返还、从价税和配额拍卖三种混合机制对企业低碳技术投资决策的经济影响。由此可见，碳税和补贴对环境管制效率有重要的影响，直接影响企业行为决策和最优化环境管制政策水平。

国内学者重点关注碳税和补贴对企业行为决策的经济影响及不同碳税政策情景下最优化的碳税政策问题。聂华林等 (2011) 运用碳减排效应模型，分析在不同的碳税政策情形下，企业生产要素投入品相对价格的变化如何影响企业的生产决策及由此产生的碳减排效应；付丽苹和刘爱东 (2012) 运用委托代理模型，分析政府征收碳税激励高碳企业实施碳减排的激励契约，结果表明政府设计科学合理的碳税税率可实现对高碳行业碳排放总量的控制，增强高碳企业实施碳减排的内在动力；任志娟 (2012) 运用古诺模型从理论上分析碳税、碳交易和行政管制对社会总产出、社会总福利及厂商收益的经济影响，发现碳交易在减排方面的作用高于碳税；李媛等 (2013) 在考虑了产品低碳度、消费者低碳偏好、碳税税率等因素基础上，构建了征收碳税政策下政府与企业行为博弈模型，研究表明征收碳税对制造企业减排起到有效的激励作用，碳税对企业的产品价格影响较小，伴随税率的价格变化波动较低；樊勇和张宏伟 (2013) 运用收入支出法和投入产出表原理测算了两种效应作用下我国碳税累退性情况，在综合效应分析的基础上，模拟测算两种碳税补贴政策对累退性的纠正效应。上述文献尚未从能源生态产业链中碳税和补贴混合政策对燃料供应商和发电厂商产生的经济影响进行研究，尚未考虑到市场势力对最优环境管制水平的影响。针对能源产业链的寡头垄断市场，本节开发一个征收碳税和减排补贴混合政策，混合政策激励能源企业积极执行减排战略，推动可再生能源快速发展，实现能源生态产业链的最优化环境管制政策水平，同时也是保护生态环境和应对气候变化的重要战略举措。

6.3.1 垂直垄断的能源生态产业链

我国电力产业属于强自然垄断产业，少数龙头电力厂商可以控制大部分市场容量和操纵电价，且具有很强的市场势力，符合古诺垄断模型。此处能源生态产业链是指上游能源供应商生产清洁燃料，下游火力发电厂商生产电力过程中释放出大量的温室气体，能源供应商具有较强的资源垄断能力，火力发电厂商具有较强的市场势力，它们均对能源供应市场和电力市场具有很强的市场支配能力。政府对上游能源供应厂商生产清洁燃料实施相应的财政补贴，下游火力发电厂商因释放大量温室气体征收相应的碳税，政府对能源生态产业链实施碳税和财政补贴混合的管制政策。在垂直垄断的能源生态产业链中，环境管制者设定四阶段子博弈模型，解释上下游企业的行为决策：第一阶段，政府决定对下游火力发电厂商释放碳排放量行为征收碳税，对上游供应商生产清洁燃料给予相应的财政补贴；第二阶段，上游供应商研发清洁燃料生产技术，制定清洁燃料生产策略及获得政府对清洁燃料财政补贴的认可；第三阶段，在征收碳税情景下，综合考虑生产成本和社会福利，下游火力发电厂商做出是否使用清洁燃料的生产决策；第四阶段，针对碳税和财政补贴情景，上下游企业做出最优的生产策略及古诺企业利用市场势力相互博弈，实现最终的清洁燃料供应市场和电力市场的出清状况。

1. 下游火电行业

假设下游火电行业是一个服从古诺垄断模型的行业，有 $i\ (i=1,2,\cdots,n)$ 个古诺火力发电企业生产终端消费品，第 i 个企业发电量为 q_i。根据 Yu(2012) 的定义，企业 i 生产成本为 $C_d(q_i,e_i)=\dfrac{1}{2}\delta q_i^2+\dfrac{1}{2}\varepsilon(q_i-e_i)^2$，且 $C_d'(q_i)=\delta q_i+\varepsilon(q_i-e_i)>0$，$C_d''(q_i)=\delta+\varepsilon>0$；$\delta$ 为资产折旧系数；ε 为技术参数。电力消费的反需求函数为 $P(Q)=a-bQ$，此处 $Q=\sum\limits_{i=1}^{n}q_i$，且 $P'(Q)<0$。假设企业 i 单位发电量碳排放系数为 r_i，且 $r_i>0$，碳排放量为 $e(q_i)=r_iq_i$，$e'(q_i)=r_i>0$。

政府对古诺火力发电企业征收碳税，按照碳排放净总量以 t 碳税税率征收相应的税收，且火力发电企业释放出越多的碳，政府征收越多的税收。额外的环境税收驱动火力发电企业积极使用清洁燃料发电，以降低碳排放总量。火力发电企业 i 购买清洁燃料(如天然气、生物燃料等)数量为 a_i，其清洁燃料价格为 p_r，火电企业燃烧清洁燃料 $w(a_i)$ 导致减排数量为 $w(a_i)$。此处假设火力发电企业随着燃烧清洁燃料量的增加，其边际生产率会随之下降，即 $w'(a_i)>0$，$w''(a_i)<0$。当下游火电企业追求利润最大化时，古诺企业 i 利润可以表达为

$$\max_{q_i,a_i} \Pi_i = P(Q)q_i - C_d(q_i,e_i) - p_r a_i - t[e(q_i) - w(a_i)] \tag{6-11}$$

对式(6-11)进行一阶求导得

$$\frac{\partial \Pi_i}{\partial q_i} = P(Q) + P'(Q)q_i - C'_d(q_i) - te'(q_i) = 0 \tag{6-12}$$

$$\frac{\partial \Pi_i}{\partial a_i} = -p_r + tw'(a_i) = 0 \tag{6-13}$$

由式(6-12)和式(6-13)，本节得到电力均衡价格和清洁燃料均衡价格为

$$P(Q) = -P'(Q)q_i + \delta q_i + \varepsilon(1-r_i)q_i + tr_i \tag{6-14}$$

$$p_r = tw'(a_i) \tag{6-15}$$

式中，t 为庇古税税率。

由式(6-14)得知，电力均衡价格与电力市场供求关系、古诺企业产量、碳排放系数及征收碳税税率存在紧密的关联性。

2. 上游清洁燃料供应行业

假设上游清洁燃料供应行业有 $j\,(j=1,2,\cdots,m)$ 个企业，企业 j 生产清洁燃料产量为 a_j，生产成本为 $C_u(a_j)=\varphi a_j^2$，且 $C'_u(a_j)>0$，$C''_u(a_j)>0$。上游古诺企业生产清洁燃料，政府按照清洁燃料产量以补贴率 s 给予企业相应的减排补贴，清洁燃料销售价格为 p_r。当上游古诺企业 j 追求利润最大化时，企业利润可以表达为

$$\max_{a_j} \Pi_j = p_r a_j - C_u(a_j) + s a_j \tag{6-16}$$

由式(6-14)和式(6-15)得知，在能源产业链中所有企业信息是完全对称的，上游提供清洁燃料，所有的企业能够准确预测下游火力发电企业生产行为决策，因此，上游企业能够预测下游企业对清洁燃料的市场需求。上游企业 j 利润可以转变为

$$\max_{a_j} \Pi_j = tw'(a_i)a_j - C_u(a_i) + s a_j \tag{6-17}$$

本节认为上游企业的清洁燃料产量受到下游企业对清洁燃料的市场需求的影响，下游企业在能源产业链中对清洁燃料都是价格接受者，上游企业清洁燃料供应量等于下游企业清洁燃料需求量，即 $\sum_{i=1}^{n} a_i = \sum_{j=1}^{m} a_j$，因此，下游企业清洁燃料均衡需求量为 $a_i = \frac{1}{n}\sum_{j=1}^{m} a_j$。上游企业利润方程式(6-17)可以转换为

$$\max_{a_j} \Pi_j = tw'\left(\frac{1}{n}\sum_{j=1}^{m} a_j\right)a_j - C_u(a_j) + sa_j \tag{6-18}$$

对式(6-18)进行一阶求导得

$$\frac{\partial \Pi_j}{\partial a_j} = tw'\left(\frac{1}{n}\sum_{j=1}^{m} a_j\right) + tw''\left(\frac{1}{n}\sum_{j=1}^{m} a_j\right)\frac{a_j}{n} - 2\varphi a_j + s \tag{6-19}$$

由式(6-19)得知，上游清洁燃料均衡产量为

$$a_j = \frac{tw'\left(\frac{1}{n}\sum_{j=1}^{m} a_j\right) + s}{2\varphi - \frac{t}{n}w''\left(\frac{1}{n}\sum_{j=1}^{m} a_j\right)} \tag{6-20}$$

由式(6-20)得知，上游企业清洁燃料产量直接受到下游企业清洁燃料需求量、清洁燃料减排效果、清洁技术的边际减排效率、政府征收碳税税率、上下游古诺企业拥有市场势力及清洁燃料补贴率等因素的影响。

6.3.2 最优的环境管制

1. 最优碳税税率

假设净碳排放总量对生态环境损害为 $D(X)$，此处 $X = \sum_{i=1}^{n}\left(e(q_i) - w(a_i)\right)$，且 $D'(X) > 0$，$D''(X) > 0$。此处社会福利可以定义为终端消费者剩余减去能源产业链生产成本及环境损害。环境管制者面临的主要问题在于如何制定最优的碳税税率和清洁燃料补贴率，提高能源产业链上游清洁燃料生产商和下游火力发电企业的产量，以便实现能源产业链的社会福利最大化。$Q = \sum_{i=1}^{n} q_i$，$A = \sum_{j=1}^{m} a_j$，环境管制者实现社会福利最大化时，社会福利可以表达为

$$\max_{Q,A} W = \int_0^{nq_i} P(u)\mathrm{d}u - nC_d\left(\frac{Q}{n}\right) - mC_u\left(\frac{A}{m}\right) - D(X) \tag{6-21}$$

根据式(6-21)求导得知，最优碳税应满足于下面条件：

$$\frac{\partial W}{\partial q_i} = n[P(Q) - \delta q_i - \varepsilon(1 - r_i)q_i - r_i D'(X)] = 0 \tag{6-22}$$

$$\frac{\partial W}{\partial a_j}=m\left[-2\varphi a_j+D'(X)w'\left(\frac{ma_j}{n}\right)\right]=0 \tag{6-23}$$

当上游清洁燃料供应市场和电力市场达到市场均衡时，$Q=nq_i$，$A=na_i=ma_j$。如果环境管制者追求能源生态产业链的社会福利最大化，下游电力市场价格应等于火力发电企业边际生产成本与碳排放所引起的边际社会损害之和，清洁燃料边际利益等于上游企业清洁燃料边际生产成本。结合式(6-14)和式(6-22)市场均衡条件，政府征收的最优的碳税税率为

$$t^*=D'(X)+\frac{P'(Q)q_i}{r_i}=D'(X)+\frac{P'(Q)Q}{nr^*} \tag{6-24}$$

式中，r^*为市场出清时所有企业碳排放系数。

当下游电力市场达到市场出清时，$r^*=r_1=r_2=\cdots=r_n$。当政府对碳排放量征收碳税时，碳排放总量边际社会损害、火力发电企业寡头垄断程度、碳排放系数、电力市场总需求量及电力价格需求弹性等变量直接影响最优碳税税率。由式(6-14)得知，电力市场垄断程度越高时，古诺企业数量越少，电力市场拥有越强的市场势力，即电力市场垄断程度越高的情况下，$\frac{P'(Q)Q}{nr^*}\neq 0$，最终最优碳税税率应明显高于边际社会损害。当电力市场企业数量较多时，电力市场企业竞争程度加剧，古诺企业通过调整自身产量操纵市场价格，进而使市场价格下降，即$\frac{P'(Q)Q}{nr^*}$呈现逐步下降趋势，此时最优碳税税率会出现下降的趋势。如果电力市场处于完全竞争市场状态（$n\to\infty$），此时古诺企业市场势力对最优碳税税率的影响就变得不显著了，最优碳税税率等于边际社会损害$D'(X)$。与此同时，火力发电企业释放碳排放系数越大，通过减排措施实现减排灵敏度越会下降，政府征收碳税对火力发电企业减排的影响作用下降，因此，最优碳税税率可能会下降。火力发电企业释放出更多碳，对生态环境危害程度更大，即$D'(X)$逐步上升，碳排放总量所引起的边际社会损害更大，因此，最优碳税税率有上升趋势。价格需求弹性越大，终端消费者对电力需求量越大，诱使电力市场供求关系发生变化，火力发电企业势必增加电力产量，会直接推动最优碳税税率上升。

2. 最优补贴率

由式(6-19)和式(6-23)可知，清洁燃料市场出清时，政府对清洁燃料给予最优补贴率应满足

$$s^*=D'(X)w'\left(\frac{ma_j}{n}\right)-t\left[w'\left(\frac{1}{n}\sum_{j=1}^{m}a_j\right)+\frac{a_j}{n}w''\left(\frac{1}{n}\sum_{j=1}^{m}a_j\right)\right] \tag{6-25}$$

如果环境管制者对上游清洁燃料生产商给予式(6-18)中的财政补贴，当清洁燃料供应市场达到市场出清时，所有上游供应商均实现式(6-23)中的最优清洁燃料生产策略。若在垂直的能源生态产业链中所有上游清洁燃料供应商与下游所有火力发电企业对清洁燃料需求量应保持一致，根据式(6-24)的最优碳税税率，最优补贴率应满足

$$
\begin{aligned}
s^* &= D'(X)w'(a_i) - t[w'(a_i) + \frac{a_i}{m}w''(a_i)] \\
&= D'(X)w'(a_i) - \left[D'(X) + \frac{P'(Q)Q}{nr^*}\right]\left[w'(a_i) + \frac{a_i}{m}w''(a_i)\right] \\
&= -\frac{P'(Q)q_i}{r^*}w'(a_i) - \frac{a_i}{m}D'(X)w''(a_i) - \frac{P'(Q)q_i a_i}{mr^*}w''(a_i)
\end{aligned}
\tag{6-26}
$$

由式(6-26)得知，政府给予的最优补贴率直接与下游古诺企业发电量、清洁燃料需求量、碳排放系数、电力价格需求弹性及边际社会损害和清洁燃料边际生产率与上游清洁燃料供应商市场势力强弱等因素存在紧密的关联性。

上游供应商数量越少，古诺供应商拥有越大的市场势力，将对清洁燃料市场具有较强的市场操纵能力，导致 $-\frac{a_i}{m}D'(X)w''(a_i) - \frac{P'(Q)q_i a_i}{mr^*}$ 呈现上升趋势，清洁燃料市场垄断越强，会推动最优补贴率增加；反之，上游清洁燃料供应商拥有市场势力越弱，清洁燃料市场供应商数量越多，$-\frac{a_i}{m}D'(X)w''(a_i) - \frac{P'(Q)q_i a_i}{mr^*}$ 呈现逐步下降趋势，最优补贴率随之下降。特别是在完全竞争市场中（$m \to \infty$）$-\frac{a_i}{m}D'(X)w''(a_i) - \frac{P'(Q)q_i a_i}{mr^*}$ 趋向于零，此时最优补贴率为 $s^* = -\frac{P'(Q)q_i}{r^*}w'(a_i)$。如果下游电力市场是完全竞争市场，火电企业数量 $n \to \infty$，最优碳税税率为 $t^* = D'(X)$，即最优碳税税率等于边际社会损害，与此同时上游清洁燃料市场也是完全竞争市场（$m \to \infty$），此时最优补贴率为 $s^* = -\frac{a_i}{m}D'(X)w''(a_i) \approx 0$。

由此可见，在能源生态产业链中，下游火力发电企业和上游清洁燃料供应商拥有较强的市场势力，通过调整自身生产策略实现对电力市场和清洁燃料市场具有较强的操纵能力，市场势力直接影响政府制定最优的碳税税率和补贴率，同时也影响电力市场和清洁燃料市场的出清状况。如果能源产业链上下游市场均为完全竞争市场，政府给予的最优补贴率接近零，最优碳税税率等于碳排放总量所造成的边际社会损害。

6.4 在垂直垄断可再生能源产业链中投资与价格补贴政策优化

可再生能源投资补贴和价格补贴、碳排放交易等激励政策已经成为国内外学者研究的热点话题。在可再生能源产业链中，出于成本利益的综合考虑，可再生能源激励政策可以驱使上下游企业增加可再生能源发电设备投资和清洁能源供应，有效地实现控制碳排放总量的预期目标。如果可再生能源产业链中上下游能源企业拥有很强的资源垄断地位和市场势力，通过缩减可再生能源设备投资、调整生产策略控制产量等措施，将造成可再生能源市场价格扭曲和产业环境负外部性。由此可见，行政手段、补贴、碳排放交易等管制政策直接影响可再生能源发电企业的经济行为，其能优化能源供应和消费结构和推进可再生能源快速发展。

我国政府已采取一些可再生能源发展政策，如减排设备投资补贴和可再生能源价格补贴政策。针对可再生能源产业链的寡头垄断市场，本节分析投资补贴与价格补贴混合政策对可再生能源产业链上下游企业经济行为的影响，驱使新能源企业积极执行减排战略，推动可再生能源快速发展，实现能源生态产业链的最优化环境管制政策水平，同时也是保护生态环境和应对气候变化的重要战略举措。

6.4.1 下游可再生能源行业

假设下游可再生能源行业是一个服从古诺寡头垄断模型的行业，有$i\,(i=1,2,\cdots,n)$个古诺可再生能源企业生产可再生能源电力，第i个企业利用可再生能源生产的发电量为q_i。根据 Yu(2012) 的定义，可再生能源企业i生产成本为$C_d(q_i)=\delta q_i^2$，其中，δ为可再生能源技术成熟程度，且$C_d'(q_i)=2\delta q_i>0$，$C_d''(q_i)=2\delta>0$。电力消费的反需求函数为$P(Q)=a-bQ$，此处$Q=\sum_{i=1}^{n}q_i$，且$P'(Q)<0$。可再生能源企业i可再生能源装机容量为c_{ui}，从上游设备供应商购买单位装机容量的价格为p_{ue}，企业安装可再生能源设备后获得利益为$B(c_{ui})$，本节假设可再生能源企业随着可再生资源发电量增加，其边际生产收益的学习效率随之下降，即$B'(c_{ui})>0$，$B''(c_{ui})<0$。政府对下游可再生能源企业实施可再生能源电力价格补贴，假设单位可再生能源电力价格补贴为s_p，可再生能源企业追求利益最大化时公式为

$$\max_{q_i} \Pi_i = \left[P(Q) + s_p \right] q_i - C_d(q_i) - p_{ue} c_{ui} + B(c_{ui}) \tag{6-27}$$

对式(6-27)进行一阶求导

$$\frac{\partial \Pi_i}{\partial q_i} = P(Q) + s_p + P'(Q) q_i - 2\delta q_i = 0 \tag{6-28}$$

$$\frac{\partial \Pi_i}{\partial c_u} = -p_{ue} + B'(c_{ui}) = 0 \tag{6-29}$$

由式(6-28)和式(6-29)得知，可再生能源电力价格和设备价格为

$$P(Q) = 2\delta q_i - P'(Q) q_i - s_p \tag{6-30}$$

$$p_{ue} = B'(c_{ui}) \tag{6-31}$$

由式(6-30)得知，下游可再生能源市场电力价格与可再生能源边际生产成本、可再生能源市场供求关系及政府给予可再生能源企业价格补贴有紧密的关联性。

6.4.2　上游可再生能源设备供应商

假设上游可再生能源设备供应行业有 $j\ (j=1,2,\cdots,m)$ 个企业，企业 j 生产可再生能源设备产量为 c_{uj} ，生产成本为 $C_u(c_{uj}) = \varphi c_{uj}^2$ ， φ 为设备供应商技术水平，且 $C_u'(a_j) > 0$ ， $C_u''(a_j) > 0$ 。上游古诺供应商生产可再生能源设备，政府按照可再生能源设备装机容量以补贴率 s_e 给予古诺供应商相应的补贴，可再生能源设备销售价格为 p_{ue} 。当上游可再生能源设备供应商 j 追求利润最大化时，企业利润可以表达为

$$\max_{c_{uj}} \Pi_j = p_{ue} c_{uj} - C_u(c_{uj}) + s_e c_{uj} \tag{6-32}$$

在垂直可再生能源产业链中，所有上下游企业信息是完全对称的，上游所有可再生能源设备供应商能够准确预测下游可再生能源发电企业的生产行为决策，即上游企业能够预测下游企业对可再生能源设备的市场需求。因此，上游可再生能源设备供应商 j 的利润可以转变为

$$\max_{c_{uj}} \Pi_j = B'(c_{ui}) c_{uj} - C_u(c_{uj}) + s_e c_{uj} \tag{6-33}$$

下游企业对可再生能源设备的市场需求会影响到上游可再生能源设备供应商的产量，下游企业在能源产业链中对可再生能源设备都是价格接受者，上游企业

可再生能源设备供应量等于下游企业可再生能源设备装机容量，即 $\sum_{i=1}^{n} c_{ui} = \sum_{j=1}^{m} c_{uj}$ ，因此，下游企业对可再生能源设备的均衡需求量为 $c_{ui} = \frac{1}{n}\sum_{j=1}^{m} c_{uj}$ 。上游设备供应商的利润[式(6-33)]可以转换为

$$\max_{c_{uj}} \Pi_j = B'\left(\frac{1}{n}\sum_{j=1}^{m} c_{uj}\right)c_{uj} - C_u(c_{uj}) + s_e c_{uj} \tag{6-34}$$

本节通过式(6-34)对可再生能源设备产量进行一阶求导得

$$\frac{\partial \Pi_j}{\partial c_{uj}} = B'\left(\frac{1}{n}\sum_{j=1}^{m} c_{uj}\right) + B''\left(\frac{1}{n}\sum_{j=1}^{m} c_{uj}\right)\frac{c_{uj}}{n} - 2\varphi c_{uj} + s_e \tag{6-35}$$

由式(6-35)得知，上游可再生能源设备市场均衡产量为

$$c_{uj} = \frac{B'\left(\frac{1}{n}\sum_{j=1}^{m} c_{uj}\right) + s_e}{2\varphi - \frac{1}{n}B''\left(\frac{1}{n}\sum_{j=1}^{m} c_{uj}\right)} \tag{6-36}$$

由式(6-36)得知，上游可再生能源设备供应市场均衡产量直接受到下游可再生能源企业对设备市场需求、装机容量所产生的边际收益、政府给予可再生能源设备的补贴率及设备供应商技术成熟程度等因素的影响。

6.4.3　最优的投资补贴和价格补贴组合政策

可再生能源产业链的社会福利可以用终端消费者剩余和装机容量所产生的收益减去能源产业链的生产成本之和来衡量。环境管制者面临的主要问题在于如何制定最优的设备投资补贴率和可再生能源价格补贴率，提高可再生能源产业链中上游设备供应商和下游可再生能源发电企业的最优产量，以便实现垂直可再生能源产业链的社会福利最大化。

假设可再生能源设备总装机容量为 $C_u = \sum_{j=1}^{m} c_{uj}$ ；在可再生能源产业链中设备总装机容量所产生的经济收益为 $B(C_u)$ ，且 $B'(C_u) > 0$ ， $B''(C_u) > 0$ 。当环境管制者实现社会福利最大化时，社会福利可以表达为

$$\max_{q_i, c_{uj}} W = \int_0^{nq_i} P(u)\mathrm{d}u + B(C_u) - nC_d(q_i) - mC_u(c_{uj}) \tag{6-37}$$

本节对式(6-37)进行一阶求导，最优可再生能源价格补贴率应满足于下列公式：

$$\frac{\partial W}{\partial q_i} = n\left[P(Q) + B'_{q_i}(C_u) - 2\delta q_i\right] = 0 \tag{6-38}$$

$$\frac{\partial W}{\partial c_{uj}} = m\left[-2\varphi c_{uj} + B'(C_u)\right] = 0 \tag{6-39}$$

当上游可再生能源设备供应市场和下游可再生能源电力市场达到市场均衡时，$Q = nq_i$，$C_u = nc_{ui} = mc_{uj}$。如果环境管制者追求可再生能源生态产业链的社会福利最大化，下游可再生能源电力市场价格应等于可再生能源发电企业的边际生产成本，可再生能源设备装机所产生的边际收益等于上游设备供应商的边际生产成本。结合式(6-30)和式(6-38)的市场均衡条件，政府对可再生能源电力市场的最优价格补贴率为

$$s_p^* = B'_{q_i}(C_u) - P'(Q)q_i = B'_{q_i}(C_u) - \frac{-P'(Q)Q}{n} \tag{6-40}$$

若政府对下游可再生发电企业给予上网价格补贴，最优价格补贴率 s_p^* 应充分考虑到可再生能源发电企业的市场垄断程度、单位可再生能源产生的边际收益、可再生能源电力市场需求量及电力价格弹性。当可再生能源电力市场是古诺寡头垄断市场时(即企业数量较少)，可再生能源发电企业通过市场势力游说政府给予较高的价格补贴率；当可再生能源电力企业数量越多时，可再生能源电力市场处于竞争状态，企业对电力市场操纵能力减弱，政府给予可再生能源企业的价格补贴率较低。当电力价格弹性较大时，终端消费者对可再生能源电力需求增加，诱使电力需求量呈现较大的变化，推动可再生能源企业增加产量，直接推动最优补贴率随之上升。当可再生能源电力市场处于完全竞争状态时，政府给予可再生能源电力企业的最优价格补贴率应等于单位可再生能源产生的边际收益。

由式(6-35)和式(6-40)得知，当可再生能源设备供应市场处于市场均衡状态时，政府给予可再生能源设备最优的投资补贴率应满足

$$\begin{aligned} s_e^* &= B'(C_u) - B'\left(\frac{1}{n}\sum_{j=1}^{m} c_{uj}\right) - B''\left(\frac{1}{n}\sum_{j=1}^{m} c_{uj}\right)\frac{c_{uj}}{n} \\ &= B'(C_u) - B'(c_{ui}) - B''(c_{ui})\frac{c_{ui}}{m} \end{aligned} \tag{6-41}$$

由式(6-41)得知，政府给予上游可再生能源设备补贴率应充分考虑到下游可再生能源企业装机容量、某企业装机容量所产生的边际收益、可再生能源设备总装机容量所产生的边际收益及上游设备供应商市场垄断程度等因素。上游可再生能源设备供应商数量较少，设备供应市场垄断程度较高时，政府给予可再生能源设备补贴率上升；反之，上游设备供应商市场势力较弱时，政府给予可再生能源设备补贴率随之下降。当设备供应市场处于完全竞争状态(即 $m \to \infty$)，上游可再生能源设备供应市场和下游可再生能源电力市场处于市场均衡状态时，此时政府给予最优补贴率趋向于零。

6.5 本 章 小 结

6.5.1 可再生能源补贴政策与碳交易政策

随着中国可再生能源装机容量和发电规模迅速增大，现有的可再生能源补贴政策迫使中国政府承担巨额的财政补贴，补贴资金缺口与日俱增，最终会影响到纳税人的经济利益。补贴政策可以创造良好的环境收益和社会效益，但补贴政策也可能会导致市场失灵和价格扭曲，直接影响可再生能源企业的市场竞争性。碳排放交易是一种纠正负外部性且成本有效的碳排放控制方式，借助一只“看不见的手”建立可再生能源的利益补偿机制，合理地引导可再生能源发电企业调整自身的经济行为决策，快速推进可再生能源的开发和利用。从公共政策和社会福利视角来看，本章比较和分析可再生能源价格补贴和碳排放交易政策对可再生能源发电行业社会福利的经济影响。

根据可再生能源补贴政策现状，当前可再生能源补贴成本主要有可再生能源项目安装的投资补贴、电网传输和分销系统建设补贴、独立电力系统建设补贴及其他相关成本。自 2006 年中国执行可再生能源上网电价补贴以来，可再生能源补贴规模一直保持着稳定的增长势头，补贴范围延伸到风力发电、太阳能光伏发电及生物能发电。2006～2013 年国家给予可再生能源补助资金总共 805.8865 亿元，其中风力发电补贴资金为 395.3795 亿元，太阳能发电补贴资金为 168.5386 亿元，生物能发电补贴资金为 241.9684 亿元，2012 年和 2013 年国家给予太阳能发电及生物能发电补贴资金呈现明显的增长势头。

2006～2011 年国家推进风电发展，给予补贴资金总额为 118.6358 亿元，2012 年风力发电补助资金出现大幅度上升，上升到 153.6669 亿元，2013 年风力发电补贴资金减少到 123.0768 亿元。截至 2011 年国家给予推动生物能发电补贴资金总额为 117.6960 亿元，2012 年给予生物能发电补贴资金 44.8292 亿元，2013 年生物能发电补贴资金为 79.4432 亿元，国家给予生物能发电补贴资金有大幅度提升。截至 2011 年国家给予太阳能发电补贴资金总额为 98.1566 亿元，2012 年给予太阳能发电补贴资金 32.5820 亿元，2013 年国家给予太阳能发电补贴资金 37.8000 亿元。上网电价补贴资金是可再生能源补贴总额中所占比例最高的，2020 年后，国内风力发电、太阳能发电和生物能发电价格将低于煤电价格，国内现行的可再生能源发电补贴政策将逐步取消、退出。2006～2013 年，开发利用可再生能源所创造的环境收益分别为 24.77 亿元、33.38 亿元、49.36 亿元、103.43 亿元、185.00 亿元、279.00 亿元、430.61 亿元和 668.43 亿元，环境收益呈现逐年递增的趋势。为了鼓励可再生能源的开发和利用，中国政府给予的可再生能源补贴规模是巨大的，但创造的环境效益更可观，可以充分抵消政府所支付的补贴资金。应合理布局和规划可再生能源发展，完善可再生能源供应系统，提高能源使用效率，转变能源消费结构，开发多元化和本土化的能源供应渠道，尽快减少和摆脱对石油、煤等传统能源的依赖，增加可再生能源的使用，确保能源供应安全。大力开发利用可再生能源可以加速技术创新与推广应用、培育新的经济增长、扩大就业、促进贸易平衡、保持宏观经济运行的稳定性。

政府制定可再生能源的补贴政策时，需要综合权衡政府、可再生能源发电企业及生态环境利益，可再生能源发电行业社会福利可以认为是由所有生产者剩余、政府补贴和环境收益三部分组成的。在碳排放交易情景下，此时可再生能源发电行业的社会福利是由所有生产者剩余、碳排放收益和环境收益三部分组成的，可再生能源发电企业通过市场利益补偿机制获得额外的减排补偿收益。以风力发电行业为例，本章比较和分析了可再生能源价格补贴和碳排放交易政策对风电行业社会福利的经济影响。2007～2013 年，中国因风力发电减排所创造的环境收益分别为 2.74 亿元、6.27 亿元、13.24 亿元、23.69 亿元、35.54 亿元、49.40 亿元和 65.08 亿元，风力发电行业企业所创造的环境总收益为 195.96 亿元。当前中国政府对可再生能源企业实施价格补贴政策，2007～2013 年风力发电行业经济福利分别为 8.56 亿元、19.58 亿元、41.41 亿元、74.08 亿元、111.12 亿元、154.46 亿元和 203.49 亿元，相对于无可再生能源补贴政策情景，价格补贴政策增加了风力发电企业生产剩余，大幅度地提高风力发电行业企业的社会福利。在碳排放交易情景下，如果按照北京环境交易所的碳排放平均价格 55.55 元/吨，2007～2013 年风力发电行业企业因碳减排所产生的碳排放收益分别为 2.67 亿元、6.11 亿元、12.89 亿元、23.06 亿元、32.36 亿元、44.98 亿元和 72.77 亿元，并且随着碳排放交易价格和减排量增加，风力发电企业创造的碳排放收益呈现出较大幅度的提升。在碳排放交易情景下，如果政府没有给予风力发电行业价格补贴政策，当碳排放价格为 55.55 元/吨时，2007～2013 年风力发电行业经济福利分别为 3.23 亿元、7.37 亿元、15.64 亿元、27.98 亿元、39.74 亿元、55.24 亿元和 72.77 亿元，碳排放收益可以明显改善风力发电行业企业的社会福利状况。在碳排放交易和可再生能源补贴政策混合情景下，如果政府按照当前的补贴政策执行，当碳排放价格为 55.55 元/吨时，2007～2013 年风力发电行业经济福利分别为 11.23 亿元、25.68 亿元、54.30 亿元、97.14 亿元、143.48 亿元、199.44 亿元和 262.75 亿元。

由于现有的可再生能源上网价格补贴政策具有不可持续性，未来中国开发利用可再生能源可以尝试实施以下政策建议：第一，中国电力行业实施市场化改革，引入市场竞争机制，电力价格通过市场供求关系进行定价，降低市场准入标准，积极引导民营资本进入电力行业，逐步消除市场垄断的支配能力，提高电力市场的竞争效率；第二，通过财税优惠政策鼓励可再生能源发电企业进行可再生能源技术创新及其市场推广使用，提高可再生能源发电行业的学习效率，降低可再生能源发电成本，提高可再生能源发电企业的市场竞争能力；第三，政府应逐步降低可再生能源价格补贴的幅度，随着可再生能源发电成本下降，逐步取消可再生能源发电的价格补贴，减轻政府的财政负担和补贴资金缺口压力；第四，政府尝试执行碳排放交易政策，在碳排放交易情景下，可再生能源发电企业可以获得额外的碳排放收益，政府可以适当地降低可再生能源的价格补贴标准，最终取消可再生能源发电的价格补贴政策；第五，政府合理地设置减排目标和初始碳配额，构建有效的碳信息披露制度和信息共享平台，合理引导碳排放价格形成机制；第六，随着碳交易市场试点工作逐步深入，国家应考虑建立全国性碳交易市场或区域性大型碳交易市场，破除碳配额的区域限制，推进碳排放权的跨区域市场流动，提高碳交易市场的交易规模和市场流动性，通过合理的利益补偿机制推进可再生能源的开发和利用。

6.5.2　垂直产业链中碳税与补贴政策

当政府对下游电力企业释放的碳征收碳税时，电力均衡价格与电力市场供求关系、古诺企业产量、碳排放系数及征收碳税税率存在紧密的关联性。如果环境管制者追求能源生态产业链的社会福利最大化，下游电力市场价格应等于火力发电企业边际成本和碳排放所引起的边际社会损害之和，清洁燃料边际利益等于上游企业清洁燃料边际生产成本。上游企业清洁燃料产量直接受到下游企业清洁燃料需求量、清洁燃料减排效果、清洁技术的边际减排效率、政府征收碳税税率、上下游古诺企业拥有的市场势力及清洁燃料补贴率等因素的影响。

当环境管制者对下游火力发电企业征收碳税时，碳排放总量及其引发的边际社会损害、火力发电企业寡头垄断程度、碳排放系数、电力市场总需求量及电力价格需求弹性等变量直接影响最优碳税税率。电力市场垄断程度越高时，古诺企业电力市场拥有越强的市场势力，最终最优碳税税率应明显高于边际社会损害；电力市场竞争逐步增强时，最优碳税税率会出现下降的趋势。如果电力市场处于完全竞争市场状态，此时古诺企业市场势力对最优碳税税率的影响就变得不显著了，最优碳税税率等于边际社会损害。当环境管制者对上游清洁燃料生产商进行财政补贴时，政府给予的最优补贴率直接与下游古诺企业发电量、清洁燃料需求量、碳排放系数、电力价格需求弹性以及边际社会损害及清洁燃料边际生产率和上游清洁燃料供应商市场势力强弱等因素存在紧密的关联性。如果上游清洁燃料供应商拥有强大的市场势力，清洁燃料市场垄断会推动最优补贴率增加；反之，上游清洁燃料供应商拥有市场势力较弱，特别是在完全竞争市场中，最优补贴率为 $s^* = -\frac{P'(Q)q_i}{r^*}w'(a_i)$。如果下游电力市场是完全竞争市场，最优碳税税率等于边际社会损害，与此同时上游清洁燃料市场也是完全竞争市场，此时最优补贴率趋向于零。

鉴于上述理论分析结果，本章建议政府对垂直垄断的能源产业链实施下列政策：一是政府积极降低能源市场准入条件，消除能源行业壁垒，鼓励民营资本进入能源供应市场和电力市场，增加能源市场的企业数量，增强能源市场竞争程度，减弱古诺寡头能源企业对资源的垄断和对市场的操纵能力；二是电力市场引入市场竞争机制，政府对能源供应市场和电力市场进行市场化改革，通过市场供求关系形成价格，消除资源垄断和市场操纵能力所造成的市场失灵和价格扭曲，逐步消除电力价格歧视；三是在能源产业链中，政府通过制定最佳的清洁燃料补贴和对释放碳排放量征收相应的碳税，鼓励电力企业转变能源消费观念，通过利益补偿机制合理引导电力企业降低化石燃料消费，推进清洁技术使用和增加清洁燃料消费，优化能源消费结构。如果清洁燃料供应市场和电力市场达到完全竞争状态，政府补贴接近于零，政府制定的最优碳税税率等于边际社会损害，实现社会福利最大化。

6.5.3　在垂直产业链中投资与价格补贴政策

在垂直垄断的可再生能源产业链中，环境管制者对设备供应商执行投资补贴，对下游可再生能源发电企业进行上网价格补贴的混合政策情景下，政府制定可再生能源发电企业上网价格补贴政策时，最优价格补贴率应充分考虑到可再生能源发电企业的市场垄断程度、单位可再生能源产生的边际收益、可再生能源电力市场需求量及电力价格弹性。当可再生能源发电企业拥有较强的市场势力时，企业通过强大的市场势力游说政府给予较高的价格补贴率；反之，企业对电力市场操纵能力减弱，政府给予可再生能源企业的价格补贴率较低。当可再生能源电力市场处于完全竞争状态时，政府给予可再生能源电力企业的最优价格补贴率应等于单位可再生能源产生的边际收益。政府给予上游可再生能源设备最优投资补贴率应充分考虑到下游可再生能源企业装机容量、某企业装机容量所产生的边际收益、可再生能源设备总装机容量所产生的边际收益及上游设备供应商市场垄断程度等因素。如果上游可再生能源设备供应商拥有较强的市场势力，政府给予可再生能源设备的最优投资补贴率上升；反之，上游设备供应商市场势力较弱时，政府给予可再生能源设备投资的最优补贴率随之下降。当设备供应市场处于完全竞争状态，上游可再生能源设备供应市场和下游可再生能源电力市场处于市场均衡状态时，此时政府给予设备供应商的最优投资补贴率趋向于零。

鉴于上述理论分析，本章提出以下政策建议：一是政府积极降低可再生能源市场准入条件，消除能源行业壁垒，鼓励民营资本进入可再生能源设备供应市场和电力市场，增加能源市场企业数量，增强可再生能源市场竞争程度，减弱古诺寡头能源企业对资源的垄断和对市场的操纵能力；二是电力市场引入市场竞争机制，政府对能源供应市场和电力市场进行市场化改革，消除资源垄断和市场操纵能力所造成的市场失灵和价格扭曲，逐步消除电力价格歧视；三是政府积极推进可再生能源技术创新及其市场推广使用，提高可再生能源企业的学习效率，制定相应的可再生能源技术创新政策和市场配套服务，充分发挥可再生能源技术的社会效应；四是在能源产业链中，政府通过制定最佳的可再生能源设备投资补贴和电力上网价格补贴，通过利益补偿机制合理引导上下游企业推进清洁技术使用和增加清洁能源供应，大力推进可再生能源快速发展，实现碳排放总量控制目标。如果可再生能源设备供应市场和电力市场达到完全竞争状态，政府对上游可再生能源供应商的设备投资补贴接近于零，对下游可再生能源电力上网的价格补贴接近于单位产量所产生的边际收益，实现社会福利最大化。

第7章　市场势力、初始碳配额与碳交易市场均衡

碳交易作为市场化的减排手段，具有可以最小化减排成本、促进价格发现、为企业减排提供市场化的动力机制等优点。国际上主要的碳交易体系包括EU ETS、区域碳污染减排计划(regional carbon pollution reduction plan，RGGI)、芝加哥气候交易所(Chicago Climate Exchange，CCX)、日本的东京都总量控制和交易体系(Tokyo-ETS)、新西兰碳交易体系(New Zealand ETS，NZ ETS)和澳大利亚碳价格机制(carbon price mechanism，CPM)等。中国已在“十二五”规划中明确提出，要运用排放权交易等市场化手段控制碳排放的增长，分别将广东、湖北、北京、上海、天津、重庆、深圳两省五市作为碳交易市场试点，并于2017年建立全国性碳交易市场。

总量控制下的碳配额交易制度的设计需要考虑到很多方面，包括覆盖的参与者的选择，碳排放总量的设定，初始碳配额分配的方法，监管和认证程序的选择及奖惩机制的设定，等等。其中，初始碳配额分配的方法被认为是该制度中最为困难且最需要考虑的部分，选择不同的分配方法最终会影响碳交易市场效率的实现。碳交易市场的交易产品可依据温室气体排放种类的不同，分为碳配额和核证减排量两种。碳配额主要由特定政府部门发放，用于记载或标识持有人在未来一定时间段内允许排放特定数量温室气体权利的凭证，而核证减排量主要特指可用于抵消碳配额的自愿减排量，如欧盟清洁发展机制和联合履行机制。

碳配额分配机制是碳交易市场设计中的关键环节。如何公平、有效地将碳排放权分配给各个排放主体？不同的分配方案有何利弊？对碳交易市场将产生何种影响？这些都是碳交易市场设计时需要重点考虑的问题。本章首先将比较拍卖、免费分配等配额分配模式的优点和缺陷，其次将针对不同的免费分配方法展开分析，比较其分配量和适用条件，最后结合中国的实际情况，提出中国碳交易体系配额分配的政策建议。

7.1　碳配额分配的模式和比较

碳排放权(碳配额)初始分配是指管理机构采用一定的方法来规定企业或个人碳排放数量。碳配额初始分配方式主要有免费分配、拍卖分配及两者结合的混合模式。由于市场非完全竞争和存在交易成本，不同的碳配额初始分配方式会产生

不同的环境、经济效果，碳配额分配方式，以及初始碳配额会直接影响市场配置的效率。

7.1.1 免费分配

免费分配是指管理机构依据一定的标准将碳配额免费分配给厂商。免费分配方法主要有碳排放量法、产量法和祖父制法等，其中，最典型的祖父制法分配是依据历史产量或碳排放量水平进行分配，也可以当前的产出为基础或者根据其他管理标准进行分配，主要由管理机构依据厂商当前产出水平向厂商免费分配配额，管理机构首先计算出单位产出所需配额，然后根据厂商产出进行配额分配，总的配额就等于单位产出配额乘以总产出水平。除此之外，还有学者提出了可升级的免费分配(updated free allocation)，即配额分配不仅依赖于历史数据，还可以随着时间依据一定的规则不断升级。部分研究发现免费分配能显著地促进创新和市场有效运行，但大部分研究认为免费分配不能产生正确的碳价格信号，会导致碳交易市场效率损失和妨碍市场竞争，在实践操作中监管机构采用免费分配方式多是考虑集团的压力及免费分配的政治可控性。

管理机构采用免费分配初始碳排放权，企业获得初始碳配额不需要付出任何的成本，而且随着碳交易市场的逐步发展，剩余的碳配额可以在碳交易市场上出售，减排企业能够获得一定的经济福利，因此，实践中免费分配初始碳排放权在排放交易市场设计中的运用较多。碳交易发展的初期多数采用免费分配方式分配配额，如 1990 年美国“酸雨项目”和 2005 年欧盟引入碳交易体系，试验阶段(2005～2007 年)和京都阶段(2008～2012 年)初始碳配额均通过免费分配的方式发放。

对于存在碳泄露风险的行业来说，免费分配也是一种较好的解决方式。碳泄露是指碳交易体系导致企业成本增加，从而与来自碳交易体系之外的同行业企业相比竞争力削弱、消费和生产发生转移的情况。对于这些企业来说，免费分配可以有效降低企业的成本。因此，EU ETS 第三阶段、澳大利亚碳价格机制都对具有碳泄露风险的行业进行免费分配。免费分配也会使碳交易市场的设计和运行产生一些难题：一是政府必须事前制定一套免费分配的计算方法，在制定的过程中，一方面需要进行大量的前期研究和数据搜集；另一方面，由于不同的计算方法对不同类型的企业影响各有利弊，还需要对不同企业的利益诉求进行协调。二是由于信息不对称，没有一套免费分配的计算方法是绝对完美的，尤其是在碳交易市场运行之后，企业可能因增加节能减排的研发而产生技术进步，从而导致初始碳配额的相对超发，影响碳交易市场中碳配额价格的稳定性。三是企业也可以从出售配额中获得“意外之财”，这是 EU ETS 初期免费分配配额产生的较有争议的后果。部分企业一方面将成本转嫁给消费者；另一方面又出售配额牟利。例如，欧盟最大的碳排放企业之一德国的莱茵集团(RWE)仅在 EU ETS 的头三年就赚取了高达 64 亿美元的“意外之财”。

7.1.2　拍卖分配

拍卖分配是指管理机构规定一定的拍卖方式，厂商通过竞价的方式来获取碳配额。根据定价方式的不同，拍卖可以分为两大类：密封竞价拍卖(sealed-bid auctions)和上升竞价拍卖(ascending-bid auctions)。密封竞价拍卖下，竞价者同时提交需求方案，拍卖者将需求加总形成总需求曲线，总供给曲线外生给定，总需求和总供给曲线的交点决定了出清价格。大于该出清价格的需求都可以得到满足，等于该出清价格的需求进行定量分配，低于这一价格的需求就被拒绝。根据竞价者对其竞价数量支付价格的不同，密封竞价拍卖可以分为统一定价(uniform pricing)，根据个人出价定价(pay-your-bid price)和维克瑞(Vickrey)定价。上升竞价拍卖下，价格和分配都是通过开放竞争过程决定的，每个竞价者都有机会提高其出价，最后出价最高的获得配额。

拍卖的模式具有显而易见的优点：①从经济理论上来说，碳交易市场设计的初衷就是将温室气体排放的外部影响内部化，而碳配额只有 100%拍卖才能完全实现内部化；②如果采用拍卖的形式进行配额分配，政府就不需要事前制定复杂的测算公式，而由企业通过市场决定各自所需的配额量，这样也可以有效避免企业的寻租行为；③拍卖分配可以避免企业通过免费配额获得大笔“意外之财”，也可以认为是将排放大户获得的“意外之财”转换为政府的拍卖收入。拍卖收入则可以用来投资和发展清洁技术或支持企业的节能改造项目。EU ETS 规定配额竞价拍卖所得的收入应当用于降低温室气体排放、开发可再生能源及其他节能减排的项目和措施。澳大利亚碳价格机制还通过减税和转移支付的方式将所得的一部分收入用来援助受碳污染影响的家庭。拍卖分配也存在一定的问题，其中最大的顾虑就是拍卖会导致企业负担过重，从而产生对碳交易市场的抵触情绪。企业生产过程中不可避免地要排放温室气体，如果在碳交易体系建设的初期就要求企业购买全部的排放权，可能会对企业造成过重的负担。因此，从拍卖比例较大的碳交易体系来看，主要都是针对容易转嫁成本的上游行业进行的拍卖，如 EU ETS 第三阶段对电力行业进行 100%拍卖。当然，若成本不能完全向消费者转嫁，免费分配模式对企业依然会更有吸引力，采用免费分配模式，企业的资产价值会上升，而采用拍卖分配模式，其中半数企业的资产价值会下降。

7.1.3　混合模式

国际上不少碳交易体系均采用渐进混合或行业混合模式进行配额分配。渐进混合模式在体系建立的初期对全部配额或绝大部分配额进行免费分配，以减少企业的抵触情绪。碳交易市场运行一段时间以后，逐步提高拍卖分配的比例，向完全拍卖分配过渡。渐进混合模式既可以在初期鼓励企业更多参与碳交易市场，又可以逐步实现碳交易市场设计的经济学初衷。行业混合模式则充分考虑了不同行业的特征，对容易转嫁成本的行业采用拍卖分配的方式，对碳密集型和容易受竞争力影响的行业采用免费分配的方式予以补偿，鼓励其参与碳交易市场。

免费分配用于补偿企业参与碳排放交易的成本损失，其配额数量取决于企业可以多大程度上将该成本转移到消费者身上：第一，供给弹性和需求弹性之比，一个更高的相对供给弹性意味着可以将更多的成本转移到生产价格上，生产者剩余有较少的损失，较少的免费分配配额就可以使受损企业保持利润。第二，要求减排的程度，一方面，要求减排的程度较低时，碳配额租金比生产者剩余损失要大得多，较少的免费分配配额就足以维持企业的利润；另一方面，较低的减排要求通常意味着较低的配额价格，就需要更多的配额免费发放，以提供足够的价值来保持企业的利润。最终免费分配配额数量取决于这两种力量的对比。综上所述，免费分配下，企业获取碳配额的全部租金，消费者遭受较多损失；拍卖分配下，管理机构获得了碳配额的全部租金，管理机构可以将这部分租金用于减少扭曲性税收、改善公共服务等方面，部分程度上抵消了消费者遭受的损失；混合模式下，碳配额租金在企业和管理机构之间分配。

7.1.4 对我国碳排放交易下碳排放权初始分配的启示

不同碳排放权初始分配方式的经济效应不同，构建碳交易体系时需慎重地选择碳排放权初始分配方式。首先，从推行阻力来看，免费分配的推行阻力最小，混合模式次之，拍卖分配的推行阻力最大。免费分配下，企业获取全部的配额租金，不仅可以弥补碳交易带来的成本，还可以为企业带来更多的利润；而拍卖分配下，企业除了承担碳交易的成本外，还需要支付碳排放成本；混合模式则介于二者之间。因此，企业更加青睐免费分配方式，免费分配推行阻力最小。其次，从分配方式的有效性来看，拍卖分配最具有成本有效性，混合模式次之，免费分配的成本有效性最差。拍卖分配的收入可以用于削减现有的扭曲性税收，这可以避免税收带来过多的负担和效率损失。而免费分配下，管理机构不能获取该部分收入，必然更加依赖于普通的扭曲性税收(如消费税、工资税等)来满足公共支出，进一步提高了政策成本。另外，拍卖分配将配额分发给最需要的企业，能够推动碳交易市场价格机制的有效运行。混合模式可以取得部分配额租金，部分抵消碳交易给企业带来的成本损失。因此，从有效性来看，拍卖分配最优。

可以看出，碳排放权推行阻力大小和有效性之间存在一定的权衡。目前碳交易体系实践中往往更加关注推行阻力大小。例如，世界上最大的碳交易体系，试验阶段运行效率相对低下，且存在过度发放配额的情况。因此，我国在构建碳交易体系时，需结合实际情况，兼顾考虑碳排放权初始分配方式的推行阻力及有效性问题。改革开放四十多年来，我国经济快速发展，增长质量有了一定程度的提高，但目前高能耗、高污染产业在中国经济中所占比重仍然较大，完全拍卖分配方式会增加这类产业成本，造成经济波动，因此，在碳交易发展初期应采用部分免费分配方式发放碳配额，部分采用拍卖分配。随着碳交易的发展，要逐步减少免费分配的比例，直至完全为拍卖分配。因为拍卖分配是保障碳交易市场有效运行最优的碳排放权初始分配方式，其中，免费分配可以采取可升级的免费分配，分配配额数量不仅取决于历史数据、历史产量或排放，还取决于企业当前的发展情况，有利于避免配额的过度免费分配。拍卖分配可以采用上升时钟拍卖，从较低的配额价格开始拍卖，出价者在每一轮都被询问他们在该价格需求的数量，价格传递到拍卖时钟上，如果存在超额需求，价格会增加，这一过程会一直持续到所有超额需求降为零。

7.2　初始碳配额分配及其经济效应

大量温室气体排放诱使气候变暖和环境恶化，目前我国仍然缺乏生态环境保护的产权制度、利益补偿机制和有效的市场机制，我国节能减排工作仍然存在目标责任落实不到位、推进难度增大、机理约束机制不健全、市场机制薄弱、区域减排利益保护意识较强等核心问题。节能减排需要尊重经济规律，政府不仅要依靠行政手段，还需要借助另外一只“无形的手”，把减排价值规律和市场机制引入节能减排进程中，通过市场机制推进节能减排工作。我国政府已在北京、上海、天津、深圳、广东、湖北、重庆等省份开展碳交易市场试点工作，2017 年已全面部署碳交易市场。减排市场化机制能够有效地发挥市场优化资源配置的决定性作用，充分体现了碳排放权的稀缺性和市场价值，健全环境资源资产产权制度和用途管制制度，实现环境资源有偿使用制度和生态利益补偿制度。

碳交易是实施减排市场化的手段，其具有最小化减排成本、推进市场价格发现功能、加快企业减排进程、建立市场化动力机制等优势。碳配额分配机制是碳交易市场中的关键环节，不同的碳配额分配方法将直接影响初始碳配额分配，初始碳配额设定直接影响到主体企业的减排进程和碳交易市场的运行效率。Fischer(2003)、Boom 和 Dijkstra(2009)比较分析总量与上限法和碳排放率为基础的碳配额分配方式，从理论上发现以碳排放率为基础的碳配额分配方式会导致较高的初始碳配额和社会产出增加；Rosendahl (2008)、Yu (2012) 从理论上分析以产出为基础的碳配额分配方式对能源产出和能源产业的减排效果；李凯杰和曲如晓 (2012) 使用图形解释免费分配、拍卖分配和混合模式三种碳配额分配方式的经济效应；丁丁和冯静茹 (2013) 探讨了免费分配、拍卖分配和混合模式三种碳配额分配方式的选择及其政策考量；齐绍洲和王班班 (2013) 分析免费分配方法的历史法、基准法和渐进混合法对初始碳配额分配的经济影响；孙丹和马晓明 (2013) 分析现有初始分配方法的优缺点及世界上碳排放交易所采用的碳配额分配方法；有部分学者研究碳税对减排的经济影响，陈洪宛和张磊 (2009)、李岩岩和赵湘莲 (2011) 发现开征碳税而引起的产值及碳排放量的变化，适当的碳税可以实现我国的减排目标；姚林如和杨海军 (2012)、范云奇和李晓钟 (2013) 研究最优碳税模型对碳排放量控制的经济影响。

碳排放总量控制下碳交易机制需要综合考虑强制性减排管制覆盖范围、碳排放总量设定、碳配额分配方法和惩罚机制设定等方面，其中，碳配额分配方法选择被认为是碳交易制度中最困难且最需要解决的难题，选择不同碳配额分配方法会最终影响到碳交易市场效率及其减排潜力的实现。本章从理论上分析产量法和碳强度法对初始碳配额分配及其减排的经济效应。

7.2.1 一般经济模型

假设某区域政府对某个行业进行碳排放强制性管制，该行业有 $i\ (i=1,2,\cdots,n)$ 个企业，企业 i 的产量为 q_i，所有企业生产的均是同质产品，产品市场价格为 p_1，成本为 $C(q_i,e_i)$，碳排放量为 e_i，因此，该行业总产出为 $Q=\sum_i q_i$，碳排放总量为 $E=\sum_i e_i$。在完全竞争市场中，市场拥有很多的企业个体，任何企业都不能影响产品市场价格和碳价格，且在短期内该行业拥有的企业数量不发生变化。在碳交易机制下，政府采用总量控制法设定初始碳配额，企业 i 免费从政府获得初始碳配额为 $\overline{e_i}$，碳交易市场价格为 p_e，因此，企业 i 利润方程为

$$\pi_i = p_1 q_i - C(q_i,e_i) - p_e\left(e_i - \overline{e_i}\right) \tag{7-1}$$

这里假设，企业 i 的生产成本 C 对产量 q 的一阶求导，即 $C_{qi}=\dfrac{\partial C}{\partial q_i}>0$；企业 i 的生产成本 C 对产量 q 的二阶求导，即 $C_{qqi}=\dfrac{\partial^2 C}{\partial q_i^2}>0$；企业 i 的生产成本 C 对碳排放量 e 的一阶求导，即 $C_{ei}=\dfrac{\partial C}{\partial e_i}<0$；企业 i 的生产成本 C 对产量 q 和碳排放

量 e 的一阶求导，即 $C_{qei}=\dfrac{\partial^2 C}{\partial q_i \partial e_i}<0$。当企业利润最大化时，式(7-1)可以转变为

$$\frac{\partial \pi_i}{\partial q_i}=p_1-C_{qi}=0 \tag{7-2}$$

$$\frac{\partial \pi_i}{\partial e_i}=-C_{ei}-p_e=0 \tag{7-3}$$

式(7-2)说明边际产品收益等于边际产品成本，因 $C_{qei}<0$，政府对碳排放量实施管制，产品成本随着碳排放量增加而增加，因此，产品市场价格也随之增加。式(7-3)说明了行业所有企业利润最大化时碳价格等于边际减排成本，所有企业边际减排成本相同时碳交易市场产生了碳均衡价格。当企业碳排放量超过初始碳配额，企业边际减排成本高于碳配额价格时，企业为了追求利润最大化选择从碳交易市场购买相应碳配额缺口量。

7.2.2　产量法

假设政府设定的减排目标为 α，碳排放基准控制量 $\overline{E_i}=\alpha E_i=\alpha\sum\limits_i e_i$，政府设定的单位产量基准碳排放率为 $\gamma=\dfrac{\alpha\sum\limits_i e_i}{\sum\limits_i q_i}$，碳配额价格为 p_{eo}，产品价格为 p_2，企业 i 从政府获得基准碳排放量为 $\overline{e_i}=\gamma q_i$，在产量为基础碳配额分配机制下企业 i 利润为

$$\pi_i=p_2 q_i-C(q_i,e_i)-p_{eo}(e_i-\gamma q_i) \tag{7-4}$$

当企业利润最大化时

$$\frac{\partial \pi_i}{\partial q_i}=p_2-C_{qi}+\gamma p_{eo}=0 \tag{7-5}$$

$$\frac{\partial \pi_i}{\partial e_i}=-C_{ei}-p_{eo}=0 \tag{7-6}$$

式(7-6)显示了所有企业边际减排成本均相同时，此时边际减排成本等于碳配额价格，即 $p_{eo}=-C_{ei}$。式(7-5)与式(7-2)相比，γp_{eo} 意味着该产业产品价格不再等于产品边际成本，而是高于产品边际成本，即 $p_1<p_2=C_{qi}+\gamma C_{ei}$。如图 7-1 所示，短期内行业企业数量不会发生变化，由于 $p_1<p_2$，产品市场价格提高了，企业生产积极性提高且增加产量，产品市场均衡产量 $Q_2>Q_1$，企业碳排放量随着产量的提高而随之增加。

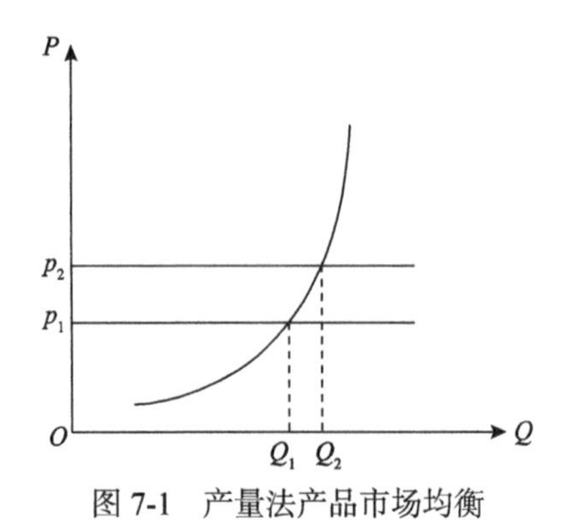

图 7-1　产量法产品市场均衡

政府若按照企业历史产量分配初始碳配额，此时企业释放碳排放量增加，更多企业需要从碳交易市场购买更多的碳配额，诱使碳交易市场需求增加，碳配额价格随之上升。在产量法碳配额分配机制下，如果政府控制碳排放总量不变和企业数量不变，以产量法为基础碳配额分配推动企业增加产量和碳排放量，该行业的企业需要增加减排力度，边际减排成本随之上升，与此同时，边际减排成本也会直接影响到企业生产成本。当边际减排成本较大时，严格的环境管制政策导致企业生产成本急剧上升，该行业企业市场竞争能力随之下降，企业产量下降，因此，严格的环境管制导致经济发展产生一定的挤出效应。

7.2.3　碳强度法

假设产品价格为 p_3，行业总产值为 $\sum_i p_3 q_i$，总碳排放量为 $\sum_i e_i$，因此，该行业平均碳强度 $\mathrm{CI}=\frac{\sum_i e_i}{\sum_i p_3 q_i}$。若政府设定碳强度目标下降率为 β，目标行业平均碳强度 $\overline{\mathrm{CI}}=\beta\mathrm{CI}=\frac{\beta\sum_i e_i}{\sum_i p_3 q_i}$，企业 i 从政府获得基准碳排放量为 $\bar{e}=\overline{\mathrm{CI}}\cdot p_3\cdot q_i=\beta\cdot q_i\cdot\frac{\sum_i e_i}{\sum_i q_i}=\frac{\beta}{\alpha}\gamma q_i$。在碳强度为基础碳配额分配机制下，企业 i 利润为

$$\pi_i = p_3 q_i - C(q_i, e_i) - p_{ec}\left(e_i - \frac{\beta}{\alpha}\gamma q_i\right) \tag{7-7}$$

当企业追求利润最大化时

$$\frac{\partial \pi_i}{\partial q_i} = p_3 - C_{qi} + \frac{\beta}{\alpha}\gamma p_{ec} = 0 \tag{7-8}$$

$$\frac{\partial \pi_i}{\partial e_i} = -C_{ei} - p_{ec} = 0 \tag{7-9}$$

与式(7-5)相比，式(7-8)说明了产品价格 $p_3 = C_{qi} - \frac{\beta}{\alpha}\gamma p_{ec} = C_{qi} + \frac{\beta}{\alpha}\gamma C_{ei}$。

当前我国各区域经济阶段呈现较大的差异性，各区域经济正处在工业化进程中，政府想要保持较高的经济增长，但今后各区域碳排放量仍然呈现较大的上升空间，若采用以总量控制法和产量法为基础进行碳配额分配，政府对碳排放总量目标下降率会设定一个较低的下降率。我国政府计划到 2020 年碳强度比 2005 年碳强度要下降 40%～45%，“十二五”期间政府规划碳强度需要下降 17%，因此，政府需要将碳排放强度的目标下降率设定一个较高的水平，即 $\beta > \alpha$。

如图 7-2 所示，由于 $\frac{\beta}{\alpha} > 1$，短期内企业数量不变，在以碳强度为基础的碳配额分配机制下，产品市场价格 $p_3 > p_2$，与以产量为基础的碳配额分配机制相比，产品价格增加，企业生产积极性提高、利润增加，产品市场均衡产量由 Q_2 增加到 Q_3，企业释放碳排放量随着产量增加而随之增加。整个行业产量增加，行业总产值随之增加、碳排放量增加，若碳排放量增加速度低于产值增加速度，则碳强度不会增加反而可能出现下降，因此，政府有可能实现预期的碳强度。

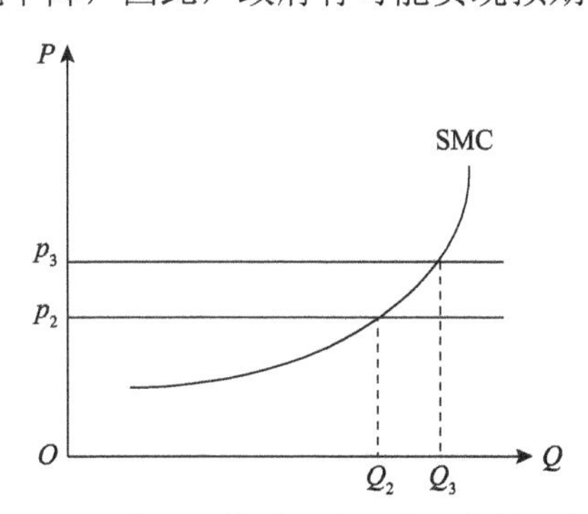

图 7-2　产量法与碳强度法产品市场均衡

配额分配方式是碳交易体系中的重要环节，不同的碳配额分配方式和方法直接影响到初始碳配额分配量和碳交易市场价格，同时也会影响到碳交易市场运行效率和经济增长潜力。“十二五”期间我国政府规划，到 2015 年碳强度要比 2010 年下降 17%，并在北京、上海、深圳等省份探索碳交易市场的试点工作。目前不同区域仍处于引入碳交易市场的初级阶段，探索尝试免费分配、拍卖分配等不同碳配额分配方式，究竟哪种碳配额分配方式才会产生最优的初始碳配额及经济效应？本节从经济理论模型角度分析以产量法和碳强度法为基础的碳配额分配方式，和总量控制法相比，运用以产量法为基础的碳配额分配方式导致增加产出量和碳排放量，碳交易市场需求随之增加，提高了碳交易市场价格，但政府实现预期碳排放总量将面临较大的挑战，较高的碳价格对社会产出产生一定的挤出效应，企业面临较大的减排压力。与产量法相比，以碳强度法为基础的碳配额分配会产生较高的初始碳配额，推动社会产出增加和碳排放量增加，如果碳排放量增加量小于产出增量，碳排放强度反而出现下降，政府实现预期的碳排放强度有较大的可能性，企业从政府获得初始碳配额将会随产出增加而提升，因此，企业也会面临较小的减排压力。

7.3 以碳排放率为基础市场势力与碳交易市场均衡

在总量控制下碳配额交易制度设计需要综合考虑很多因素，包括参与者选择、碳配额分配方式、市场势力、初始碳配额、市场供需状况及奖惩激励机制等，特别在寡头垄断市场中市场势力、寡头垄断企业行为决策、碳配额分配方式是该制度设计优先考虑的因素，这些因素将直接决定初始碳配额和碳交易市场效率。

寡头电力企业根据电力市场价格调整相应的产品和碳交易市场的供求量，边缘企业根据寡头企业产量和市场价格调整相应的供求量。寡头企业和边缘企业应对初始碳配额政治游说能力和市场支配能力呈现较大的差异性，市场势力和初始碳配额直接影响了买卖双方对碳排放供需的市场定位和市场份额，也影响到碳交易市场均衡条件。Hintermann(2011)发现英国和德国的大型电力公司利用强大的市场势力获得超额的免费碳配额，初始碳配额和市场势力对市场效率产生较大的影响，古诺企业通过价格操纵途径影响到电力和碳价格及市场均衡条件。Tanaka(2012)研究发现垄断行业可以在电力市场和碳交易市场产生较强的市场势力，垄断行业中的大型企业可以通过提升初始碳配额增加电力产出和市场份额，进而影响到电力和碳交易市场的均衡产出与价格。

在市场有效情况下，市场势力可以通过两种渠道，战略性操纵碳交易市场供求关系及市场均衡状况：一是市场势力能够影响碳交易市场净交易量，导致减排资源配置效率低下；二是市场势力通过控制市场供需量产生价格歧视，导致减排利益流向拥有较强市场势力的寡头企业。在寡头垄断市场中，拥有市场势力的寡头企业可以通过操纵市场价格推动寡头企业和边缘企业调整生产测量，直接影响到产品市场和碳交易市场的供需关系。Lange(2012)认为碳交易市场是由一个领导型企业与多个竞争性企业构成，且只对碳交易市场势力的内生性进行相关研究。

中国电力市场是由多个古诺企业与一系列竞争性企业组成，本节将一系列竞争性企业看成是一个完整的竞争性企业，认为拥有市场势力的古诺企业通过调整电力和碳配额的供需量操纵电力与碳交易市场的价格，以便实现最优化的初始碳配额分配和市场均衡条件。

根据 Tanaka(2012)、Tanaka 和 Chen(2012)的研究成果，现假设电力市场和碳交易市场均是由几个古诺企业和一个竞争性边缘企业(此处将众多边缘企业近似认为是一个竞争性边缘企业)组成的，且它们生产同质产品。古诺企业对电力市场和碳交易市场具有较强的市场支配能力，能够同时操纵电力市场和碳交易市场的交易量与价格。竞争性边缘企业是电力市场和碳交易市场的市场价格接受者，发电容量和碳排放量受到古诺企业的产量与碳排放量约束，且竞争性边缘企业对电力市场和碳交易市场交易量不能产生影响。此处假设碳交易市场只含有一个电力行业，因此，本节认为电力市场和碳交易市场符合古诺-边缘经济模型。

7.3.1 在电力和碳交易市场中古诺企业拥有市场势力

现假设电力行业有 $i\,(i=1,2,\cdots,n)$ 个古诺寡头企业，其电力产量为 q_i，古诺企业 i 的单位发电量碳排放系数为 r_i，设碳排放量与发电量呈正比例关系，因此，古诺寡头企业碳排放量为 $e_i=r_iq_i$。在考虑减排成本内化的情况下，每个厂商都会积极采取减排措施，通过减少自身产量或应用减排技术缩减单位产量的碳排放系数(用 z_i 表示)来达到减排的目标。根据 Sartzetakis(2004)的研究模型，假设古诺企业生产成本为 $C_i(q_i,e_i)=c_iq_i+t_i(zq_i)^2$，式中，$c_i$ 为企业 i 边际生产成本；z 为政府设定的单位产量碳排放量目标控制率；t_i 为减排技术的大小。在其他条件不变时，t_i 的值越大，说明减排技术越差，减排成本越高。同理，竞争性边缘企业发电量为 q_f；单位发电量排放率为 r_f；碳排放量为 $e_f=r_fq_f$；生产成本为 $C^f(q_f,e_f)=c_fq_f+t_f(zq_f)^2$；总发电量为 $Q=q_f+\sum_i q_i$；电力价格为 p；且 $p=P(Q)=a-bQ$ 为电力需求的反函数；碳排放价格为 p^e。因此，当市场出清时，碳排放总量为

$$e=e_f+\sum_i e_i=r_fq_f+\sum_i r_iq_i \tag{7-10}$$

政府给竞争性边缘企业设定的初始碳配额为 $\overline{e_f}=zq_f$，是从政府那里免费获得碳排放配额，则竞争性边缘企业追求收益最大化时，企业利润可以表达为

$$\max_{q_f,e_f} \varPi_f=pq_f-c_fq_f-t_f(zq_f)^2-p^e\left(r_fq_f-\overline{e_f}\right) \tag{7-11}$$

若竞争性边缘企业碳排放量 $r_f q_f$ 大于初始碳配额 $\overline{e_f}$，则竞争性边缘企业需要从碳交易市场购买相应的碳配额 $r_f q_f - \overline{e_f}$；反之，竞争性边缘企业向碳交易市场出售剩余的碳配额 $\overline{e_f} - r_f q_f$。由式(7-11)可知，竞争性边缘企业没有相应的市场势力，只是价格的接受者，因此得到公式为

$$\frac{\partial \Pi_f}{\partial q_f} = p - c_f - 2t_f z^2 q_f - (r_f - z)p^e = 0 \tag{7-12}$$

由式(7-12)得知，电力市场均衡价格为

$$p(Q) = c_f + 2t_f z^2 q_f + (r_f - z)p^e \tag{7-13}$$

古诺企业在电力市场和碳交易市场具有较强的市场势力，可以直接操纵竞争性边缘企业生产策略，因此，竞争性边缘企业产量可以表达为 $q_f = \overline{q_f}(q, p^e)$，此处 $q=(q_1,q_2,\cdots,q_n)$ 为古诺企业 i 的产量。电力需求反函数也可以表达为 $p(q,p^e) = p(\overline{q}(q,p^e))$，这说明电力价格同时受到古诺企业发电量和碳交易市场价格的影响。假设古诺企业 i 从政府那里获得初始碳配额 $\overline{e_i} = zq_i$，当古诺企业 i 追求利益最大化时，古诺企业 i 利润可以表达为

$$\max_{q,p^e} \Pi_i = \overline{p}(q,p^e)q_i - c_i q_i - t_i(zq_i)^2 - p^e(r_i q_i - zq_i) \tag{7-14}$$

$$\text{s.t.} \quad r_f q_f + \sum_i r_i q_i = e \tag{7-15}$$

根据式(7-14)和式(7-15)设定拉格朗日方程为

$$L_i = \Pi_i + \lambda_i(e - r_f \overline{q_f}(q, p_e) - \sum_i r_i q_i) \tag{7-16}$$

式中，λ 为拉格朗日系数。由式(7-16)得

$$\frac{\partial L_i}{\partial q_i} = \overline{p}(q,p_e) + \frac{\partial \overline{p}}{\partial q_i} q_i - c_i - 2t_i z^2 q_i - p_e(r_i - z) - \lambda_i\left(r_f \frac{\partial \overline{q_f}}{\partial q_i} + r_i\right) = 0 \tag{7-17}$$

$$\frac{\partial L_i}{\partial p^e} = \frac{\partial \overline{p}}{\partial p^e} q_i - (r_i - z)q_i - \lambda_i r_f \frac{\partial \overline{q_f}}{\partial p^e} = 0 \tag{7-18}$$

$$\frac{\partial L_i}{\partial e_i} = -p^e - \lambda_i = 0 \tag{7-19}$$

现假设电力市场是由两个古诺企业和一个竞争性边缘企业共同组成，因此，电力市场总产量 $Q=q_1+q_2+q_f$。根据反需求函数，将 $\overline{p}(q,p^e)=a-b\left[q_1+q_2+\overline{q_f}(q,p^e)\right]$ 代入式(7-13)，竞争性边缘企业市场均衡产量为

$$\overline{q_f}(q)=\frac{a-c_f-(r_f-z)p^e-b(q_1+q_2)}{2t_fz^2+b} \tag{7-20}$$

将式(7-10)代入式(7-20)，碳交易市场均衡价格为

$$p^e(q)=\frac{r_f(a-c_f)-br_f(q_1+q_2)+(r_1q_1+r_2q_2-e)(b+2t_fz^2)}{r_f(r_f-z)} \tag{7-21}$$

将 $p^e(q)$、$\overline{q_f}(q)$ 及反需求函数 $P(Q)$ 代入式(7-17)～式(7-19)可以分别得到古诺企业市场均衡发电量 $q_1=\frac{p^er_f(r_f-z)}{(r_1-z)(2t_fz^2+b)-b(r_f-z)}$、$q_2=\frac{p^er_f(r_f-z)}{(r_2-z)(2t_fz^2+b)-b(r_f-z)}$ 和市场均衡价格。

由式(7-21)得知，碳交易市场均衡价格与古诺企业和竞争性边缘企业的碳排放率、古诺企业发电量、碳排放量控制目标率、边际生产成本、市场供需状况等变量存在紧密的关联性，且古诺企业通过较强的市场势力和调整生产策略操纵市场供需状况及竞争性边缘企业生产策略，以便战略性操纵碳交易市场均衡价格。

7.3.2　古诺企业生产策略对市场均衡价格的影响

古诺企业和竞争性边缘企业生产策略直接影响电力市场和碳交易市场出清价格。本节对反需求函数 $p(q)=a-b(q_1+q_2+\overline{q}(q,p^e))$ 进行一阶求导，即

$$\frac{\partial\overline{p}(q,p^e)}{\partial q_1}=\frac{\partial\overline{p}}{\partial q_1}+\frac{\partial\overline{p}}{\partial\overline{q_f}}\cdot\frac{\partial\overline{q_f}}{\partial q_1}=-b-b\cdot\frac{-b}{2t_fz^2+b}=\frac{b^2}{2t_fz^2+b}-b<0 \tag{7-22}$$

同理，$\frac{\partial\overline{p}(q,p^e)}{\partial q_2}<0$，因此，古诺企业对电力市场拥有较强的市场势力，通过降低自身电力产量提高电力市场均衡价格。假设古诺企业产量信息是市场对称的，竞争性边缘企业可以随时掌握古诺企业产量，竞争性边缘企业生产策略根据古诺企业产量做出相应的市场调整。古诺企业生产策略直接操纵竞争性边缘企业

的产量，即 $\frac{\partial \overline{q_f}(q,p^e)}{\partial q_1}=\frac{\partial \overline{q_f}(q,p^e)}{\partial q_2}=\frac{-b}{2t_f z^2+b}<0$。古诺企业提高产量，竞争性边缘企业随之降低相应的产量；反之，古诺企业降低产量，竞争性边缘企业随之提高相应的产量，但不会直接影响电力市场供求关系。

若古诺企业都是高碳发电企业，因此，$r_1>r_f$、$r_2>r_f$。因 $r_f>z$，由方程(7-21)得出：

$$\frac{\partial p^e(q)}{\partial q_1}=\frac{r_1(2t_f z^2+b)-br_f}{r_f(r_f-z)}>0 \tag{7-23}$$

同理，$\frac{\partial p^e(q)}{\partial q_2}=\frac{r_2(2t_f z^2+b)-br_f}{r_f(r_f-z)}>0$，古诺企业产量与碳价格呈现正相关性，如果古诺企业增加产量，碳排放总量随之上升，对碳配额需求量出现较大幅度的提升，诱使碳价格随之增加；反之，古诺企业降低产量，碳价格随之下降。

7.4 市场势力下初始碳配额与碳交易市场均衡

政府引入市场机制激活减排市场效率，激励企业统筹兼顾私人利益与公共利益，优化社会资源和环境资源的配置效率、协调区域经济增长和提高长期有效的减排效果。政府应积极探索与我国国情相适应的减排市场化机制，将政府管制与市场机制有机结合起来，通过减排市场化驱动经济结构调整和经济转型，促使经济社会活动对生态环境损害降低到最低程度，实现经济效益、社会效益和生态效益多赢的局面。

目前我国很多行业充斥着市场垄断，如电网电力、石油石化、电信、煤炭、民航、国有控股金融行业，其中，电网电力行业中，中国国电集团公司、中国华能集团有限公司、中国华电集团有限公司等五大发电公司和国家电网有限公司、中国南方电网有限责任公司两大电网集团在市场中占有绝对控制地位；石油石化行业中，中国石油天然气集团公司、中国石油化工集团公司和中国海洋石油集团有限公司占有市场主导地位。如果几个龙头企业处于较强的垄断市场地位，市场势力推动市场领导型企业与追求者产生斯塔克尔伯格(Stackelberg)市场博弈。Chen 等(2006)运用斯塔克尔伯格市场博弈理论，研究发现电力市场领导型企业能够通过价格和产量操纵电力市场和碳交易市场。在寡头垄断市场中，能源产业领导型企业对碳交易市场和产品市场均具有较强的资源垄断能力和价格控制能力，垄断型能源企业和国有大型能源企业是否会对碳交易市场稀缺性与碳排放价格产生较强的市场支配能力？不同碳配额分配方式和市场势力对初始碳配额分配和碳交易市场均衡会产生多大的经济影响？

7.4.1　市场势力经济模型

于良春和张伟(2003)认为中国电力产业属于强自然垄断产业，电力定价形成尚未引入竞争机制，而发电电价已引入竞争机制。腾飞等(2002)指出趸售电力市场近似认为是一个具有市场势力的市场，少数龙头电力厂商可以控制大部分市场容量和操纵电价，符合古诺垄断模型。有些学者认为碳交易市场是由一个领导型企业与多个竞争性边缘企业组成的，研究在总量控制法碳交易机制下市场势力对初始碳配额和市场均衡的经济影响(Eshel，2005；Hintermann，2011；Lange，2012)。有些学者认为碳交易市场是由多个古诺企业和竞争性边缘企业组成的，研究总量控制法碳交易机制下市场势力对初始碳配额分配和对市场均衡的经济影响(Tanaka，2012；Tanaka and Chen，2012)。与上述文献相比，本节延伸了 Tanaka 的市场势力模型，分析碳排放量和碳强度分配方式及市场势力对初始碳配额和市场均衡条件产生的经济影响，分析初始碳配额和产量作为内生性变量时，市场势力对碳交易市场均衡的经济影响。

现假设电力市场和碳交易市场均是由几个古诺企业和竞争性边缘企业组成的，古诺企业对电力市场和碳交易市场具有较强的市场支配能力，能够操纵电力市场和碳交易市场的交易量和价格，竞争性边缘企业是电力市场和碳交易市场的市场价格接受者，发电容量和碳排放量受到古诺企业产量及碳排放量约束，且对电力市场和碳交易市场交易量不能产生重大的影响。为了分析古诺企业与竞争性边缘企业在不同的市场势力和分配方式对初始碳配额及市场均衡条件产生的经济影响，本章认为电力市场和碳交易市场符合古诺-边缘经济模型。

从北京、上海、深圳等地开展碳交易市场试点工作来看，北京、上海、深圳碳交易市场在试验阶段碳配额分配方式均采用免费分配，其中，典型碳配额免费分配方式采用总量控制法、碳排放量法(北京和上海)和碳强度法(深圳)，湖北和广东碳交易市场在试验阶段碳配额分配采用以免费分配为主、拍卖分配为辅相结合的交易方式。不同市场结构直接影响到初始碳配额分配、市场均衡条件及市场效率。假设古诺企业对电力市场和碳交易市场产生较大的市场支配能力，而竞争性边缘企业对电力市场和碳交易市场没有产生相应的市场势力。古诺企业能够战略性选择电力产量和碳排放量，并可以操纵价格和市场交易量。假设电力市场和碳交易市场均是古诺垄断市场，碳交易市场只有一个电力行业，包含 $i\,(i=1,2,\cdots,n)$ 个古诺企业和一个竞争性边缘企业(将多个边缘企业近似认为是一个竞争性边缘企业)，古诺企业 i 的电力产量为 q_i，设碳排放量与产量呈现正比例变化。碳排放率为r_i；碳排放总量为$e_i = r_i q_i$；生产成本为$C_i(q_i, e_i)$；此处电力生产边际成本为$c_{q_i} = \frac{\partial C_i}{\partial q_i} > 0$；边际减排成本为$c_{e_i} = \frac{\partial C_i}{\partial e_i} < 0$；该竞争性边缘企业电力产品为$q_f$；其碳排放率为$r_f$；碳排放量为$e_f = r_f q_f$。其中，碳排放率$r_i$、$r_f$在短期内是恒定不变的。生产成本为$C_f(q_f, e_f)$，其边际生产成本$c_{q_f} = \frac{\partial C_f}{\partial q_f} > 0$，边际减排成本为$c_{e_f} = \frac{\partial C_f}{\partial e_f} < 0$。因此，电力行业总产量为$Q = q_f + \sum_i q_i$；碳排放总量为$e = e_f + \sum_i e_i = r_f q_f + \sum_i r_i q_i$。

假设碳排放交易采用总量控制法，政府设定碳减排目标率为α；若采用碳排放量法分配初始碳配额，政府设定基准碳排放率为$\gamma = \frac{\alpha e}{Q} = \frac{\alpha(e_f + \sum_i e_i)}{q_f + \sum_i q_i}$；竞争性边缘企业获得初始碳配额为$\gamma q_f$。假设碳价格为$p_e$，在碳交易机制下竞争性边缘企业的经济利润可以表达为

$$\Pi_f = p q_f - C_f(q_f, e_f) - p_e(r_f q_f - \gamma q_f) \tag{7-24}$$

当竞争性边缘企业碳排放率大于基准碳排放率，即$r_f > \gamma$，$p_e(r_f - \gamma)q_f > 0$意味着在碳交易机制下竞争性边缘企业支付相应的减排成本；反之，竞争性边缘企业获得相应的减排收益。竞争性边缘企业的碳排放供应量不足以影响整个碳交易市场的供求关系，只能接受碳价格和电力价格，当竞争性边缘企业利润最大化时，可得

$$\frac{\partial \Pi_f}{\partial q_f} = p - c_{q_f} - p_e(r_f - \gamma) = 0 \tag{7-25}$$

$$\frac{\partial \Pi_f}{\partial e_f} = -c_{e_f} - p_e(r_f - \gamma) = 0 \tag{7-26}$$

由式(7-26)得知，若$r_f > \gamma$时，竞争性边缘企业碳排放量大于初始碳配额，从碳交易市场中购买的碳配额量为$(r_f - \gamma)q_f$，竞争性边缘企业需要支付相应的环境成本。由式(7-25)得知，在给定古诺企业产量时竞争性边缘企业电力均衡价格为

$$p(Q) = c_{q_f} + p_e(r_f - \gamma) \tag{7-27}$$

由式(7-27)得知，竞争性边缘企业的均衡发电量 $q_f = \overline{q_f}(q, p_e)$，$q = (q_1, q_2, \cdots, q_n)$ 是古诺企业发电量，说明竞争性边缘企业发电量随着古诺企业发电量和碳排放价格做出相应的市场调整，竞争性边缘企业碳排放量为 $e_f = r_f \overline{q_f}(q, p_e)$。电力市场总发电量为 $Q(q, p_e) = \overline{q}(q, p_e) + \sum_i q_i$，电力均衡价格 $\overline{p}(q, p_e) = p\left[\overline{Q}(q, p_e)\right]$，其为电力市场需求的反函数，且 $\frac{\partial \overline{p}}{\partial q} > 0$，$\frac{\partial \overline{p}}{\partial p_e} > 0$。

本节认为古诺企业在电力市场和碳交易市场均具有较强的市场支配能力，通过有效地控制电力市场和碳交易市场的供求量与价格，在碳交易机制下古诺企业利润最大化可以表达为

$$\max_{q_i, p_e} \Pi_i = \overline{p}(q, p_e) q_i - C_i(q_i, e_i) - p_e(r_i q_i - \gamma q_i) \tag{7-28}$$

$$\text{s.t.} \quad r_f \overline{q_f}(q, p_e) + \sum_i r_i q_i = e \tag{7-29}$$

式中，e 为碳需求量。本节设定拉格朗日方程为

$$L_i = \Pi_i + \lambda_i \left[e - r_f \overline{q_f}(q, p_e) - \sum_i r_i q_i \right] \tag{7-30}$$

由式(7-30)得到：

$$\frac{\partial L_i}{\partial q_i} = \overline{p}(q, p_e) + \frac{\partial \overline{p}}{\partial q_i} q_i - c_{q_i} - p_e(r_i - \gamma) - \lambda_i \left(r_f \frac{\partial \overline{p}}{\partial q_i} + r_i \right) = 0 \tag{7-31}$$

$$\frac{\partial L_i}{\partial p_e} = \frac{\partial \overline{p}}{\partial p_e} q_i - (r_i - \gamma) q_i - \lambda_i r_f \frac{\partial \overline{p}}{\partial p_e} = 0 \tag{7-32}$$

$$\frac{\partial L_i}{\partial \lambda_i} = e - r_f \overline{q}(q, p_e) - \sum_i r_i q_i = 0 \tag{7-33}$$

由式(7-31)～式(7-33)得知，在碳交易机制下，电力产品定价策略、古诺企业生产策略、碳排放率和初始碳配额直接影响碳交易市场均衡价格。在设定的碳排放约束条件下，初始碳配额、古诺企业和竞争性边缘企业碳排放率、古诺企业生产策略及其边际生产成本决定电力市场价格。现假设电力市场反需求函数为 $p(Q) = A - BQ$，由竞争性边缘企业的均衡式(7-27)得知:

$$A - B\left(q_f + \sum_i q_i \right) = c_{q_f} + p_e(r_f - \gamma) \tag{7-34}$$

由式(7-34)得到竞争性边缘企业确定发电量为

$$\overline{q_f}(q,p_e)=\frac{A-c_{q_f}-p_e(r_f-\gamma)}{B}-\sum_i q_i \tag{7-35}$$

由式(7-35)得知，竞争性边缘企业只能是价格接受者，其生产策略随着古诺企业发电量、初始碳配额和碳价格的市场变化做出相应的市场调整，因此，竞争性边缘企业发电量也随之做出相应调整。竞争性边缘企业碳排放净需求量为 $(r_f-\gamma)q_f$；古诺企业碳排放净需求量为 $\sum_i(r_i-\gamma)q_i$。因此，碳交易市场出清为

$$(r_f-\gamma)q_f+\sum_i(r_i-\gamma)q_i=0 \tag{7-36}$$

由式(7-36)得知 $r_f q_f+\sum_i r_i q_i=\gamma q_f+\gamma\sum_i q_i=e$，将竞争性边缘企业发电量 $\overline{q_f}(q,p_e)$ 代入 $e=r_f q_f+\sum_i r_i q_i$，因此，碳交易市场均衡条件为

$$\frac{r_f\left[A-c_{q_f}-p_e(r_f-\gamma)\right]}{B}-r_f\sum_i q_i+\sum_i r_i q_i=e \tag{7-37}$$

由式(7-37)得到碳交易市场均衡价格为

$$p_e(q)=\frac{r_f(A-c_{q_f})-Br_f\sum_i q_i+B\left(\sum_i r_i q_i-e\right)}{r_f(r_f-\gamma)} \tag{7-38}$$

由式(7-38)得知，碳交易市场均衡价格是由古诺企业和竞争性边缘企业的碳排放率及其边际生产成本、市场势力、古诺企业生产策略、市场供应量、初始碳配额等综合因素共同决定的。

7.4.2 初始碳配额的经济效应

1. 初始碳配额对企业决策的经济效应

初始碳配额对竞争性边缘企业和古诺企业生产决策、电力与碳交易市场均衡产量及均衡价格能产生较大的经济影响。假设古诺企业获得初始碳配额份额比例为 κ，竞争性边缘企业获得初始碳配额比例为 $1-\kappa$，古诺企业有低碳企业和高碳企业，其分别获得初始碳配额比例分别为 ρ、$1-\rho$，则竞争性边缘企业从政府获得初始碳配额为 $(1-\kappa)e$，古诺企业分别从政府获得初始碳配额为 $\kappa\rho e,\kappa(1-\rho)e$。

如果古诺高碳企业凭借强有力市场支配能力从政府获得超额的初始碳配额，即$\lambda\rho e>\gamma q_h$，古诺高碳企业碳配额净需求量$r_h q_h-\kappa\rho e$随之下降。但与竞争性边缘企业相比，古诺低碳企业比竞争性边缘企业仍具有较强的市场支配能力，凭借此市场操纵能力从政府获得较多的初始碳配额，即$\kappa(1-\rho)e>\gamma q_h$，古诺低碳企业碳配额净供应量$(r_l-\gamma)q_l>\left[r_l q_l-\kappa(1-\rho)e\right]$随之增加。由式(7-28)得知古诺企业$\dfrac{\partial \Pi_i}{\partial \kappa}>0$，因此，随着初始碳配额增加，降低相应的环境成本支出，古诺企业经济利润随之上升。从市场发展生命周期和市场规模看，古诺高碳企业比低碳企业显示更强的市场操纵势力，可以获得更高的初始碳配额，即ρ增加，古诺高碳企业可以降低环境成本支出，与完全竞争状态相比，古诺高碳企业的经济收益会有所提高。相对于古诺高碳企业，古诺低碳企业在碳交易市场具有较弱的市场支配能力，获得较低的初始碳配额，由于剩余碳配额净供应量增加，其经济利润增加幅度较小。

2. *初始碳配额对市场均衡的经济效应*

竞争性边缘企业是一个市场接受者，只能从政府获得较低的初始碳配额，即$(1-\kappa)e<\gamma q_f$，竞争性边缘企业碳配额净需求量$(r_f-\gamma)q_f<\left[r_f q_f-(1-\kappa)e\right]$随之增加，由式(7-34)得知，$\dfrac{\partial \overline{q_f}(q,p_e)}{\partial \kappa}<0$，竞争性边缘企业发电量随着初始碳配额分配率增加而上升。现竞争性边缘企业从政府获得碳配额份额比例低于完全竞争状态下初始碳配额，因此，竞争性边缘企业发电量随着初始碳配额份额下降随之出现下降，$\dfrac{\partial \overline{q_f^*}}{\partial \kappa}<0$。在古诺企业市场势力操纵情况下，将初始碳配额$\kappa(1-\rho)e$，$\kappa\rho e$分别代入式(7-28)得知，古诺高碳企业因具有较强的市场支配能力，可以获得超额的初始碳配额，推动古诺高碳企业经济利润上升，其发电量也随之增加，即$\dfrac{\partial q_h^*}{\partial \kappa}>0$，$\dfrac{\partial q_h^*}{\partial \rho}>0$。古诺低碳企业具有较弱的市场支配能力，在固定的碳配额份额$\kappa(1-\rho)e$情况下，古诺高碳企业获得碳配额份额ρ增加，古诺低碳企业获得碳配额份额$(1-\rho)$随之下降，但古诺低碳企业仍比完全竞争状态下竞争性边缘企业获得较高水平的初始碳配额份额，其经济收益出现较小幅度的上升，古诺低碳企业发电量也随之出现较小幅度的增加，即$\dfrac{\partial q_l^*}{\partial \kappa}>0$，$\dfrac{\partial q_l^*}{\partial \rho}<0$。由于古诺企业发电量在电力市场中占有绝对的优势，由上面分析得知，$\dfrac{\partial Q^*}{\partial \kappa}=\dfrac{\partial \overline{q_f^*}}{\partial \kappa}+\dfrac{\partial q_h^*}{\partial \kappa}+\dfrac{\partial q_l^*}{\partial \kappa}>0$，电力市场总发电量随古诺企业碳配额市场份额增加而随之上升。由方程

$p = A - BQ$，随着古诺企业碳配额份额比例增加，电力市场价格出现下降趋势。如果 $r_h < r_f$，$r_l < r_f$，由式(7-37)得知 $\frac{\partial p_e}{\partial q_h} = \frac{B(r_h - r_f)}{r_f(r_f - \gamma)} < 0$，$\frac{\partial p_e}{\partial q_l} = \frac{B(r_l - r_f)}{r_f(r_f - \gamma)} < 0$，因此，$\frac{\partial p_e(q)}{\partial \kappa} = \frac{\partial p_e}{\partial q_h}\frac{\partial q_h}{\partial \kappa} + \frac{\partial p_e}{\partial q_l}\frac{\partial q_l}{\partial \kappa} < 0$，碳配额价格随着古诺企业获得初始碳配额份额比例增加而随之下降。

7.5 本章小结与政策建议

7.5.1 碳配额分配及其政策建议

碳配额分配是碳交易市场中的重要环节，碳配额分配的模式将影响碳交易市场的运行效率。本章比较了配额分配的几种不同模式：拍卖分配、免费分配和混合模式的优点和缺陷。从碳配额分配的模式来看，拍卖分配虽然能够将温室气体排放造成的外部性完全内部化，也不需要政府事前制定复杂的分配公式，但在碳交易市场运行的初期容易给企业造成过重负担，影响市场参与者的积极性。在发展初期，监管机构可采用以免费分配为主的分配制度，并逐步提高拍卖分配比例的渐进混合模式，也可根据行业特征分别选择拍卖分配或免费分配的行业混合模式，但对于存在碳泄露风险的行业来说，免费分配仍然是避免损害这些行业竞争力的主要手段。由于我国开展碳交易的经验不足，部分企业对碳交易市场缺乏了解，为了增强企业参与的积极性，建议在试点期间和全国碳交易市场初期采用以免费分配为主，并逐渐提高拍卖分配的比例，向完全拍卖分配过渡。为了避免免费分配造成碳配额过量的问题，可以考虑设置略紧的碳配额总量或在初始分配时由政府预留一部分碳配额，若碳价格过高，政府进行公开市场操作，向市场投放部分碳配额。在碳交易市场运行的初期碳配额采用以累积碳排放量法为主的分配方法，其原因如下：一是考虑到行业基准法需要的碳排放数据量统计过于复杂，体系初期很难制定；二是考虑到中国的实际情况，民营企业、中小企业容易面临融资难的困境，无力从事清洁技术的研发、引进和改造，碳交易体系设计需要考虑到这些企业的减排负担。在采用累积碳排放量法分配时仍需注意以下几点：第一，要将企业的节能减排绩效包括在内，可以利用一些数据获得较为容易的指标来衡量企业的前期减排行动，如过去若干年的碳强度下降率等；第二，累积碳排放量法分配所用数据的基年一旦确定，不宜再更改，否则企业没有减排的动力；第三，在进行累积碳排放量法分配的阶段就要着手收集制定基准线需要的数据，在碳交易市场运行一段时间后转为用行业基准法对免费部分的配额进行分配。

7.5.2　市场势力与碳交易市场均衡小结

自从 Hahn（1984）将市场势力引入到可转让产权市场，市场势力导致市场上出现价格扭曲、生产无效率、经济寻租再分配等经济现象，研究发现在垄断竞争市场中市场势力可以影响企业的经济行为决策和产权市场的效率。市场势力可以通过两种渠道战略性操纵碳交易市场的供求关系：一是市场势力能够影响碳交易市场净交易量，导致减排资源配置效率低下；二是市场势力通过控制市场供需量产生价格歧视，导致减排利益流向拥有较强市场势力的寡头垄断企业。在寡头垄断电力市场中，古诺企业对电力市场和碳交易市场具有较强的资源垄断能力和价格操纵能力。在政府设定的碳排放约束条件下，减排目标控制率、古诺企业和竞争性边缘企业碳排放率、古诺企业生产策、边际生产成本、减排技术及电力市场供求关系直接影响着电力市场和碳交易市场的出清数量与价格。碳均衡价格是由古诺企业和竞争性边缘企业的碳排放率及其边际生产成本、市场势力、古诺企业生产策略、市场供应量、初始碳配额等综合因素共同决定的。

古诺企业比竞争性边缘企业具有更强的市场支配能力，凭借强有力的市场操纵能力从政府获得较多的初始碳配额，其经济收益随之增加；相反，竞争性边缘企业从政府获得较低的初始碳配额，其经济收益随之下降。竞争性边缘企业因获得较低的初始碳配额，其发电量下降；相反，古诺企业对电力市场具有较强的市场支配能力，其发电量有大幅度提升。随着古诺企业获得超额的初始碳配额，电力市场总供应量增加，电力市场价格出现下降的趋势。古诺企业凭借强有力的市场支配能力，对碳交易市场具有较强的价格操纵能力，随着古诺企业获得较高的初始碳配额，碳配额价格会出现下降的趋势。古诺企业比竞争性边缘企业具有较强的市场支配能力和价格操纵能力，凭借强有力的市场势力和调整生产策略操纵竞争性边缘企业产量，同时通过调整产量操纵电力市场均衡价格。古诺企业对碳交易市场具有较强的价格操纵能力，可以通过调整自身产量调节碳交易市场供求关系，诱使碳价格随之发生相应的变化。

根据上面理论分析结果，本章提出以下政策建议：一是政府应建立碳配额信息披露制度，加强碳交易市场信息监测和管理，构建碳配额信息共享机制；二是政府应降低碳配额分配过程中市场寻租行为和政治游说行为，弱化古诺企业的市场支配能力，降低古诺企业对碳交易市场的操纵能力；三是政府应加速电力市场化改革，降低市场准入条件，消除资源垄断和市场垄断，降低古诺企业对市场价格的操纵能力，避免市场势力造成电力市场和碳交易市场失灵及电力价格歧视与碳价格扭曲，推动电力市场和碳交易市场的充分竞争。

第8章 我国试点碳交易市场的政策设计差异性

探索我国试点碳交易市场的碳价格动态性和机制转换行为是近年的研究热点。自从2013年我国相继在深圳、北京、上海、天津、广东、湖北和重庆开展区域碳交易市场试点后，我国碳交易市场获得迅速发展，是一个新兴的排放交易市场，为我国企业降低减排成本或获取经济收益提供了便利的市场条件。2014年11月中美两国达成的《中美气候变化联合声明》提出，我国将于2017年推出统一的全国性碳交易市场。“十三五”规划(2016～2020)指出“建立健全用能权、用水权、碳排放权初始分配制度，创新有偿使用、预算管理、投融资机制，培育和发展交易市场”“有效控制电力、钢铁、建材和化工等重点行业碳排放”。

截至2017年底，全球已执行或计划执行的碳交易体系达到42个国家及25个地区，包括：中国正筹建全国碳交易市场试点，中国七省市碳交易试点(北京、上海、天津、深圳、重庆、广东、湖北)和四川、福建碳交易市场试点，日本东京都和埼玉县碳交易市场，美国加利福尼亚州碳交易市场和覆盖东部9个州的区域碳污染减排计划，以及欧盟、瑞士、新西兰、韩国、加拿大魁北克碳交易市场等。2017年，智利、哥伦比亚推出了碳税，加拿大阿尔伯塔省、安大略省、不列颠哥伦比亚省、美国华盛顿州推出新的或加强型碳交易机制；墨西哥开始实施为期一年的碳交易系统刺激计划，2018年已筹建启动碳交易体系试点；俄罗斯、巴西、土耳其、泰国、越南、哈萨克斯坦等国家正在考虑或筹备建设碳交易市场。

8.1 国家层面试点碳交易市场政策法规实施情况

表8-1列出关于碳交易市场的政策法规文件。自从2011年10月29日，《国家发展改革委办公厅关于开展碳排放权交易试点工作的通知》提出建立国内碳交易市场，推动市场机制实现我国2020年温室气体减排行动目标，我国碳交易市场的政策法规体系获得较快的全面推进。特别是在2014年12月，国家发改委制定《碳排放权交易管理暂行管理办法》，提出坚持政府引导与市场运作相结合，制定配额管理、排放交易、核查与配额清缴、监督管理和法律责任等系列规定，为开展全面碳交易市场运作提供较好的市场规则。2015年9月21日，国务院印发《生态文明体制改革总体方案》，加快建立系统完整的生态文明制度体系，加快推进生态文明建设，增强生态文明改革的系统性、整体性、协同性。

表 8-1　关于碳交易市场的政策法规文件

部门	时间	政策法规
国家发改委办公厅	2011.10.29	国家发展改革委办公厅关于开展碳排放权交易试点工作的通知(发改办气候〔2011〕2601 号)
国家发改委、教育部等 12 个部门	2011.12.07	关于印发万家企业节能低碳行动实施方案的通知(发改环资〔2011〕2873 号)
国务院	2011.12.01	国务院关于印发“十二五”控制温室气体排放工作方案的通知(国发〔2011〕41 号)
国家发改委办公厅	2013.10.15	国家发展改革委办公厅关于印发首批 10 个行业企业温室气体排放核算方法与报告指南(试行)的通知(发改办气候〔2013〕2526 号)
国家发改委九部委	2013.11.18	国家适应气候变化战略
国家林业局	2014.04.29	国家林业局关于推进林业碳汇交易工作的指导意见(林造发〔2014〕55 号)
国务院办公厅	2014.05.15	国务院办公厅关于印发 2014-2015 年节能减排低碳发展行动方案的通知(国办发〔2014〕23 号)
国家发改委	2014.09.19	国家发展改革委关于印发国家应对气候变化规划(2014-2020 年)的通知(发改气候〔2014〕2347 号)
国务院	2014.11.16	国务院关于创新重点领域投融资机制 鼓励社会投资的指导意见(国发〔2014〕60 号)
国家发改委	2014.12.10	碳排放权交易管理暂行办法
中共中央 国务院	2015.04.25	中共中央 国务院关于加快推进生态文明建设的意见
中共中央 国务院	2015.09.21	生态文明体制改革总体方案
国家发改委办公厅	2015.12.31	国家发展改革委办公厅关于印发《绿色债券发行指引》的通知(发改办财金〔2015〕3504 号)
中国人民银行、财政部等七部委	2016.08.31	关于构建绿色金融体系的指导意见
国家发改委、国家能源局	2016.12.26	国家发改委 国家能源局关于印发《能源发展“十三五”规划》的通知(发改能源〔2016〕2744 号)
中国银行间市场交易商协会	2017.03.22	关于发布《非金融企业绿色债务融资工具业务指引》及配套表格的公告(〔2017〕10 号)

8.2　区域层面试点碳交易市场政策法规实施情况

8.2.1　北京试点碳交易市场政策法规实施情况

北京碳交易市场试点已初步形成完备的政策法规体系，其中包括北京市人大立法、市政府政策规则及其市发改委等部门出台的配套政策文件，如开展碳排放权交易试点工作、配额核对方法、企业碳排放核算与报告、碳排放核查机构、碳排放权交易规则及其配套细则、公开市场操作、行政处罚自由裁量权、配额抵消管理、监测报告与核查(monitoring，reporting and verification，MRV)机制、场外交易规则等20多项配套政策文件和技术支撑文件。另外北京环境交易所还制定碳排放权交易收费制度、投资者交易信息披露、适当性管理、风险控制及其交易纠纷等系列管理办法。具体如表8-2所示。上述配套的政策文件和技术支撑文件及其交易所管理办法为北京市试点碳交易工作规范有序和碳交易市场健康发展提供了坚实的保障。

表8-2 北京试点碳交易市场的政策法规及其配套文件

类型	部门	日期	政策法规文件
立法	北京市人大常委会	2013.12.27	关于北京市在严格控制碳排放总量前提下开展碳排放权交易试点工作的决定
规章	北京市人民政府	2014.05.28	北京市人民政府关于印发《北京市碳排放权交易管理办法(试行)》的通知(京政发〔2014〕14号)
	北京市人民政府	2015.12.16	北京市人民政府关于调整《北京市碳排放权交易管理办法(试行)》重点排放单位范围的通知(京政发〔2015〕65号)
配套文件	北京市发改委	2013.11.18	北京市碳排放配额场外交易实施细则(试行)
	北京市发改委	2013.11.20	北京市发展和改革委员会关于开展碳排放权交易试点工作的通知(京发改规〔2013〕5号)
	北京市发改委	2013.11.20	北京市碳排放权交易试点配额核定方法(试行)
	北京市发改委	2013.11.20	北京市碳排放权交易核查机构管理办法(试行)
	北京市发改委	2013.11.20	北京市企业(单位)二氧化碳核算和报告指南(2013版)
	北京市发改委	2013.11.20	北京市温室气体排放报告报送流程
	北京市发改委	2013.11.20	北京市碳排放权交易注册登记系统操作指南
	北京环境交易所	2013.11.27	北京环境交易所关于碳排放权交易收费通知
	北京市发改委	2014.04.29	北京市发展和改革委员会关于发布行业碳排放强度先进值的通知(京发改〔2014〕905号)
	北京市发改委	2014.05.06	关于规范碳排放权交易行政处罚自由裁量权的规定
	北京市发改委、北京市金融工作局	2014.06.10	北京市碳排放权交易公开市场操作管理办法
	北京市发改委、北京市园林绿化局	2014.09.01	北京市碳排放权抵消管理办法(试行)
	北京环境交易所	2015.01.13	北京环境交易所碳排放权交易规则(试行)
	北京市发改委	2015.07.21	北京市发展和改革委员会关于对北京市2015年新增碳排放权交易核查机构、核查员备案结果进行公示的通知(京发改〔2015〕1567号)

续表

类型	部门	日期	政策法规文件
配套文件	北京市发改委	2015.12.24	北京市发展和改革委员会关于做好 2016 年碳排放权交易试点有关工作的通知(京发改〔2015〕2866 号)
	北京市发改委	2016.02.14	北京市发展和改革委员会关于印发《节能低碳和循环经济行政处罚裁量基准(试行)》的通知(京发改规〔2016〕6 号)
	北京市发改委	2016.12.15	关于做好 2017 年碳排放权交易试点有关工作的通知(京发改〔2016〕2146 号)
	北京市发改委	2017.06.13	北京市发展和改革委员会关于及时做好 2016 年碳排放配额清算工作的通知(京发改〔2017〕820 号)
	北京环境交易所	2017.07.03	北京环境交易所碳排放权交易投资者适当性管理办法(试行)
	北京环境交易所	2017.07.03	北京环境交易所碳排放权公平交易管理办法(试行)
	北京环境交易所	2017.07.03	北京环境交易所碳排放权交易投资者信息管理办法(试行)
	北京环境交易所	2017.07.03	北京环境交易所碳排放权交易风险控制管理办法（试行)
	北京环境交易所	2017.07.03	北京环境交易所碳排放权交易纠纷解决办法(试行)

资料来源：根据北京环境交易所网站(http://www.cbeex.com.cn/)信息整理所得

例如，《北京市碳排放权交易管理办法(试行)》提出碳排放管控和配额管理、碳排放交易、监督管理与激励措施及法律责任等具体事项。《北京市碳排放权交易试点配额核定方法(试行)》规定了二氧化碳排放控制系数、新增二氧化碳排放、行业二氧化碳排放强度先进值、二氧化碳排放配额核定年份及二氧化碳排放配额总量测算等具体事项。《关于规范碳排放权交易行政处罚自由裁量权的规定》规定，从 2014 年 5 月，北京市发改委在法定行政处罚权限内，将自主决定对碳排放权交易违法行为是否给予行政处罚、给予何种处罚以及给予何种程度行政处罚等实施细则。《北京市碳排放权交易公开市场操作管理办法》制定碳排放权公开市场操作方式、配额拍卖和回购等实施细则。《北京环境交易所碳排放权交易规则(试行)》规定了交易市场、公开交易、协议转让、交易信息、交易纠纷和费用等详细的交易规则。

北京市不仅做好区域内碳交易市场各项工作，还积极开展跨区域碳交易工作。2014 年 12 月，北京市发改委、河北省发改委和承德市人民政府印发《关于推进跨区域碳排放权交易试点有关事项的通知》，为开展跨区域碳交易试点、优先开发林业碳汇项目、加强跨区域碳排放权交易市场管理等各项工作，充分挖掘区域环境协同治理潜力，推进京津冀协同发展，启动跨区域碳交易市场建设提供有利的条件。2015 年 6 月，北京市发改委与承德市人民政府《关于进一步做好京承跨区域碳排放权交易试点有关工作的通知》，确立承德市重点排放单位、配额核定方法、跨区域碳排放权各项工作要求及其激励和约束机制等各种事项。2016 年 3

月，《北京市发展和改革委员会 内蒙古自治区发展和改革委员会 呼和浩特市人民政府 鄂尔多斯市人民政府关于合作开展京蒙跨区域碳排放权交易有关事项的通知》指出实行统一的碳排放权交易机制和规则(包括市场交易机制、重点排放单位范围、碳排放报告报送与第三方核查、配额核发与管理、配额清算与履约)，支持开发碳汇抵消项目，完善激励约束机制，做好统筹协调，建立跨区域、跨部门的协作联动机制，确保各环节和各流程有机衔接，确保跨区域碳交易工作落实。

8.2.2 上海试点碳交易市场政策法规实施情况

上海市政府推动市场机制实现节能减排目标，建立上海市开展碳排放权交易试点工作的实施意见和碳排放管理试行办法，推动碳交易市场健康发展，制定了上海市区域内碳配额的分配、清缴、交易以及碳排放监测、报告和核查审定等相关的管理活动。上海市发改委等相关部门公布了碳交易试点企业名单，制定了钢铁、电力与热力生产、化工、有色金属、非金属矿物制品和运输站点行业温室气体排放核算与报告方法，以及碳配额分配与管理方案，为开展碳交易市场工作做好详细的数据收集、分析和预测，制定相关的市场交易规则等详细的配套文件，为顺利开展碳交易市场奠定了良好的市场保障。具体如表 8-3 所示。

表 8-3 上海试点碳交易市场的政策法规及其配套文件

类型	部门	日期	政策法规文件
规章	上海市人民政府	2012.07.03	上海市人民政府关于本市开展碳排放交易试点工作的实施意见(沪府发〔2012〕64 号)
	上海市人民政府	2013.11.18	上海市碳排放管理试行办法(沪府令 10 号)
配套文件	上海市发改委	2012.11.29	上海市发展改革委关于公布本市碳排放交易试点企业名单(第一批)的通知(沪发改环资〔2012〕172 号)
	上海市发改委	2012.12.11	上海市温室气体排放核算与报告指南(试行)
	上海市发改委	2012.12.11	上海市钢铁行业温室气体排放核算与报告方法(试行)
	上海市发改委	2012.12.12	上海市旅游饭店、商场、房地产业及金融业办公建筑温室气体排放核算与报告方法(试行)
	上海市发改委	2012.12.12	上海市化工行业温室气体排放核算与报告方法(试行)
	上海市发改委	2012.12.12	上海市有色金属行业温室气体排放核算与报告方法(试行)
	上海市发改委	2012.12.12	上海市非金属矿物制品业温室气体排放核算与报告方法(试行)
	上海市发改委	2012.12.12	上海市运输站点行业温室气体排放核算与报告方法(试行)
	上海市发改委	2012.12.13	上海市电力、热力生产业温室气体排放核算与报告方法(试行)
	上海市发改委	2013.11.22	上海市 2013-2015 年碳排放配额分配和管理方案

续表

类型	部门	日期	政策法规文件
配套文件	上海市发改委	2013.11	上海市碳排放交易试点工作相关文件汇编
	上海市发改委	2014.01.10	上海市碳排放核查第三方机构管理暂行办法
	上海市发改委	2014.03.12	上海市碳排放核查工作规则（试行）
	上海市发改委	2015.03.30	关于印发上海市 2015 年节能减排和应对气候变化重点工作安排的通知（沪发改环资〔2015〕41 号）
	上海环境能源交易所	2014.05.07	上海环境能源交易所碳排放交易违规违约处理办法（试行）
	上海环境能源交易所	2014.05.07	上海环境能源交易所碳排放交易结算细则（试行）
	上海环境能源交易所	2014.09.03	上海环境能源交易所碳排放交易机构投资者适当性制度实施办法（试行）
	上海环境能源交易所	2015.03.26	上海环境能源交易所碳排放交易信息管理办法（试行）
	上海环境能源交易所	2015.07.01	上海环境能源交易所碳排放交易风险控制管理办法（试行）
	上海环境能源交易所	2015.07.01	上海环境能源交易所碳排放交易规则
	上海环境能源交易所	2017.02.13	上海碳配额远期业务规则

资料来源：根据上海环境能源交易所网站（http://www.cneeex.com/）信息整理所得

8.2.3　天津试点碳交易市场政策法规实施情况

天津市人大常委会不仅通过了《天津市建筑节约能源条例》，加强建筑节约能源管理，提高能源和资源利用效率，还通过了《天津市大气污染防治条例》，保护和改善生态环境和生活环境，保障公众健康，推进经济和社会的可持续发展。天津市人民政府通过了《天津市碳排放权交易管理暂行办法》，制定了碳配额管理，碳排放监测、报告与核查，碳排放权交易，市场监管与激励，以及法律责任等相关事项。天津市金融工作局等 8 部门印发《构建天津市绿色金融体系的实施意见》，提出大力发展绿色信贷、积极发展绿色投资、创新发展绿色保险、试点开展绿色租赁、加快绿色信用评价体系建设等方面具体的实施建议。天津排放权交易所制定了碳排放权交易规则、碳排放权交易结算细则及会员管理办法等相关的配套文件资料。具体如表 8-4 所示。

表 8-4　天津试点碳交易市场的政策法规及其配套文件

类型	部门	日期	政策法规及其配套文件
法规	天津市人大常委会	2012.05.09	天津市建筑节约能源条例
	天津市人民政府	2013.12.20	天津市碳排放权交易管理暂行办法
	天津市人民政府	2017.03.09	天津市“十三五”控制温室气体排放工作实施方案

续表

类型	部门	日期	政策法规及其配套文件
法规	天津市金融工作局等 8 部门	2017.03.13	构建天津市绿色金融体系的实施意见
	天津市人民政府	2018.05.20	天津市碳排放权交易管理暂行办法
	天津市人大及其常委会	2018.09.29	天津市大气污染防治条例(2018 年修正)
交易规则	天津排放权交易所	2017.10.19	天津排放权交易所碳排放权交易规则(暂行)
	天津排放权交易所	2017.10.19	天津排放权交易所碳排放权交易结算细则(暂行)
	天津排放权交易所	2017.10.19	天津排放权交易所会员管理办法(暂行)

资料来源：根据天津排放权交易所网站(http://www.chinatcx.com.cn/)信息整理所得

8.2.4 广东试点碳交易市场政策法规实施情况

为了实现碳排放控制目标，发挥市场机制和规范碳排放管理活动，广东省制定了碳排放权试点工作实施方案及其碳排放管理试行办法，实行碳排放信息报告与核查、配额发放管理、配额交易管理和市场监督等系列相关规定。广东省发改委制定了 2014～2018 年碳配额分配实施方案，规定每年纳入碳排放管理交易的企业、配额总量、配额分配方法及配额方法等相关事项。为了规范企业碳排放信息报告与核查活动，广东省发改委制定了企业碳排放信息报告与核查的实施细则，规范碳排放信息监测与报告、信息核查及其监督管理等相关事项。广东省发改委制定了民航、造纸和白水泥行业年度碳配额分配方案，规定纳入行业碳排放管理与交易的企业、配额总量和行业分配方法等事项。另外，广东省发改委还制定碳普惠制核证减排量管理和控排企业使用中国核准碳减排量(CCER)抵消管理，规范允许 CCER 抵消条件及抵消工作的详细流程，制定纳入碳普惠试点地区的企业或个人自愿参与实施的减少碳排放和增加绿色碳汇等低碳行为所产生的 CCER 的管理与使用规范。为了规范碳排放权交易行为和维护市场秩序，广州碳排放权交易所先后制定远期交易业务指引、碳排放配额抵押登记操作规程、碳排放权交易风险控制管理细则、碳排放配额托管业务指引、碳排放配额回购交易业务指引、碳排放配额交易规则、国家和碳普惠制核证自愿减排量交易规则等系列相关的市场规则和规章文件。具体如表 8-5 所示。

表 8-5 广东试点碳交易政策法规及其配套文件

类型	部门	日期	政策法规及其文件
政府规章	广东省人民政府	2012.09.07	广东省碳排放权交易试点工作实施方案
	广东省人民政府	2014.01.15	广东省碳排放管理试行办法

续表

类型	部门	日期	政策法规及其文件
配套文件	广东省发改委	2013.11.25	广东省碳排放权配额首次分配及工作方案(试行)
	广东省发改委	2014.03.18	广东省企业碳排放信息报告与核查实施细则(试行)
	广东省发改委	2014.08.18	广东省 2014 年度碳排放配额分配实施方案
	广东省发改委	2015.02.16	广东省发展改革委关于碳排放配额管理的实施细则(粤发改气候〔2015〕80 号)
	广东省发改委	2015.07.10	广东省 2015 年度碳排放配额分配实施方案
	广东省发改委	2016.07.08	广东省 2016 年度碳排放配额分配实施方案
	广东省发改委	2017.01.05	广东省发展改革委关于印发广东省民航、造纸行业 2016 年度碳排放配额分配方案及白水泥企业 2016 年度配额分配方法的通知(粤发改气候函〔2017〕74 号)
	广东省发改委	2017.01.09	广东省控排企业使用国家核证自愿减排(CCER)抵消 2016 年度实际碳排放工作指引
	广东省发改委	2017.02.21	广东省发展改革委关于印发《广东省企业(单位)二氧化碳排放信息报告指南(2017 年修订)》和《广东省企业碳排放核查规范(2017 年修订)》的通知(粤发改气候函〔2017〕111 号)
	广东省发改委	2017.04.14	广东省发展改革委关于碳普惠制核证减排量管理的暂行办法
	广东省发改委	2017.08.25	广东省 2017 年度碳排放配额分配实施方案
	广东省发改委	2018.07.24	广东省 2018 年度碳排放配额分配实施方案
交易平台配套文件	广州碳排放权交易所	2017.02.15	广州碳排放权交易中心远期交易业务指引(2017 年修订)
	广州碳排放权交易所	2017.02.15	广州碳排放权交易中心广东省碳排放配额抵押登记操作规程(2017 年修订)
	广州碳排放权交易所	2017.08.18	广州碳排放权交易中心碳排放权交易风险控制管理细则(2017 年修订)
	广州碳排放权交易所	2019.01.09	广东省碳排放配额托管业务指引(2019 年修订)
	广州碳排放权交易所	2019.01.09	广州碳排放权交易中心广东省碳排放配额回购交易业务指引(2019 年修订)
	广州碳排放权交易所	2019.01.14	广州碳排放权交易中心碳排放配额交易规则(2019 年修订)
	广州碳排放权交易所	2019.01.14	广州碳排放权交易中心国家核证自愿减排量交易规则(2019 年修订)
	广州碳排放权交易所	2019.01.14	广州碳排放权交易中心广东省碳普惠制核证减排量交易规则(2019 年修订)

资料来源：根据广州碳排放权交易所网站(http://www.cnemission.com/)和中国碳排放交易网信息整理所得

8.2.5 深圳试点碳交易市场政策法规实施情况

为了优化资源配置和发挥市场机制，深圳市人大常委会和市政府制定了《深圳经济特区碳排放管理若干规定》和《深圳市碳排放权交易管理暂行办法》，制定了碳管控制度、碳配额管理制度、碳排放抵消制度、碳排放权交易制度，碳排放信息量化、报告、核查与履行及市场监督管理等相关的事项。为了规范碳交易市场 CCER 配额抵消的使用，深圳市发改委建立 CCER 配额抵消信用的认可和管理制度，深圳市发改委负责本市合格 CCER 抵消信用的相关规定，并实施市场监督管理。深圳市市场监督管理局发布了组织的温室气体排放核查、量化和报告规范及指南，建立温室气体信息管理系统，识别和测算排放源和排放量，核查与改进排放数据，规范工作流程和引用文件等事项。另外，深圳排放权交易所制定交易服务协议、现货交易规则、异常情况处理实施细则、违规违约处理实施细则、风险控制管理细则、会员管理规则、核证自愿减排量项目挂牌上市细则等市场规则。具体如表 8-6 所示。

表 8-6 深圳试点碳交易市场政策法规及其配套文件

类型	部门	日期	政策法规及其配套文件
法规	深圳市人大常委会	2012.10.30	深圳经济特区碳排放管理若干规定
	深圳市人民政府	2014.03.19	深圳市碳排放权交易管理暂行办法(深圳市人民政府令第 262 号)
政策文件	深圳市发改委	2015.06.02	深圳市碳排放权交易市场抵消信用管理规定(暂行)
	深圳市市场监督管理局	2012.11.06	组织的温室气体排放量化和报告规范及指南
	深圳市市场监督管理局	2012.11.07	组织的温室气体排放核查规范及指南
交易所规章制度	深圳排放权交易所	2013.06.08(2013年12月16日第一次修订，2014 年 8 月 15 日第二次修订)	深圳排放权交易所现货交易规则(暂行)
	深圳排放权交易所	2013.06.13(2013年12月25日第一次修订，2014 年 12 月 1 日第二次修订)	深圳排放权交易所会员管理规则(暂行)
交易所规章制度	深圳排放权交易所	2013.12.16	交易服务协议
	深圳排放权交易所	2014.10	深圳排放权交易所异常情况处理实施细则(暂行)
	深圳排放权交易所	2014.12	深圳排放权交易所违规违约处理实施细则(暂行)
	深圳排放权交易所	2014.12	深圳排放权交易所风险控制管理细则(暂行)

续表

类型	部门	日期	政策法规及其配套文件
交易所规章制度	深圳排放权交易所	2015.03	深圳排放权交易所核证自愿减排量项目挂牌上市细则(暂行)

资料来源：根据深圳排放权交易所网站(http://www.cerx.cn/)信息整理所得

8.2.6　湖北试点碳交易市场政策法规实施情况

为了有效控制温室气体排放和提高应对气候变化的能力，湖北省人民政府制定“十二五”和“十三五”节能减排综合性工作方案和控制温室气体排放工作实施方案，严格落实节能减排目标责任制，推进重点领域节能减排工作，综合运用多种控制措施，开展低碳试点示范。湖北省人民政府制定碳排放权交易试点工作实施方案、碳排放权管理和交易暂行办法等相关政策，明确规范碳交易市场要素，构建科学的市场运行机制，搭建有力的技术支撑平台，健全市场监督体系和保障措施。湖北省发改委印发 2014 年、2015 年和 2016 年度碳排放权配额分配方案，规定纳入碳排放管理的企业清单、配额总量与结构、企业配额分配方法、企业产量变化的配额变更等相关的事项。另外，湖北省发改委还制定了工业企业温室气体排放监测、量化和报告指南，排放核查指南，碳排放权抵消机制，碳配额投放和回购管理等有关事项。湖北碳排放权交易中心不仅制定了现货远期交易履约、结算和风险控制管理细则以及配额托管业务指引等交易类规则，还制定了会员类管理、碳排放权基价和交易服务手续费标准等会员类规则和收费业务文件。具体如表 8-7 所示。

表 8-7　湖北试点碳交易政策法规及其配套文件

类型	部门	日期	政策法规及其配套文件
法规	湖北省人民政府	2012.04.19	湖北省“十二五”节能减排综合性工作方案
	湖北省人民政府	2012.12.10	湖北省“十二五”控制温室气体排放工作实施方案
	湖北省人民政府	2013.02.18	湖北省碳排放权交易试点工作实施方案
	湖北省人民政府	2014.04.04	湖北省碳排放权管理和交易暂行办法
	湖北省人民政府	2016.11.19	湖北省应对气候变化和节能“十三五”规划
	湖北省人民政府	2017.06.01	湖北省“十三五”节能减排综合工作方案
政策、规章	湖北省发改委	2014.04.14	湖北省 2014 年度碳排放权配额分配方案
	湖北省发改委	2014.07.18	湖北省工业企业温室气体排放监测、量化和报告指南(试行)
	湖北省发改委	2014.07.18	湖北省温室气体排放核查指南(试行)
	湖北省发改委	2015.04.15	省发展改革委关于 2015 年湖北省碳排放权抵消机制有关事项的通知(鄂发改办〔2015〕154 号)

续表

类型	部门	日期	政策法规及其配套文件
政策、规章	湖北省发改委	2015.09.28	湖北省碳排放配额投放和回购管理办法(试行)
	湖北省发改委	2015.11.19	湖北省 2015 年碳排放权配额分配方案
	湖北省发改委	2016.12.30	湖北省 2016 年碳排放权配额分配方案
	湖北省发改委	2018.05.30	省发展改革委办公室关于 2018 年湖北省碳排放权抵消机制有关事项的通知(鄂发改气候〔2018〕61 号)
交易配套文件	湖北碳排放权交易中心	2013.12.25	湖北省碳排放权交易注册登记管理暂行办法(试行)
	湖北碳排放权交易中心	2017.05.09	湖北碳排放权交易中心碳排放权交易规则(2016 年第一次修订)
	湖北碳排放权交易中心	2017.06.19	湖北碳排放权交易中心碳排放权现货远期交易履约细则
	湖北碳排放权交易中心	2017.06.19	湖北碳排放权交易中心碳排放权现货远期交易结算细则
	湖北碳排放权交易中心	2017.06.19	湖北碳排放权交易中心碳排放权现货远期交易风险控制管理办法
	湖北碳排放权交易中心	2017.06.19	湖北碳排放权交易中心 配额托管业务实施细则(试行)
	湖北碳排放权交易中心	2017.06.19	湖北碳排放权交易中心碳排放权现货远期交易规则
	湖北碳排放权交易中心	2017.08.18	湖北碳排放权交易中心有限公司 经纪类会员管理办法(试行)
	湖北碳排放权交易中心	2017.08.18	关于湖北碳排放权交易中心碳排放权基价和交易服务手续费收费标准的公告

资料来源：根据湖北碳排放权交易中心网站(http://www.hbets.cn/index.php/index-show-tid-91.html)信息整理所得

8.2.7 重庆试点碳交易市场政策法规实施情况

为了规范碳交易管理，促进碳交易市场有序发展，重庆市人民政府制定了碳排放权交易管理暂行办法，对碳配额管理，碳排放核算、报告和核查，碳排放权交易，以及监督管理等事项做了详细的规定。重庆市发改委不仅制定碳配额管理细则，规范市内碳排放管理，保障碳排放权健康有序地发展，还制定工业企业碳排放核算报告和核查细则及指南，规定碳排放核算边界、碳排放源、核算方法、数据质量管理及其报告内容等事项。重庆碳排放权交易中心制定了碳排放交易违规违约处理办法、信息管理办法、风险管理办法、结算管理办法和碳排放交易细则等配套文件，推动市内碳交易市场的发展。具体如表 8-8 所示。

表 8-8　重庆试点碳交易市场政策法规及其配套文件

类型	部门	日期	政策法规及其配套文件
法规	重庆市人民政府	2014.04.26	重庆市碳排放权交易管理暂行办法(渝府发〔2014〕17 号)

续表

类型	部门	日期	政策法规及其配套文件
政策	重庆市发改委	2014.05.28	重庆市碳排放配额管理细则（试行）
	重庆市发改委	2014.05.28	重庆市工业企业碳排放核算报告和核查细则（试行）
	重庆市发改委	2014.05.28	重庆市工业企业碳排放核算和报告指南（试行）
	重庆市发改委	2014.05.28	重庆市企业碳排放核查工作规范（试行）
碳交易所配套文件	重庆碳排放权交易中心	2014.06.03	重庆联合产权交易所碳排放交易违规违约处理办法（试行）
	重庆碳排放权交易中心	2014.06.03	重庆联合产权交易所碳排放交易信息管理办法（试行）
	重庆碳排放权交易中心	2014.06.03	重庆联合产权交易所碳排放交易风险管理办法（试行）
	重庆碳排放权交易中心	2014.06.03	重庆联合产权交易所碳排放交易结算管理办法（试行）
	重庆碳排放权交易中心	2014.06.03	重庆联合产权交易所碳排放交易细则（试行）

资料来源：根据重庆碳排放权交易中心网站（https://tpf.cqggzy.com/）信息整理所得

8.3　试点碳交易市场下碳配额分配与市场交易规则比较

为了实现雄心勃勃的减排目标，我国自 2013 年 6 月逐步开始在深圳、北京、上海、天津、重庆五个城市以及广东和湖北两个省份引入 7 个区域碳交易市场试点。我国开展区域碳交易市场是一种新的变革和探索性的市场实践，碳交易市场不仅是控制气候变化的重要市场工具，也是市场投资者开发新的商业发展机会和控制市场风险的重要选择。

8.3.1　试点碳交易市场的关键指标比较

七个试点地区地域分布较广，表现出经济规模、人均 GDP、人均碳排放和碳强度的区域差异性，各区域碳交易市场均确立了不同的碳强度目标。表 8-9 显示出我国区域碳交易市场试点的关键指标和政策目标，试点区域是我国经济发展水平较高和相对较富裕的地区，除了重庆和湖北之外，人均 GDP 均高于全国平均水平，碳强度均低于全国平均水平，边际减排成本高于全国平均水平，通过碳交易实现交易成本高和成本低之间展开碳交易，实现各区域的预期减排目标。各试点的人均碳排放呈现较大的区域差异性，湖北、广东和重庆人均碳排放低于全国平均水平。相对于我国设定碳强度减排目标，欧盟是设定碳排放总量下降 20%减排目标，我国碳排放减排量明显高于欧盟碳排放减排水平。

表 8-9 我国试点碳交易市场 2010 年关键指标和政策目标及与欧盟的比较

地区	人口/亿人	GDP/亿美元	碳排放/亿吨	人均 GDP/万美元	人均碳排放/吨	碳强度/(吨/万美元)	减排目标（“十二五”）
中国	13.370	59 310	89.00	0.44	6.7	0.15	−17.0%
北京	0.196	2 080	1.57	1.06	8.0	0.08	−18.0%
天津	0.130	1 360	1.33	1.05	10.3	0.10	−19.0%
上海	0.230	2 540	2.19	1.10	9.5	0.09	−19.0%
重庆	0.289	1 170	1.68	0.41	5.8	0.14	−17.0%
湖北	0.572	2 360	2.50	0.41	4.4	0.11	−17.0%
广东	1.043	6 800	5.22	0.65	5.0	0.08	−19.5%
深圳	0.104	1 400	0.84	1.35	8.1	0.06	−21.0%
欧盟	5.020	161 762	39.10	3.22	7.8	0.02	20%

资料来源：Zhang 等(2014b)，因四舍五入，表中计算数据存在误差

8.3.2 试点碳交易市场准入门槛与行业覆盖比较

表 8-10 显示了我国试点碳交易市场准入门槛、企业数量和行业覆盖范围。试点碳交易市场集中在能源燃烧所产生的直接二氧化碳排放量和电力消耗所产生的间接二氧化碳排放量。不同试点碳交易市场拥有不同的准入门槛，湖北试点碳交易市场拥有最高的准入门槛，每年二氧化碳排放量达到 120 000 吨或消耗 60 000 吨以上标准煤企业被强制性纳入碳交易体系；深圳试点碳交易市场拥有最低的准入门槛，每年二氧化碳排放量达到 3000 吨的企业被强制性纳入碳交易体系；上海、广东、天津和重庆四个试点碳交易市场拥有相似的准入门槛，每年二氧化碳排放量达到 20 000 吨的企业被纳入市场管制范围。北京试点碳交易市场在 2016 年调整碳配额分配规则，市场准入门槛下降为年间接和直接二氧化碳排放量之和超过 5000 吨企业列为重点管制企业，行业覆盖范围也扩大到制造业和服务业部门，其中教育、医疗、零售和公共事业单位都列为重点排放企业，被覆盖企业数量也从 2013 年的 490 家增加至 2016 年的 981 家。上海试点碳交易市场采取历史排放法和行业基准线法开展 2013 年至 2015 年碳配额分配。对于工业(除电力行业外)，以及商场、宾馆、商务办公等建筑，采用历史排放法；对于电力、航空、港口、机场等行业，采用行业基准线法。2013～2015 年工业部门年直接和间接二氧化碳排放量之和超过 20 000 吨企业列为重点管制企业，2016 年非工业部门年直接和间接二氧化碳排放量之和超过 10 000 吨企业也列为管制企业，被覆盖企业数量从 2013～2015 年的 191 家增加至 2016 年的 368 家，行业覆盖范围包括工业和非工

业部门，其中航空、港口、码头、建筑、金融等部门也列为重点排放企业。广东试点碳交易市场行业覆盖到电力、钢铁、石化、水泥、服务业等部门，年直接和间接二氧化碳排放量超过 20 000 吨企业列为重点排放企业，企业数量从 2013 年的 202 家增加至 2016 年的 244 家。天津试点碳交易市场行业覆盖到热电、钢铁、化工、石油天然气开采等部门，2014～2015 年被覆盖企业数量为 114 家。深圳试点碳交易市场实行目标总量控制，行业覆盖到制造业、交通、建筑等部门，被覆盖企业数量从 2013～2014 年的 635 家增加到 2016 年的 824 家。湖北试点碳交易市场行业覆盖到电力、钢铁、水泥、化工等部门，被覆盖企业数量从 2014 年的 138 家增加至 2016 年的 236 家。重庆试点碳交易市场行业覆盖化工、建材、钢铁、有色金属、造纸和电力等行业，被覆盖企业数量为 242 家。

表 8-10　我国试点碳交易市场准入门槛、企业数量和行业覆盖范围

区域（试点时间）	市场准入门槛/（吨二氧化碳/年）	被覆盖企业数量/家	行业覆盖范围
北京（2013 年 11 月 28 日）	>10 000（2013～2015 年）；>5 000（2016 年）	490（2013 年）；543（2014 年）；551（2015 年）；981（2016 年）	制造业、服务业部门（教育、医疗、零售、公共事业等 17 个部门）
上海（2013 年 12 月 19 日）	>20 000（工业，2013～2015 年）；>10 000（非工业，2016 年）	191（2013～2015 年）；368（2016 年）	工业、非工业部门（建筑、金融、航空、港口、码头等）
广东（2013 年 12 月 19 日）	>20 000（或者 10 000 吨标准煤）	202（2013 年）；193（2014 年）；186（2015 年）；244（2016 年）	电力、钢铁、石化、水泥、服务业等部门
天津（2013 年 12 月 26 日）	>20 000	114（2014～2015 年）；109（2016 年）	热电、钢铁、化工、石油天然气开采等部门
深圳（2013 年 6 月 18 日）	>3 000（非建筑）（>10 000 米 ^{2} 建筑面积）	635（2013～2014 年）；824（2016 年）	制造业、交通、建筑等 26 个部门
湖北（2014 年 4 月 2 日）	>120 000（或者 60 000 吨标准煤）	138（2014 年）；167（2015 年）；236（2016 年）	电力、钢铁、水泥、化工等
重庆（2014 年 6 月 19 日）	>20 000（10 000 吨标准煤）	242	化工、建材、钢铁、有色金属、造纸和电力等六大耗能行业

资料来源：北京、上海、广东、天津、深圳、湖北和重庆发改委官方网站，中国碳排放交易网，Qi 等（2014a），Zhang 等（2014a）和 Teng 等（2014）

北京试点碳交易市场参与主体，2013～2015 年，年二氧化碳直接排放量与间接排放量之和大于 10 000 吨（含）的单位为重点排放单位，需履行年度控制二氧化碳排放责任，是参与碳排放权交易的主体；年综合能耗 2000 吨标准煤（含）以上的其他单位可自愿参加，参照重点排放单位进行管理，符合条件的其他企业（单位）也可参与交易。2016 年以后，本市行政区域内的固定设施和移动设施年二氧化碳直接排放与间接排放总量 5000 吨(含)以上，且在中国境内注册的企业、事业单位、国家机关及其他单位均列为重点管制排放单位。2016 年纳入碳排放权交易体系的重点排放单位包括以下三类：第一类是指本市行政区域内的固定设施年二氧化碳直接排放与间接排放总量 10 000 吨(含)以上的单位，统称为“原有重点排放单位”。第二类是指本市行政区域内的固定设施年二氧化碳直接排放与间接排放总量 5000 吨(含)～10 000 吨的单位，统称为“新增固定设施重点排放单位”。第三类是指本市行政区域内的年二氧化碳直接排放与间接排放总量 5000 吨(含)以上的城市轨道交通运营单位(行业代码 5412)和公共电汽车客运单位(行业代码 5411)，统称为“新增移动源重点排放单位”。经核查确定的年二氧化碳排放量达到上述条件的非涉密单位，纳入重点排放单位管理，均应按照本市碳排放权交易管理相关规定履行二氧化碳排放控制责任，参与 2016 年碳排放权交易。

上海试点碳交易市场符合以下条件之一的重点用能(排放)单位纳入配额管理：第一类，工业领域中年综合能源消费量 10 000 吨标准煤以上(或年二氧化碳排放量 20 000 吨以上)，以及已参加 2013～2015 年碳排放交易试点且年综合能源消费量在 5 000 吨标准煤以上的(或年二氧化碳排放量在 10 000 吨以上的)重点用能(排放)单位；第二类，交通领域中航空、港口行业年综合能源消费量在 5000 吨标准煤以上(或年二氧化碳排放量在 10 000 吨以上)，以及水运行业年综合能源消费量在 50 000 吨标准煤以上的(或年二氧化碳排放量在 100 000 吨以上的)重点用能(排放)单位；第三类，建筑领域(含酒店、商业)年综合能源消费量在 5000 吨标准煤以上(或年二氧化碳排放量在 10 000 吨以上)且已参加 2013～2015 年碳排放交易试点的重点用能(排放)单位。

广东试点碳交易市场纳入碳排放管理和交易的企业主要包括电力、钢铁、石化和水泥四个行业企业：第一类，电力、钢铁、石化和水泥四个行业年排放 20 000 吨二氧化碳(或年综合能源消费量 10 000 吨标准煤)及以上的企业，2014 年控排企业共 193 家；第二类，电力、钢铁、石化和水泥四个行业规划新建(含扩建、改建)的，预计 2014～2015 年建成投产后年排放 20 000 吨二氧化碳(或年综合能源消费量 10 000 吨标准煤)及以上的固定资产投资项目企业，共 18 家。根据试点工作进展情况，适时将陶瓷、纺织、有色、化工、造纸等工业行业和建筑、交通运输等领域有关企业纳入碳排放管理和交易范围，具体方案另行制定公布。

深圳试点碳交易市场符合下列条件之一的碳排放单位，实行碳配额管理：①任意一年的二氧化碳排放量达到 3000 吨的企业；②大型公共建筑和建筑面积达到 10 000 平方米以上的国家机关办公建筑的业主；③自愿加入并经主管部门批准纳入碳排放控制管理的碳排放单位；④市政府指定的其他碳排放单位。

湖北试点碳交易市场根据对湖北省 2010 年、2011 年任一年综合能耗 60 000 吨标准煤及以上的工业企业碳排放盘查的结果，确定 138 家企业作为纳入碳配额管理的企业，涉及电力、钢铁、水泥、化工等 12 个行业。控排企业：湖北省内 2010～2011 年中任何一年年综合能源消费量 60 000 吨标准煤及以上的重点工业企业；合法拥有经核证的自愿减排量的法人机构；湖北省碳排放权储备机构；其他符合条件自愿参与碳排放权交易活动的法人机构。根据试点情况，逐步扩大试点范围。

重庆试点碳交易市场是对年二氧化碳排放量达到一定规模的排放单位实行配额管理。2015 年前，将 2008～2012 年任一年度二氧化碳排放量达到 20 000 吨的工业企业纳入配额管理。行业覆盖到化工、建材、钢铁、有色金属、造纸、电力六大行业。

8.3.3 区域试点碳交易市场配额分配比较

北京试点碳交易市场上，北京市发改委根据配额核定方法和核查报告，核定并发放重点排放企业的年度配额。企业配额分配方法主要有历史排放总量法、历史排放强度法和行业基准法三种。2013 年 1 月 1 日之前投入的制造业、其他工业和服务业企业采用历史排放总量法，根据 2009～2012 年碳排放总量平均值和排放系数，确立控排企业的配额量；供热和火力发电企业采用历史排放强度法，根据供热和供电企业的排放强度和控排系数确立企业的配额量；企业新增设施的配额量是采用行业基准法，根据新增设施所属行业排放强度先进值和新增设施的活动水平来确立配额量。企业年度配额总量包括既有设施配额、新增设施配额和配额调整量三部分。企业年度配额采用逐年无偿分配，北京市发改委确定不超过年度配额总量的 5%作为调整量，通过配额拍卖机制用于重点排放单位配额调整及市场调节。重点排放企业通过北京环境交易所注册登记系统，管理配额及经审定的碳减排量。

在上海试点碳交易市场上，上海市发改委公布纳入配额管理的排放单位，开展试点控排企业 2013～2015 年各年度的碳配额分配工作，纳入配额管理的排放企业必须履行碳排放控制、监测、报告和配额清缴责任。历史排放法适用于钢铁、石化、化工、有色、建材、纺织、造纸、化纤、橡胶等工业部门，以及宾馆、商场、商务办公建筑及铁路站点等部门。行业基准法适用于电力、航空、机场与港口等部门。企业年度碳配额是历史排放量基数、先期减排配额和新增项目配额之和，历史排放基数是根据试点企业 2009～2012 年排放边界和碳排放量变化情况确定，先期减排配额是针对那些在 2006～2011 年实施节能技改和合同能源管理项目的试点企业，依据其获得资金支持的核定减排量所换算的 30%碳减排量确定，新增项目配额是依据项目全年基础配额、生产负荷率和生产时间确定。公用电力企业是根据不同类型发电机组的年度单位综合发电量排放基础、年度综合发电量及负荷率修正系数等因素确定；航空与机场是依据企业年度单位业务量碳排放基准、年度业务量和先期减排行动等因素确定；港口企业是依据企业年度吞吐量排放基准、年度吞吐量和先期减排行动等因素确定。历史排放法是采用一次性向重点控排企业发放 2013～2015 年年度配额，而行业基准法是依据企业排放基准，根据 2009～2011 年平均业务量确定并一次性发放重点排放企业 2013～2015 年各年度的预配额。

天津建立碳排放总量控制下的碳交易制度，逐步将年度碳排放量达到一定规模的排放单位纳入配额管理。配额分配方式是以无偿分配为主，以固定价格出售等拍卖分配为辅，固定价格拍卖是在碳交易市场价格出现较大的市场波动时稳定价格使用。纳入企业配额包括基本配额、调整配额和新增设施配额，是依据控排企业既有排放源活动水平，分配既有产能的基本配额和调整配额。电力、热力和热电联产行业的控排企业是依据其碳强度基准分配配额，2013 年基准水平是根据控排企业 2009～2012 年碳强度的平均水平确定，2014 年和 2015 年基准水平是根据上一年基准值下降 0.2%确定。钢铁、化工、石化和石油天然气开发等行业的控排企业采用历史排放法分配配额，综合考虑先期减排配额、技术先进水平等因素，由碳排放量基数、企业绩效基数和行业控制系数等确定。控排企业可在履约期内向天津市发改委提出配额调整申请，并提交相关的证明资料，由天津市发改委核实后，向控排企业发放调整配额。控排企业向天津碳排放权交易所登记注册系统登记与注册后，向控排企业发放配额，配额的发放、持有、转让、变更、注销和结转等登记日起发生效力。

在广东碳交易市场上，广东省实行碳配额管理制度，配额实现部分无偿分配和有偿分配发放，配额总量是由控排企业配额和储备配额构成。碳配额分配方法有历史排放法和行业基准法，其中历史排放法适用于石化、热电联产、水泥(原料)、钢铁(短流程)，而行业基准法适用于电力、水泥(熟料)、钢铁(长流程)及其新建设施。2013 年碳配额总量为 3.88 亿吨，其中控排企业有 3.5 亿吨配额，有 0.38 亿吨储备配额；2013～2014 年控排企业和新建设施项目分配 97%免费分配和 3%有偿分配，2015 年两者比例分配为 90%和 10%。广东省发改委规定，每个季度组织一次有偿配额竞价发放，控排企业每年必须按照企业规定的有偿配额比例从碳排放权交易平台购买足额的有偿配额。

在深圳碳交易市场上，企业碳配额是由预分配配额、调整分配配额、新进入者储备配额、拍卖配额和价格平抑储备配额构成。配额采用无偿分配和有偿分配两种方式，无偿分配的配额包括预分配配额、调整分配配额和新进入者储备配额，有偿分配的配额可以采用拍卖或固定价格的方式出售配额。碳强度法适用于水电气公共事业、港口和铁路站点，行业基准法适用于商务建筑和其他服务业，竞争性博弈分配适用于工业制造业。调整配额、拍卖配额、价格平抑储备配额和回购配额是由深圳市发改委另行制定。预分配配额每隔三年分配一次，每年第一季度发放当年的预分配配额，新进入者储备配额是由 2%预留年配额总量确定，拍卖配额不得低于 3%年配额总量，可根据市场供求关系，逐步提高配额拍卖比例。价格平抑储备配额主要包括主管部门预留配额、新进入者储备配额和回购配额，采用固定价格出售，确定为 2%年度配额总量。

在湖北碳交易市场上，湖北省发改委确定年碳配额总量，2014 年碳配额总量为 3.24 亿吨。湖北省发改委综合考虑企业历史排放水平、节能减排、行业先进排放水平等因素，制定控排企业年度碳配额分配。试点期间，配额无偿分配给控排企业，适时引入配额有偿分配方式。电力和热力行业之外的工业企业采用历史排放法确定企业碳配额，电力和热力生产企业采用行业基准法。企业碳配额总量是由年度初始配额、新增预留配额和政府预留配额组成，其中湖北省发改委核定企业年度初始配额是根据 97%的企业历史碳排放总量，新增预留配额是用于企业新增产能和产量变化确定，政府预留配额为企业碳配额总量的 8%～10%。工业企业配额是由年度初始配额、基准年碳配额修正和总量调整系数三部分组成，而电力和热力企业是由预分配配额和事后调节配额组成。

在重庆碳交易市场上，重庆市实行碳配额管理制度，对控排企业实行配额管理，鼓励其他排放企业自愿纳入配额管理。企业配额分配是以 2008～2012 年既有产能的碳排放量作为基准碳配额总量，2015 年之前按照逐年下降 4.13%确定年度配额总量控制上限，2015 年之后根据重庆减排目标确定，且 2015 年之前企业配额实行无偿分配。在年度碳配额总量控制目标下，重庆市发改委根据控排企业碳排放申报量和历史排放水平，拟定年度碳配额分配方案。重庆市确定排放边界，包括燃料燃烧排放和工业过程排放，燃料燃烧排放是由企业燃烧煤炭、石油和天然气等化石燃料产生的碳排放，工业过程排放是由生产过程中生物或物理化学过程造成的碳排放。控排企业排放边界内碳排放总量是由直接碳排放量、间接碳排放量和特殊碳排放量共同确定。

区域试点碳交易的碳配额分配差异性如表 8-11 所示。

表 8-11　区域试点碳交易市场的碳配额分配差异性

区域	配额分配方法（产业适用）	分配机制	配额调节
北京	历史排放总量法（制造业、其他工业和服务业企业）；历史排放强度法（供热和火力发电企业）；行业基准法（企业新增设施）	无偿分配（逐年分配）、拍卖	不超过年度 5%的配额总量
上海	历史排放法（钢铁、石化、化工、有色、建材、纺织、造纸、化纤、橡胶等工业部门，以及商场、宾馆、商务办公建筑及铁路站点等部门）；行业基准法（电力、航空、机场、港口等部门）	无偿分配	对企业年度配额进行调整，预配额和调整差额回收或补足

续表

区域	配额分配方法(产业适用)	分配机制	配额调节
天津	碳强度法(电力、热力和热电联产);历史排放法(钢铁、化工、石化、石油天然气开发);行业基准法(新增设施产能)	无偿分配、拍卖(固定价格出售)分配	向企业补充发放调整配额
广东	历史排放法[石化、热电联产、水泥(原料)和钢铁(短流程)];行业基准法[电力、水泥(熟料)、钢铁(长流程)及其新建设施]	无偿分配、拍卖分配(固定价格)	3%控排企业配额、储备配额[3%(2014年);10%(2015年)]
深圳	碳强度法(水电气公共事业、港口和铁路站点);行业基准法(商务建筑、其他服务业);竞争性博弈分配(工业制造业)	无偿分配;竞争性拍卖分配	回购、拍卖和价格平抑储备配额由主管部门确定
湖北	历史排放法(电力和热力行业之外的工业企业);行业基准法(电力和热力生产)	无偿分配、拍卖分配(3%)	政府预留配额为企业碳配额总量的8%~10%
重庆	历史排放法	无偿分配	无

8.3.4 试点碳交易市场的交易规则比较

不同区域试点碳交易市场在市场交易规则方面呈现显著的区域差异性，尤其交易平台、交易主体、交易方式和交易产品均证实有较大的区域差异性(表8-12)。第一，交易平台呈现明显的区域差异性，北京和上海碳排放权交易活动是通过北京环境交易所和上海环境能源交易所展开产品交易，天津和深圳碳排放权交易活动是通过天津排放权交易所和深圳排放权交易所展开产品交易，广东、湖北和重庆碳排放权交易活动是通过广州碳排放权交易所、湖北碳排放权交易中心和重庆碳排放权交易中心展开相应的产品交易。第二，交易主体呈现明显的区域差异性，北京、天津、广东、深圳、湖北和重庆碳交易市场允许控排(履约)企业和单位及非履约的法人机构、组织和个人等交易主体参与相关的产品交易，唯有上海碳交易市场允许控排企业和单位、非履约的机构投资者和交易服务商等交易主体参与相关产品交易，不允许自然人参与产品交易。第三，交易方式呈现明显的区域差异性，天津碳排放权交易活动是采用公开竞价交易方式进行，广东和湖北碳排放权交易活动是采用公开竞价和协议转让的交易方式进行，北京、上海和重庆碳排放权交易活动是采用公开竞价、协议转让及其符合国家和区域市场规定的其他交易方式进行，深圳碳排放权交易活动是采用公开竞价、协议转让、电子拍卖、大宗交易等交易方式进行。第四，交易产品呈现明显的区域差异性，天津、深圳、重庆和湖北碳排放权交易产品是以碳排放权配额为主，经国家和省市发改委认证的基于项目减排配额(CCER)为补充，北京、上海和广东还允许一种《京都议定书》中清洁发展机制的减排量之外的自发的、公益的、可认证的减排配额(VER)交易产品，北京和广东还允许经国家和省市发改委认证的节能项目和林业碳汇项目等产生的减排配额(VCS)交易产品。

表 8-12　区域试点碳交易市场的交易规则差异性

碳交易市场	交易平台	交易主体	交易方式	产品类型
北京	北京环境交易所	控排企业和单位、非履约企业和个人	公开竞价、协议转让及符合规定的其他交易方式	BEA CCER VER VCS
上海	上海环境能源交易所	控排企业、非履约的机构投资者和交易服务商	公开竞价、协议转让及符合规定的其他交易方式	SHEA CCER VER
天津	天津排放权交易所	控排企业，指定的非履约交易机构以及国内外机构、企业、社会团体和个人	公开竞价	TJEA CCER
广东	广州碳排放权交易所	控排企业和单位，非履约的机构投资者、组织机构和个人	公开竞价、协议转让	GDEA CCER VER VCS
深圳	深圳排放权交易所	控排企业、符合规定的其他非履约组织与个人	公开竞价、协议转让、电子拍卖、大宗交易	SZA CCER
湖北	湖北碳排放权交易中心	控排企业、符合规定的非履约企业及其个人	公开竞价、协议转让	HBEA CCER
重庆	重庆碳排放权交易中心	控排企业、其他符合条件的非履约市场主体和个人	公开竞价、协议转让及其符合国家和区域市场规定的其他交易方式	CQEA CCER

注：BEA、SHEA、TJEA、GDEA、SZA、HBEA、CQEA 分别是北京、上海、天津、广东、深圳、湖北和重庆碳配额交易产品；CCER 是经中国核准的碳减排配额；VER 是一种《京都议定书》中清洁发展机制的减排量之外的自发的、公益的、可认证的减排配额；VCS 是经国家和省市发改委认证的节能项目和林业碳汇项目等产生的减排配额

8.4　本 章 小 结

不同区域试点碳交易市场涵盖广泛的各种经济环境和优先的发展战略。北京、上海、天津、广东、深圳是以制造业和服务业为主的高收入城市，而湖北和重庆是经济结构以重工业为主的相对欠发达地区。我国区域试点碳交易市场在行业覆盖范围、市场准入门槛、配额核定方法和市场交易规则等方面呈现显著的区域差异性。不同区域试点碳交易市场门槛差别很大，湖北试点碳交易市场门槛最高，将年二氧化碳排放量超过 120 000 吨或能源消耗超过 60 000 吨标准煤的企业列为被覆盖的控排企业；而深圳试点碳交易市场门槛最低，将年二氧化碳排放量超过 3000 吨的企业列为被覆盖的控排企业。

所有区域试点碳交易市场包括热电和电力、钢铁、有色金属、石化和化学、纸浆和造纸及水泥等部门，但不同试点碳交易市场行业覆盖范围有明显的差异。北京试点碳交易市场涉及教育、医疗、零售、公共事业等部门，上海试点碳交易市场涵盖了金融、航空、港口、码头等部门，深圳试点碳交易市场涵盖了公路运

输和大型商务建筑等部门，天津和重庆涵盖了煤炭、石油和天然气勘探开采等部门。市场准入门槛较高意味着较少数量的被覆盖企业和较低的交易成本，行业覆盖范围较广泛意味着较低的减排动机(Jotzo and Loschel，2014)。降低市场准入门槛意味着增加被覆盖企业的数量，北京试点碳交易市场 2013～2015 年是将年二氧化碳排放量超过 10 000 吨的企业列为被覆盖的控排企业，2013 年有 490 家控排企业，但 2016 年市场准入门槛降低为年二氧化碳排放量超过 5000 吨的企业列为控排企业，被覆盖企业数量增加至 981 家，行业覆盖到工业部门、教育、医疗、零售和公共事业等 17 个部门。上海试点碳交易市场在 2013～2015 年将年二氧化碳排放量超过 20 000 吨的企业列为控排企业，2013～2015 年有 191 家企业，2016 年将年二氧化碳排放量超过 10 000 吨的非工业部分企业列为控排企业，被覆盖企业数量增加至 368 家，行业覆盖范围延伸到工业部门和非工业部门(建筑、金融、航空、港口、码头等)。

不同试点碳交易市场碳配额核定方法与分配机制呈现很大的区域差异性。北京、天津、广东、湖北和深圳设置少量的碳排放权有偿拍卖分配，其他大部分碳排放权是根据累积碳排放量、行业基准和碳强度等方法进行无偿分配。北京和天津试点碳交易市场选择以累积碳排放量、碳强度和行业基准等方法核定不同行业企业的碳配额分配。上海、广东、湖北选择以累积碳排放量和行业基准等方法核定不同行业企业的碳配额分配。深圳选择以市场竞争性博弈、碳强度和行业基准等方法核定不同行业企业的碳配额。且不同区域试点碳交易市场在企业配额调节方面有明显的区域差异性，北京市采用不超过企业 5%配额总量进行控排企业配额调节，上海市采用回收或补足企业的预配额和配额调整差额进行控排企业配额调节，天津市向控排企业补充发放一定的调整配额进行控排企业配额调节，广东省采用 3%企业配额调节量和储备配额进行控排企业配额调节，深圳市采用回购、拍卖和价格平抑储备配额进行控排企业配额调节，湖北省采用政府预留 8%～10%企业配额总量进行控排企业配额调节。

不同试点区域碳交易市场在市场交易规则方面呈现出显著的区域差异性。从交易主体看，上海允许控排企业、非履约的机构投资者和交易服务商进行产品交易，而北京、天津、广东、深圳、湖北和重庆等省市允许控排企业、符合国家和区域市场规定的其他企业、组织和个人进行产品交易，唯有上海不允许自然人参与产品交易。从交易方式看，所有区域碳排放权交易活动均采用公开竞价交易方式，大额订单交易活动可采用协议转让和其他符合规定的交易方式作为补充交易方式，尤其深圳市碳排放权交易活动还可采用定点大宗交易和电子拍卖作为延伸的交易方式。从交易产品类型看，所有区域试点碳交易市场均开展碳配额和经核准的减排配额(CCER)产品交易活动，此外北京和广东还同时开展 VER 和 VCS 产品交易活动，上海还开展 VER 产品交易活动。

第9章 碳交易市场试点下碳价格的动态性及其机制转换行为

碳价格具有很强的市场波动性，碳资产风险管理和套期保值策略对市场参与者是至关重要的。减排配额再分配、预提税收扭曲和跨国贸易等因素对投资者在不确定的碳交易市场中实现资产套期保值具有重要的影响(Webster et al.，2010)。碳现货价格的条件波动率、碳期货市场噪声的条件波动率及碳现货与期货市场噪声的动态相关性，对欧盟碳现货与期货动态套期保值比率有重要的影响(Chang，2013)。市场投资者通过EUA碳现货与期货动态套期保值比率，实现碳现货与期货资产的套期保值，可以有效降低碳价格的市场波动性(Fan et al.，2014)。区域经济发展、技术效率和资本燃料替代效应是影响我国碳价格的主要驱动因素(Zhang et al.，2014c；Lee and Zhang，2012)。在碳交易机制下，碳价格、低碳关注度和能源补贴是导致我国企业减排的主要动因(Li and Lin，2015b)。Zhang等(2014a)、Liu等(2015)综合阐述我国区域碳交易市场试点的新兴实践经验和制度操作规程。在欧盟碳交易市场试验阶段，配额免费分配可以补偿能源密集型和有贸易壁垒的行业，减小能源密集型企业遭受损失的规模，但拍卖分配可以增加能源密集型企业所遭受的损失(Goulder et al.，2010)。历史排放量和碳浓度分配是根据历年的碳排放和碳强度数据进行分配，行业基准分配基于新进入者所在行业的基准及经济活动和碳排放量的预期增长(Qi et al.，2014a；Zhang et al.，2014a)。

本章重点分析我国碳交易市场试点的碳价格动态性和机制转换行为。在分散碳交易市场环境下，碳价格的不确定、不对称性及其机制转换行为对于政府决策者与市场投资者考虑减排政策的复杂性和协同效益、实现风险管理都是至关重要的。事实上，减排政策转变的突发性、碳交易市场的动荡性、极端的环境事件与能源市场的复杂性会诱发碳价格的市场动态性、机制转换行为和非对称杠杆效应。本章实证结果显示我国碳价格的动态性和机制转换行为的区域差异性，有利于政府决策者衡量实际碳交易市场交易量和报告碳交易市场发展趋势、执行碳交易市场的政策工具和执行时点、评估碳交易政策的有效性及其市场效率、提高减排政策的协同效益。统计结果有助于受管制企业和市场投资者调整碳交易策略、评估碳资产的价格动态性和机制转换行为，以及制定有效率的减排策略，实现跨区域碳交易市场的贸易战略、风险管理及其投资策略。检验我国碳价格的市场动态性和机制转换行为，促使被覆盖企业将减排成本转化为内在的生产成本、调整与碳排放相关的生产策略、优化减排战略、支持降低碳排放的减排技术应用的投资决策。市场投资者评估碳价格的不确定性可能诱发资产投资组合风险，使其优化与碳资产有关的风险管理和投资决策。我国碳价格非对称性和杠杆效应的实证研究结果为市场投资者挖掘不同区域碳交易市场的市场套利机会，实现资产投资组合多样化和优化投资策略，降低其资产投资风险。本章目的在于探讨我国碳交易市场试点的碳现货价格动态性和机制转换行为，选择北京、上海、天津、广东和湖北五个试点碳交易市场作为数据样本，证实我国碳价格市场波动具有明显的区域差异性和非对称行为，调整碳配额分配制度诱发机制转换行为，这些统计结果不仅有助于被覆盖企业、市场投资者、交易者为获取制度不确定性和非预期市场冲击诱发碳交易市场的价格波动性提供了丰富的信息，使其更深入掌握不同机制转换过程下碳价格的长期价格预测和动态调整，而且有助于让被覆盖企业、市场投资者和交易者通过调整不同区域碳资产套期保值策略，实现有效的交易策略、风险管理及投资决策。

9.1 试点碳交易市场日交易量和日交易价值比较

表 9-1 显示六个区域碳交易市场的规模，自发起时间开始至 2017 年 3 月 13 日截止，从碳排放权累积交易量来看，广东碳交易市场累积交易量为 3306.4 万吨，按累积交易量逐步降低，依次为湖北、深圳、上海、北京碳交易市场，天津碳交易市场累积碳交易量是最低的，仅为 237.2 万吨，略高于重庆碳交易市场。从碳排放权累积交易金额看，湖北碳交易市场累积交易值为 72 575.2 万元，是所有区域碳交易市场规模最高的，按累积碳交易金额逐步降低依次为深圳、广东、北京、上海碳交易市场，天津碳交易市场累积交易金额是 3856.2 万元，是六个区域碳交易市场规模最低的，也仅略高于重庆碳交易市场规模。

表 9-1 六个区域碳交易市场的规模

项目	北京	上海	广东	天津	深圳	湖北
累积交易量/万吨	487.6	763.1	3 306.4	237.2	1 699.3	3 283.6
累积交易值/万元	24 683.4	15 472.4	49 537.7	3 856.2	57 225.5	72 575.2

资料来源：Wind 数据库，周期从发起时间到 2017 年 3 月 13 日截止

图 9-1～图 9-6 显示北京、上海、广东、天津、深圳和湖北碳交易市场试点的日交易量和日交易金额。2014 年 5 月至 2014 年 7 月中旬、2015 年 3 月至 2015 年 6 月、2016 年 5 月至 2016 年 6 月，北京试点碳排放权日交易量和日交易金额

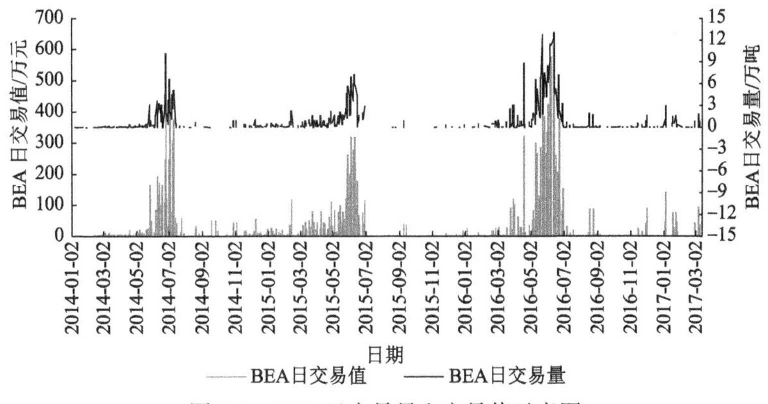

图 9-1 BEA 日交易量和交易值示意图

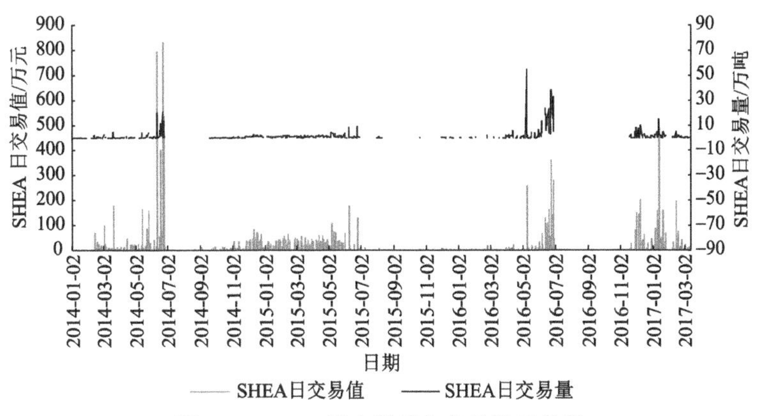

图 9-2 SHEA 日交易量和交易值示意图

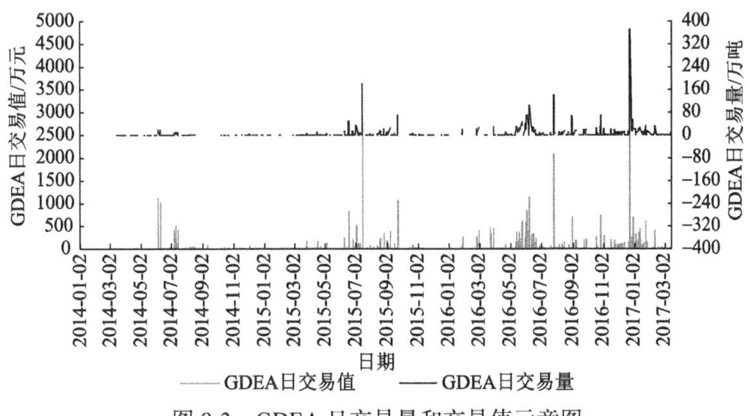

图 9-3 GDEA 日交易量和交易值示意图

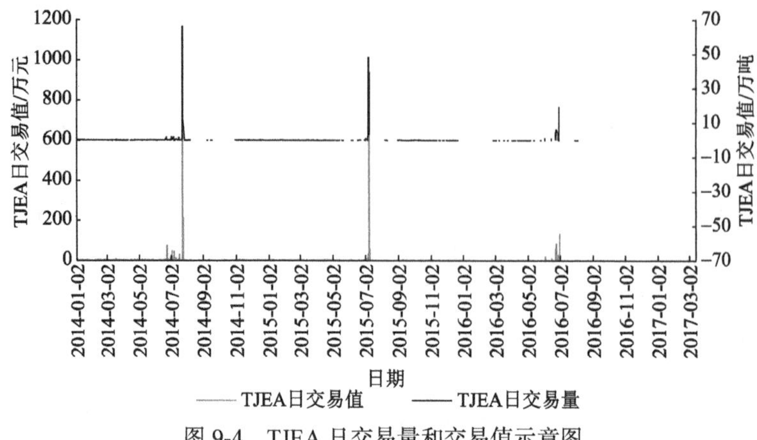

图 9-4　TJEA 日交易量和交易值示意图

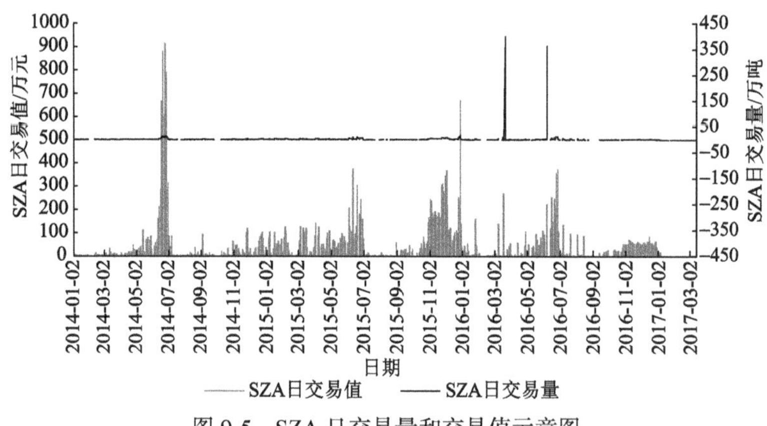

图 9-5　SZA 日交易量和交易值示意图

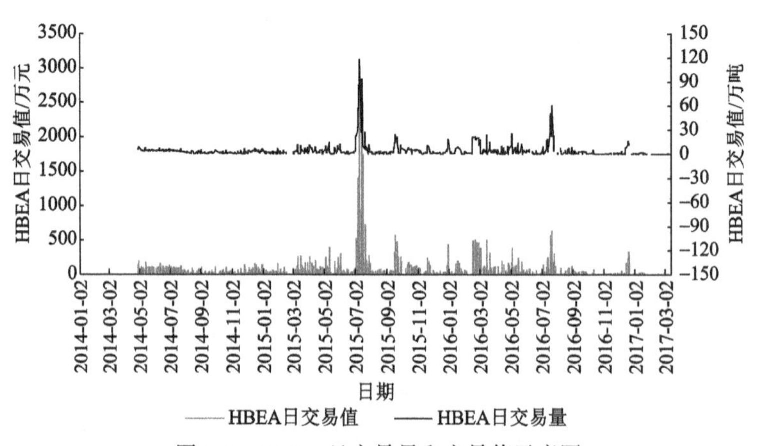

图 9-6　HBEA 日交易量和交易值示意图

出现急速上升，北京碳交易市场规定被覆盖企业每年6月15日之前完成当年的碳配额，未完成碳配额的企业需要从碳交易市场购买相应的碳配额抵消相应的碳配额，配额剩余的企业拿到市场出售，这些周期日交易量和日交易金额集中反映了被覆盖企业到期集中履行减排义务的情况。然而2015年7月至2015年12月中旬，北京碳排放权日交易量和日交易值出现急剧下滑的趋势，大部分交易日交易量和交易值接近0，2016年1月北京市发改委调整行业覆盖范围和降低市场准入门槛，部分企业认识到政策不确定性会影响未来碳配额分配。

2014年2月中旬至2014年6月、2016年5月至2016年6月、2016年11月中旬至2017年1月，上海碳交易市场日交易量和日交易值也出现飞速上涨趋势，上海市发改委规定每年6月之前被覆盖企业履行减排配额义务，2013～2015年上海市发改委根据企业历史碳排放量集中履行减排配额的义务。然而2014年7月至2014年8月、2015年7月中旬至2015年10月中旬和2016年7月至2016年11月中旬，上海碳交易市场日交易量和日交易值基本接近于0，被覆盖企业临近履约期集中履行减排配额的义务，2016年1月上海市发改委也扩大行业覆盖范围和降低市场准入门槛，不确定性碳配额分配政策导致被覆盖企业履行减排配额义务的动机下降。

2014年7月至2014年8月中旬、2015年5月中旬至2015年7月中旬、2016年5月至2016年6月、2016年11月至2017年1月，广东碳交易市场日交易量和日交易值显著地增加了，广东碳交易市场实行95%免费分配和5%拍卖分配相结合的模式，碳配额是在每个季度最后一月分配给被覆盖企业，企业每个季度都要履行相应的减排义务。2016年3月之后，广东碳交易市场日交易量和日交易值出现较好的连续性。

2014年6月中旬至2014年7月中旬，天津碳交易市场日交易量和日交易值出现大幅上升的趋势，但2014年8月至2014年10月、2015年7月中旬至2015年8月、2016年1月至2016年2月，特别2016年6月之后，天津碳交易市场日交易量和日交易值急速下滑，交易天数间隔时间较长。

深圳和湖北碳交易市场日交易量和日交易值有较好的市场连续性，交易主体表现比较活跃，交易积极性也较高。湖北碳交易市场采取事前分配和事后调整相结合的模式，实行碳排放强制报告、CCER抵消机制和激励约束机制等市场规则，政府预留不超过碳配额总量的10%，主要用于市场调控和价格发现，用于价格发现的不超过政府预留配额的30%。价格发现采用公开竞价的方式，竞价收益用于支持企业碳减排、碳交易市场调控、碳交易市场建设等。深圳碳交易市场中，配额分配采取免费分配和拍卖分配两种方式进行，免费分配的配额包括预分配的配额、新进入者储备的配额和调整分配的配额；有偿分配的配额可以采用拍卖或者固定价格的方式出售，其构成包括预分配的配额、调整分配的配额、新进入者储备的配额、拍卖的配额、价格平抑储备的配额。深圳碳交易市场还实行碳排放报告、核查与履约、CCER 抵消机制、金融扶持、融资机制、平抑市场等市场规则。

9.2 试点碳价格实证方法

随着碳交易市场规模的扩大，碳排放权货币化和市场交易逐步呈现透明化，碳排放权逐步成为市场流动性较高的金融资产，碳交易市场也将成为重要的新兴的金融市场。对于交易商和企业管理者来说，碳排放权是一项降低碳资产价格风险和优化企业生产决策的重要资产。碳价格是由碳交易市场供需关系诱发预期的碳交易市场稀缺性直接决定(Benz and Truck，2009)。探寻碳价格决定因素，为延迟减排决策、等待新信息、碳配额交易决策提供重要的市场信息。根据欧盟碳交易市场实践，碳交易市场具有较强的市场不稳定性，在试验阶段结束前，市场交易量和流动性显著地增加。政策指令和法规变更可能对当前碳交易市场供需关系和碳价格短期调整行为产生重大的影响，这些政策法规包括减排目标、配额储贷政策、价格管制、可再生能源发展规划等。碳交易市场规则变化对碳价格短期行为有显著的影响，如配额分配调整、上限确定方法、行业覆盖范围、市场准入门槛、监测、报告与核查等。碳价格波动可能影响企业的生产决策，且碳价格波动取决于能源价格、极端气温变化、燃料价格差异、意外环境事件和宏观经济活动等市场要素。

9.2.1 向量自回归模型

向量自回归(vector autoregression，VAR)模型是一种非结构化的模型，为了理解碳价格与交易量之间的复杂关系，假定这两个变量为内生变量。将多变量方法引入 VAR 模型来研究碳价格与交易量的潜在关系。引入 VAR 模型得

$$p_t = c + \sum_{i=1}^{n} \varphi_i p_{t-i} + \varepsilon_t, \quad i = 1, 2, \cdots, n \tag{9-1}$$

式中，p_t 为 $n\times1$ 维内生变量；p_{t-i} 为滞后内生变量；$c=(c_1, c_2, \cdots, c_n)^{\mathrm{T}}$ 为 VAR 模型 $n\times1$ 维常数项；φ_i 为 $n\times n$ 维矩阵自回归系数；$\varepsilon_t=(\varepsilon_{1t}, \varepsilon_{2t}, \cdots, \varepsilon_{nt})^{\mathrm{T}}$ 为残差。如果 $n\times n$ 维矩阵自回归系数 $\varphi_i \neq 0$，$n\times1$ 维向量是协整关系。VAR 模型的主要优势在于将滞后变量认定为内生变量，每个变量取决于所选变量的滞后值，有助于捕获变量之间的复杂动态关系。VAR 模型估计，适当的滞后长度是至关重要的，如果滞后长度太大，样本数量太小，估计系数标准误差较大；反之，滞后长度较小，VAR 模型所选择的滞后长度将不能捕获数据的动态性。

9.2.2　AR-GARCH 模型

假设区域试点碳价格显示出市场波动性、差异性等动态行为，本章运用 AR-GARCH 模型研究金融资产碳价格的动态行为。传统的自回归移动平均(autoregressive moving average，ARMA)模型假设不变的方差和协方差，而 Engle(1982)提出 GARCH 模型成功地解决了自回归条件异方差的问题。如果碳价格的条件方差不仅取决于碳价格时间序列，而且取决于条件方差的历史移动平均线，GARCH 模型促使数据更加简便(Benz and Truck，2009)。Bollerslev(1986)和 Taylor(1986)提出的 GARCH$(p，q)$模型定义如下：

$$y_t = \varepsilon_t \sigma_t\ ,\quad \sigma_t^2 = \alpha_0 + \sum_{i=1}^{p} \alpha_i y_{t-i}^2 + \sum_{j=1}^{q} \beta_j \sigma_{t-j}^2 \tag{9-2}$$

式中，ε_t 服从独立且均值为 0、方差为 1 的正态分布，即 $\varepsilon_t \sim N(0,1)$；$\alpha$，$\beta$ 为方差和条件方差系数，且满足于 $\sum_{i=1}^{p}\alpha_i + \sum_{j=1}^{q}\beta_j < 1$，$\alpha_i$、$\beta_j \geqslant 0$，$\alpha_0 > 0$。Benz 和 Truck (2009)、Chevallier(2011a)、Daskalakis 等(2009)运用 GARCH 模型实证分析欧盟碳价格的动态行为，时间序列的条件方差服从向量自回归，可得

$$y_t = c + \sum_{k=1}^{r} \phi_k y_{t-1} + \varepsilon_t \tag{9-3}$$

式中，ε_t 为随机误差；自回归系数 $\phi_k < 1$；c 为常数项。AR-GARCH 模型可以捕获碳价格的市场动态性，能够反映市场历史信息影响价格的有效性。然而有利和不利的市场信息对碳价格影响是不对称性的，Chevallier(2011b)、Chang(2013)验证欧盟碳价格的不对称性。为了检验碳价格的非对称性，本节选用 TARCH 模型，其条件方程服从：

$$\begin{aligned} &\sigma_t^2 = \alpha_0 + \alpha_1 u_{t-1}^2 + \beta_1 \sigma_{t-1}^2 + \gamma_1 I_{t-1} u_{t-1}^2 \\ &\alpha_1 \geqslant 0,\ \beta_1 \geqslant 0,\ \alpha_1 + \gamma_1 \geqslant 0 \end{aligned} \tag{9-4}$$

式中，α_0、α_1、β_1、γ_1 为参数系数；I_{t-1} 为一个虚拟变量；u_{t-1} 为条件方差。当 $u_{t-1} < 0$ 时，$I_{t-1} = 1$，否则 $I_{t-1} = 0$。若 $\gamma_1 \neq 0$，市场信息存在非对称效应。式(9-4)的 $\gamma_1 I_{t-1} u_{t-1}^2$ 项称为非对称效应项或 TARCH 项。有利市场信息 $(u_{t-1} > 0)$ 和不利市场信息 $(u_{t-1} < 0)$ 对波动性有不同的市场影响，有利的市场信息对条件方差有 α_1 倍的市场冲击，即 $u_{t-1} > 0$，$I_{t-1} = 0$，式(9-4)中非对称效应项是不存在；而不利的市场信息

对条件方差有$(\alpha_1+\gamma_1)$倍的市场冲击，即$u_{t-1}<0$，$I_{t-1}=1$，式(9-4)具有非对称效应项。如果非对称效应项系数$\gamma_1>0$，波动率显示出不对称的杠杆效应，非对称效应推动碳价格波动率放大；当$\gamma_1<0$，非对称效应促进碳价格波动率缩小。

9.2.3 MRS 模型

碳价格取决于宏观经济活动、配额分配和能源发展规划等政策，这些政策变更会导致意外或非理性的市场震荡，也可导致剧烈的价格冲击和极度的市场波动(Benz and Truck，2009；Chevallier，2011a，2011b)。由于2016年北京和上海碳交易市场试点均调整行业覆盖范围和降低市场准入门槛，先将样本周期分为2014年1月1日至2015年12月31日和2016年1月1日至2016年6月30日两个样本阶段。根据MRS(Markov regime switching，马尔可夫机制转换)模型，本节成功地捕获了碳价格的时间序列差异和非线性行为。

假定在时点t碳价格服从低波动率和高波动率，$S_t=\{1,2\}$代表不可观测的状态变量，依赖于机制转换的两个状态，$S_t=1$或$S_t=2$。假定变量从一种状态向另一种状态转换服从概率原理，y_{t,R_t}过程是彼此独立的，状态转换行为受概率矩阵p_{ij}控制(Weron et al.，2004；Benz and Truck，2009)：

$$P=p_{ij}=\begin{pmatrix} p_{11} & p_{12} \\ p_{21} & p_{22} \end{pmatrix}=\begin{pmatrix} p_{11} & 1-p_{11} \\ 1-p_{22} & p_{22} \end{pmatrix} \tag{9-5}$$

马尔可夫链中状态S_t取决于历史的状态，最近状态值S_{t-1}为

$$P=\{S_t=j|S_{t-1}=i,S_{t-2}=k,\cdots\}=P\{S_t=j|S_{t-1}=i\}=p_{ij} \tag{9-6}$$

从时点t状态i到时点$(t+m)$状态j的概率为

$$\left[P\left(S_{t+m}=j|S_t=i\right)\right]_{i,j=1,2}=\left(P^{\mathrm{T}}\right)^m e_i \tag{9-7}$$

式中，P^{T}为矩阵P的转置；e_i为2×2单位矩阵的列。机制数量的概率和某种机制的随机过程决定了机制转换的行为变化。

本章运用 MRS 模型分析北京碳价格和上海碳价格，假定每个机制过程服从均值分布或高斯分布，两种机制过程是随机过程。

$$y_{t,1}\overset{\text{i.i.d}}{\sim}N(\mu_1,\sigma_1^2),\ \ t\in N \tag{9-8}$$

$$y_{t,1}=\phi y_{t-1,1}+c+\varepsilon_t \tag{9-9}$$

$$y_{t,2} \overset{\text{i.i.d}}{\sim} N(\mu_2, \sigma_2^2), \ t \in N \tag{9-10}$$

ε_t 服从正态分布，即 $\varepsilon_t \in N(0,\sigma^2)$，$N$ 是服从具有参数 μ_i 和 σ_i 的正态分布。该模型能够检验在碳交易市场中碳价格具有明显的市场跳跃性和波动性，市场投资者通过辨别碳价格的跳跃性和波动性实现碳衍生工具的定价行为及其风险管理。

9.3 碳价格动态性和机制转换的实证分析

9.3.1 数据统计分析

下面调查碳价格动态性和机制转换行为。截至 2016 年 5 月 31 日，七个区域碳交易市场累积市场规模为 156 112 万元，交易量为 6125 万吨。[①]本节选择 2014 年 1 月 2 日至 2016 年 5 月 31 日为样本周期，样本数量为 777 个时间序列。2013～2015 年，深圳碳交易市场采取每年碳排放权分开交易制度，碳排放权有效履约期于 2016 年 6 月 30 日终止，上一年碳排放权可以结转到下一年执行减排义务，下一年碳排放权也可以提前执行减排义务。因此，深圳碳交易市场碳产品(SZA)分为 SZA-2013、SZA-2014、SZA-2015 三种，价格实行分开报价。在选定样本周期内，重庆碳交易市场的交易值仅为 705 万元，成交量仅为 29.78 万吨，其市场规模远低于其他区域碳交易市场规模。鉴于上述分析，本节选择北京、上海、天津、广东和湖北五个区域碳交易市场，表 9-2 显示五个区域碳交易市场的交易值和交易量，湖北碳交易市场湖北碳排放权(HBEA)交易值为 64 095 万元，交易量为 2970 万吨，其市场规模是五个区域碳交易市场试点中最大的。天津试点碳交易市场天津碳排放权(TJEA)交易值为 2754 万元，交易量为 152 万吨，其市场规模是五个区域碳交易市场中最小的。

表 9-2 五个区域碳交易市场交易价值和交易量

项目	BEA	SHEA	TJEA	GDEA	HBEA
交易值/万元	16 842	11 295	2 754	17 847	64 095
交易量/万吨	333	497	152	1 019	2 970

资料来源：中国碳排放交易网(www.tanpaifang.com)

注：样本周期从 2014 年 1 月 2 日至 2016 年 5 月 31 日，湖北碳交易市场发起时间是 2014 年 4 月 1 日

表 9-3 显示五个区域试点碳价格统计分析，BEA、SHEA、TJEA、GDEA、HBEA 价格呈现显著的区域差异性，在样本期内，BEA 平均价格为 49.80 元/吨，标准差为

① 碳价格数据来源于中国碳排放交易网(www.tanpaifang.com)和 Wind 数据库。

7.58，位于五个区域试点碳价格的中等水平。HBEA 平均价值只有 24.15 元/吨，标准偏差为 2.11，在五个区域试点碳价格中处于最低水平。SHEA 和 GDEA 的标准差分别为 12.77 和 19.58，波动率高于其他区域碳价格，且 SHEA 和 GDEA 价格的偏度参数分别为–0.22 和–0.67，其峰度参数分别为 1.87 和 1.84，SHEA 和 GDEA 价格呈现出左偏度和矮胖峰度。BEA、TJEA 和 HBEA 价格的偏度参数大于 0 和峰度参数大于 3，表现出右偏度和更陡峭的峰度。图 9-7 显示，BEA、SHEA、TJEA、GDEA、HBEA 价格呈现出显著的时变趋势。由于不对称、陡峭峰度和厚尾，正态分布不能很好地模拟样本数据，选择非对称模型可以更好地模拟碳价格的动态性。

表 9-3　区域试点碳价格统计分析

项目	均值/(元/吨)	最大值/(元/吨)	最小值/(元/吨)	标准差	偏度参数	峰度参数
BEA	49.80	77.00	30.00	7.58	0.42	4.99
SHEA	27.40	48.00	4.20	12.77	–0.22	1.87
TJEA	25.28	50.10	11.20	5.57	0.98	5.53
GDEA	33.66	77.00	11.00	19.58	–0.67	1.84
HBEA	24.15	36.00	14.66	2.11	1.16	8.49

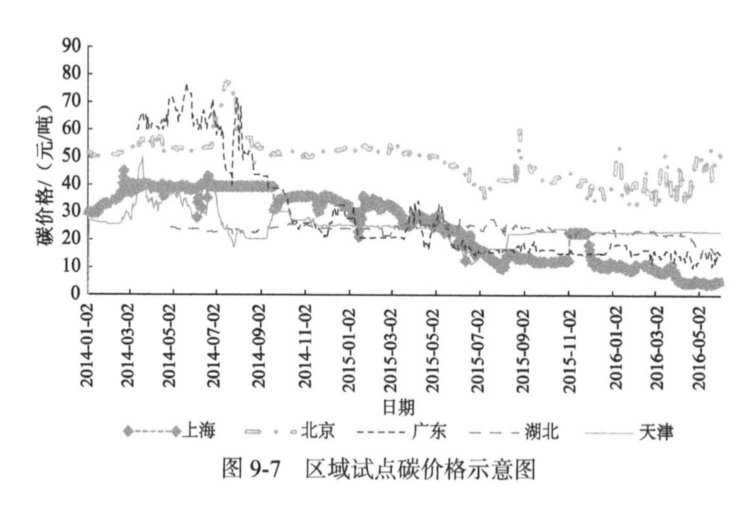

图 9-7　区域试点碳价格示意图

9.3.2 实证分析碳价格动态性

本节使用平方根 ADF 检验，检验我国区域试点碳价格时间序列是否为平稳状态。表 9-4 显示试点碳价格自然对数的 ADF 检验结果，BEA、SHEA、TJEA、GDEA 和 HBEA 价格的 ADF 统计值均大于在 90%显著水平下的 ADF 临界值，拒绝零假设，结果证实碳价格是非平稳状态。但 BEA、SHEA、TJEA、GDEA 和 HBEA 价格一阶差分序列的 ADF 统计值均显著小于在 99%显著水平下的 ADF 临界值，结果证实碳价格的一阶差分序列是平稳状态。

表 9-4 碳价格 ADF 检验结果

参数项	BEA	SHEA	TJEA	GDEA	HBEA
价格序列	−0.130	−1.085	−0.311	−1.223	−1.039
一阶差分	−25.259	−32.223	−14.697	−29.737	−26.173

注：在显著水平 99%、95%、90%水平下，ADF 检验的临界值分别为−2.568、−1.941 和−1.616

碳价格波动性可以理解为一种衡量在一段时间内价格变化的手段，是指随机变量值的离散程度，可以体现资产未来价格偏离期望值的可能性和价格的不确定性。碳价格波动聚集效应是指碳现货价格在较大幅度波动后面伴随较大幅度的市场波动性，在较小幅度波动之后紧跟较小幅度的市场波动。欧盟碳交易市场存在很强的价格波动性，碳价格聚集效应与碳交易市场的信息量、价格动态行为和交易规则相关(Palao and Pardo，2012)。本节运用 AR(1)-GARCH(1,1)模型，表 9-5 显示模型所有参数的评估结果。根据赤池信息准则(Akaike information criterion，AIC)和施瓦兹准则(Schwarz criterion，SC)，(AIC 和 SC 值越小越好，最大似然值越大越好)得知，AR(1)-GARCH(1,1)模型的拟合效果非常显著，这证实 BEA、SHEA、TJEA、GDEA 和 HBEA 价格具有显著的 AR 和 GARCH 效应。所有碳价格的条件方差系数 α_1 均明显大于 0.1，且条件方差系数均在 99%显著水平下表现得非常显著。SHEA 和 HBEA 价格的 GARCH(1,1)模型系数 $(\alpha_1+\beta_1)$ 均明显低于 1，SHEA 和 HBEA 价格的市场冲击对未来碳价格的条件方差会持续较长的时间，但 SHEA 和 HBEA 价格最终会趋向市场均衡状态。但 BEA、TJEA、GDEA 价格的 GARCH(1,1)模型系数 $(\alpha_1+\beta_1)$ 均明显高于 1，这说明 BEA、TJEA、GDEA 价格对历史市场信息具有过度的市场反应，以前市场信息对 BEA、TJEA、GDEA 产生了持续很久的市场冲击，诱发 BEA、TJEA、GDEA 价格波动性有逐步被放大的趋势，不存在均值回复的过程。上述结果显示，BEA、TJEA、GDEA 价格比 SHEA 和 HBEA 价格具有更显著的价格聚集效应。

表 9-5 AR(1)-GARCH(1,1)模型参数的评估结果

参数项	BEA	SHEA	TJEA	GDEA	HBEA
c	0.381^{***}	0.010^{*}	0.182^{***}	-0.005^{*}	0.068^{*}
	(17.061)	(1.736)	(44.999)	(−1.231)	(1.553)
ϕ_1	0.903^{***}	0.997^{***}	0.942^{***}	1.001^{***}	0.978^{***}
	(158.109)	(229.021)	(729.568)	(811.628)	(71.602)
α_0	$1.50\times10^{-5***}$	$1.26\times10^{-3***}$	$1.54\times10^{-7***}$	$9.09\times10^{-5***}$	$3.29\times10^{-3***}$
	(8.414)	(7.947)	(3.532)	(12.110)	(7.692)

续表

参数项	BEA	SHEA	TJEA	GDEA	HBEA
α_1	0.144***	0.113***	0.356***	0.289***	0.240***
	(17.346)	(4.730)	(16.820)	(14.056)	(4.579)
β_1	0.884***	0.608***	0.797***	0.742***	0.429***
	(227.810)	(12.278)	(127.795)	(58.432)	(6.605)
R^2	0.894	0.988	0.970	0.992	0.880
AIC	−3.922	−2.695	−5.220	−3.529	−4.292
SC	−3.892	−2.665	−5.190	−3.499	−4.258
Log(*L*)	1526.565	1050.509	2030.397	1374.119	1474.946

注：括号里数字是 t 统计值。c、α_0 为常数项，ϕ_1、α_1、β_1 为参数系数

***、*分别代表在 99%和 90%显著水平下评估参数是显著的

北京、天津和广东碳交易市场试点的非预期市场冲击和较大的价格聚集效应证实碳价格具有更强的市场波动性和较高的市场风险。不同区域碳交易市场试点引入不同的监测、报告和核查机制，碳交易市场交易规则，以及惩罚约束机制等市场规则。在碳交易市场试点中，碳价格受到非预期市场信息的影响，过多配额分配和不准确的碳排放数据诱发碳价格具有较强的市场波动性，难以消除碳价格不稳定的市场波动率。况且，我国碳交易市场试点发育还不成熟，不完善的政策法规、不同的市场规则、较低的信息透明度和较低的跨市场流动性导致不同区域碳价格的市场波动性和区域差异性。

在现实碳交易市场试点中，市场信息又分为利好信息和利空信息。张跃军和魏一鸣(2011)实证验证了欧盟试验阶段内碳价格具有发散性和不可预测性的市场特性，不确定的政策法规、能源价格、极端气温变化等因素会影响市场参与者对市场信息反应过度，重大的利好或利空信息诱发碳价格在短期内发生剧烈的市场跳动，这就是所谓市场信息的非对称。下面本节对北京、天津和广东碳价格的非对称杠杆效应进行分析。表 9-6 显示了 AR(1)-TARCH(1,1)模型参数的评估结果。根据 AIC 和 SC 及最大似然值[Log(*L*)]，碳现货价格 AR(1)-TARCH(1,1)模型的所有参数均在 99%显著水平下表现非常显著，TARCH(1,1)模型拟合效果很好。通过碳价格波动的非对称性系数 γ_1 的评估结果得知，在显著水平 99%下不对称项系数 γ_1 小于零，BEA、TJEA 和 GDEA 价格波动率表现出显著的非对称杠杆效应，且非对称性杠杆效应推动碳现货价格波动性有逐步缩小的趋势。当市场信息是利好消息时，利好的市场信息导致 BEA、TJEA 和 GDEA 价格波动率产生了 0.172 倍、0.503 倍和 0.326 倍的市场冲击，但不利的市场信息导致 BEA、TJEA 和 GDEA 价格波动率出现了 0.129 倍、0.216 倍和 0.228 倍的市场冲击，这些结果证实非对称的杠杆效应导致 BEA、TJEA 和 GDEA 价格波动率有缩小的趋势。

表 9-6　AR(1)-TARCH(1,1)模型参数的评估结果

参数项	BEA	TJEA	GDEA
c	0.376^{***} (16.211)	0.010^{***} (14.023)	-0.004^{*} (−1.949)
ϕ_1	0.905^{***} (152.897)	0.997^{***} (4817.640)	1.001^{***} (860.441)
α_0	$1.28\times10^{-5***}$ (7.009)	$1.67\times10^{-5***}$ (4.232)	$8.21\times10^{-5***}$ (10.899)
α_1	0.172^{***} (12.490)	0.503^{***} (3.253)	0.326^{***} (8.965)
β_1	0.875^{***} (196.354)	0.579^{***} (16.863)	0.756^{***} (57.833)
γ_1	-0.043^{***} (−2.003)	-0.287^{***} (−2.013)	-0.098^{***} (−2.273)
R^2	0.894	0.972	0.992
AIC	−3.922	−6.976	−3.529
SC	−3.908	−6.933	−3.493

注：括号里数字是 t 统计值。c、α_0 为常数项，ϕ_1、α_1、β_1 为参数系数

***、*分别代表在 99%和 90%显著水平下参数评估是显著的

北京、上海、天津、广东和湖北五个区域拥有不同的边际减排成本、不均衡的工业结构、不同的经济发展水平和碳排放量，区域差异导致不同的区域碳价格变化趋势不同。区域碳交易市场试点在能源规划与环境政策上存在利益冲突和市场失灵的现象，这会对区域碳交易市场供需状况产生重大的影响，诱发较大的碳价格动态性。

9.3.3　实证分析碳交易市场机制转换行为

2016 年 1 月起，北京碳交易市场扩展行业覆盖范围，被覆盖企业市场准入门槛从原来每年 10 000 吨碳排放量降低到 5000 吨碳排放量，被覆盖企业实体从原来 490 家增加至 981 家。2016 年 1 月起，上海碳交易市场也扩大行业覆盖范围，被覆盖企业数量从 191 家增加至 368 家。下面本节使用 MRS-AR(1)-GARCH(1,1)模型检验北京和上海碳交易市场的机制转换行为，假定某服从高斯过程，表 9-7 和表 9-8 显示运用 MRS-AR(1)-GARCH(1,1)模型评估北京和上海碳交易市场碳价格两阶段机制转换的参数结果。图 9-8 和图 9-9 显示北京碳交易市场中碳价格条件波动率及其机制转换的概率。

表 9-7 BEA 价格两阶段机制转换的参数评估结构（MRS-AR(1)-GARCH(1,1)模型）

变量	μ_i	σ_i	p_i	转换概率 $P(S_t = i)$
基准状态（i=1）	3.9702	0.0078	0.9917	0.7501
转换状态（i=2）	3.6891	0.0087	0.9897	0.2499

表 9-8 SHEA 价格两阶段机制转换的参数评估结构（MRS-AR(1)-GARCH(1,1)模型）

变量	ϕ	c	σ_i	p_i	转换概率 $P(S_t = i)$
基准状态（i=1）	0.9925	0.0252	0.0000	0.9958	0.7225
转换状态（i=2）	1.0079	−0.0340	0.0137	0.5490	0.2775

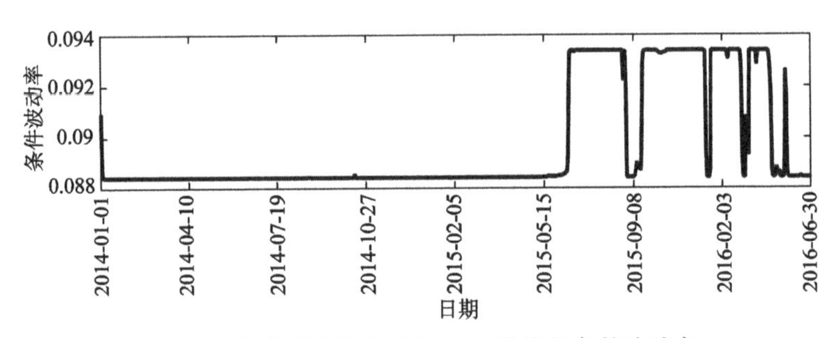

图 9-8 北京碳交易市场中 BEA 价格的条件波动率

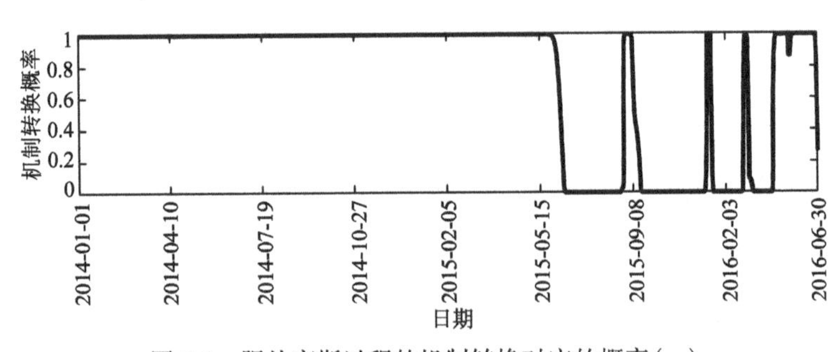

图 9-9 服从高斯过程的机制转换对应的概率（一）

本节验证了 BEA 价格的条件标准差从基准 $\sigma_1 = 0.0078$ 飙升至 $\sigma_2 = 0.0087$ 的情况。图 9-8 和图 9-9 展示了机制转换模型在 BEA 价格条件标准差的两个阶段变化情况。北京碳交易市场试点基准行为概率较高，服从基准状态的概率为 75.01%，而转换状态概率为 24.99%。在整个样本周期内，继续保持基准状态概率为 99.17%，继续保持转换状态概率为 98.97%，这些结果证实 BEA 价格发生了显著的机制转换行为。图 9-9 显示 BEA 价格服从高斯过程的机制转换对应的概率，转换状态下碳价格的条件标准差及其概率具有显著的时变趋势，BEA 价格的市场跳跃性、波动性和机制转换阶段变化与北京碳交易市场政策法规设计和基本市场因素有关。在试验阶段，北京碳交易市场政策法规频繁发生变更，会导致市场反应过度，例如，2013 年 12 月碳交易的市场规则和分配方案；2014 年 6 月碳排放权管理办法；2015 年 1 月碳排放权抵消约束机制；每年碳排放权须在 6 月 15 号之前履行减排义务，剩余碳排放权可以通过碳交易平台出售或结转到下一年使用；特别是 2016 年 1 月扩展行业覆盖、降低市场准入门槛的碳配额分配方案调整等，被覆盖企业数量从 490 家增加至 981 家。特别引人注意的是在 2016 年 1 月至 2016 年 6 月，碳价格有两个观察期出现转换状态，这种机制转换行为是由 2016 年北京碳配额分配方案调整所导致的结果。2015 年 6 月至 2016 年 8 月及 2015 年 10 月至 2015 年 12 月，机制转换行为可以通过两个基本因素来解释：履行结算日和市场基本因素。

在上海碳交易市场试点中，图 9-10 和图 9-11 显示了 SHEA 价格条件标准差从基准状态的 $\sigma_1 = 0.0000$ 上升到转换状态的 $\sigma_2 = 0.0137$，基准状态概率相对较高，约为 72.25%，而转换状态概率约为 27.75%，在整个样本周期内，继续保持转换状态概率为 54.90%，这说明转换状态变化并不能频繁出现。SHEA 价格的波动性和跳跃性与政策法规变更及市场基本因素有关，例如，2013 年 11 月和 12 月碳排放权管理办法和交易规则；2014 年 5 月碳排放权试点实施意见；2014 年 9 月机构投资者碳排放权交易机制；2013～2015 年每年 6 月 30 日之前被覆盖企业必须履约清算碳排放权义务。图 9-10 显示 SHEA 价格服从高斯过程的机制转换对应的概率，2016 年 1 月起，上海碳交易市场扩展行业覆盖范围和被覆盖企业数量，2016 年 2 月至 2016 年 6 月观察到转换状态。2014 年 7 月和 8 月及 2016 年 10 月至 2016 年 12 月，市场基本因素变化诱发 SHEA 价格出现了显著的转换状态。实证结果显示北京和上海碳交易市场 2016 年 1 月调整碳配额分配方案后，BEA 和 SHEA 价格出现显著的机制转换行为，转换状态方差明显高于基准状态方差，均出现明显的概率，因此，北京和上海碳配额调整方案对 BEA 和 SHEA 价格波动率发挥更大的市场作用。

图 9-10　上海碳交易市场中 SHEA 价格的条件波动率

图 9-11　服从高斯过程的机制转换对应的概率（二）

9.3.4　碳价格动态性讨论

BEA、SHEA、TJEA、GDEA 和 HBEA 显示显著的时变趋势，BEA、TJEA 和 GDEA 价格比 SHEA 和 HBEA 价格具有更强的波动性，BEA、TJEA、GDEA 价格显示出显著的非对称杠杆效应。我国碳交易市场试点价格动态性和机制转换行为统计结果有助于政府决策者和市场参与者做出科学的减排和投资决策。

1. 纠正碳价格非对称性和机制转换行为的负面影响

碳交易是我国商品市场中一种新兴的交易产品，没有很多的历史市场数据和操作经验，本节探索我国区域试点碳价格动态性、非对称性和机制转换行为，实证结果显示不同区域碳交易市场试点中碳价格存在非对称性和机制转换行为的区域异质性。通过研究碳价格动态性和机制转换行为，风险管理者和市场交易者通过优化资产投资组合策略，预测政策法规变更、非预期市场信息和极端气温变化诱发碳价格出现较大的市场波动性，可以利用碳价格短期动态性和非对称效应实现额外的市场套利。被覆盖的生产者将减排成本纳入生产成本评估进程，提升与碳排放相关的投资决策和优化减排策略。碳排放权政策转变、经济活动、极端气温变化、复杂的能源市场、监管政策多样性可能促使碳交易市场在应对市场信息时产生非对称杠杆效应和机制转换行为，我国政府尝试通过区域间市场竞争转移碳定价波动非对称性的负面影响。协调区域碳交易市场联动机制和碳定价市场因素是至关重要的，区域试点碳价格的可预测性和稳定性对于被覆盖企业优化减排决策和交易策略、提升减排投资效用是非常重要的。

2. 推进不同区域碳价格协同机制

强化单边减排行为可能会导致某些省份损失经济福利、降低被覆盖企业市场竞争力及推动碳泄露(Lanzi et al.，2012)。我国没有建立跨区域碳交易市场联动机制和跨区域碳排放权抵消机制，较低的市场流动性促使被覆盖企业不能有效地降低减排成本、履行减排清算义务。碳资产定价是一种有效的公共金融活动，分散的碳交易市场政策会带来不确定因素，创造和分配不同区域银行信贷流向低碳活动，可能造成主要部门资源配置的扭曲，出现碳资产定价的政治困境。商业银行不愿意为低碳经济活动提供信贷资源和推动企业优化产能。2017 年我国将推出统一的全国性碳交易市场，构建区域碳交易市场的联动机制，平衡区域间碳价格，降低被覆盖企业的经济利益和产出损失，减少非覆盖国家或地区的碳泄露影响。区域间碳价格差距的缩减可能会降低区域间低碳投资差距，吸引投资来降低低碳投资风险，推动社会资源流向低碳行业。政府建立跨区域碳定价联动机制，创建区域上限贸易政策、调整财政金融体系，推动经济主体的货币激励转化为低碳投资和支出的内在化，这样能够将环境外部性转化为经济决策内部性，推进家庭、企业和金融机构协同合作参与低碳经济活动。

3. 增强区域间减排政策的协同效益

在我国区域碳交易市场试点阶段，不完善的减排政策、差异化市场规则、较差的信息透明度和较低市场流动性可能导致较大的市场波动性和碳定价的区域差异性。

我国实施多种能源与环境政策，如节能减排约束、可再生能源发展规划、空气污染治理计划、环境改进计划和金融财政扶持政策等，因此，多种能源环境政策协同作用会产生协同利益和经济收益。但多种政策工具相互作用可能会导致碳价格急速下滑和区域资源配置扭曲，增加政策实施的社会成本（范英和莫建雷，2016）。推动我国区域间集体行动和合作，提升低碳技术溢出效应，降低减排成本和经济收益的不确定性，信息不对称性和区域互惠互利的社会学习效应，可以有效缩小区域间碳价格差距（Edenhofer et al., 2015）。政府推进能源部门市场化改革，使国内气候变化影响内在化，增强区域间碳交易市场的协同设计及其协同效益，提高区域间碳交易市场的有效性，实现经济社会发展的多种目标。

9.4 本章小结

CEA 是一种新兴的金融资产，掌握 CEA 价格动态性、非对称性和机制转换行为对市场参与者确定减排决策和跨区域碳交易市场资产投资组合决策是非常重要的。本章运用 AR-GARCH、AR-TARCH 和 MRS-AR-GARCH 模型实证检验我国区域碳交易市场的价格动态性和机制转换行为。

不同区域碳交易市场在市场准入门槛、行业覆盖范围、配额分配与上限设定方法、市场规则、价格稳定机制等方面存在很大的区域差异性。北京、上海、天津、广东和湖北碳交易市场的碳现货价格具有很强的时变趋势，且存在非对称的尖峰厚尾现象。TJEA 和 HBEA 价格的均值和标准差处于较低水平，SHEA 和 GDEA 价格的标准差位于较高水平，HBEA 和 GDEA 交易价值和数量均大于 BEA、SHEA

和 TJEA 交易价值和数量。

AR(1)-GARCH(1,1)模型实证结构显示，BEA、SHEA、TJEA、GDEA 和 HBEA 具有显著的 AR 和 GARCH 效应，上海和湖北碳交易市场的市场信息冲击对 SHEA 和 HBEA 价格波动率呈现出缩小趋势，最终会趋于市场均衡状态，而北京、天津和广东碳交易市场的市场信息冲击对 BEA、TJEA 和 GDEA 价格动态率有放大趋势，市场波动性会持续很久，且 BEA、TJEA、GDEA 价格比 SHEA 和 HBEA 价格具有更显著的价格聚集效应。AR(1)-TARCH(1,1)模型实证结果证实 BEA、TJEA、GDEA 价格在 99%显著性水平上表现出显著的非对称性，非对称的杠杆效应导致 BEA、TJEA 和 GDEA 价格波动率有缩小的趋势。

MRS-AR(1)-GARCH(1,1)模型的实证结果表明，BEA 和 SHEA 价格表现出显著的机制转换行为，这与政策法规变更和基本市场环境有关。最引人关注的是 2016 年 1 月至 2016 年 6 月，北京碳交易市场出现了显著的机制转换行为，这种行为是由 2016 年北京调整碳配额分配方案所导致的结果，2014 年和 2015 年每年 6 月至 8 月及 10 月至 12 月，北京碳交易市场也出现显著的机制转换行为，这可以用 6 月 15 日履约清算日和市场基本环境来解释。上海碳交易市场在 2016 年 2 月至 2016 年 6 月也出现了机制转换行为，是由 2016 年 1 月起上海碳交易市场扩展行业覆盖范围和被覆盖企业数量所导致的，2014 年 7 月至 2014 年 8 月、2014 年 10 月至 2014 年 12 月，上海碳交易市场也出现明显的机制转换行为，这可以通过市场因素和 6 月 30 日履约清算日来解释。

这些实证数据对帮助市场投资者发现和挖掘区域碳交易市场的机制转换行为是非常有价值的。我国试点阶段内碳价格的动态性和机制转换行为统计结果有助于政府决策者与市场参与者强化风险管理战略，优化多种能源环境政策的协同利益和合作。从短期来看，我国碳价格动态性的区域差异、碳价格波动率非对称性及其机制转换行为可帮助生产者、风险管理者和贸易者增强市场套利机会，支持与碳排放有关的投资决策及其减排战略；从长远看，这些统计成果有助于政府决策者构建区域碳交易市场定价联动机制和碳价格的驱动因素，平衡区域间碳价格和提升多种减排政策的协同效益。

参 考 文 献

巴曙松, 吴大义. 2010. 能源消费、二氧化碳排放与经济增长——基于二氧化碳减排成本视角的实证分析[J]. 经济与管理研究, (6): 5-11.

北京市发展和改革委员会. 2013. 关于开展碳排放权交易试点工作的通知(京发改规〔2013〕5号)[EB/OL]. http://www.bjpc.gov.cn/zwxx/tztg/201311/t9777600.htm[2013-11-20].

北京市人民政府办公厅. 2014. 北京市碳排放权交易管理办法(试行)(京政发〔2014〕14号)[EB/OL]. http://www.beijing.gov.cn/tzbj/tzzc/bjtzzc/t1416793.htm[2014-07-11].

常凯. 2015a. 在节能减排约束下中国能耗强度、碳排放强度与 EKC 效应[J]. 科技管理研究, (14): 206-209.

常凯. 2015b. 基于成本收益视角下可再生能源补贴政策的经济效应[J]. 工业技术经济, (2): 98-105.

常凯. 2016. 全国碳交易系统下省际间碳强度减排目标分配: 基于公平与效率证据[J]. 工业技术经济, (12): 92-99.

陈洪宛, 张磊. 2009. 我国当前实行碳税促进温室气体减排的可行性思考[J]. 财经论丛, (1): 35-40.

重庆市发展和改革委员会. 2014. 重庆市碳排放配额管理细则(试行)(渝发改环〔2014〕538号)[EB/OL]. http://www.cqdpc.gov.cn/article-1-20505.aspx[2014-05-28].

重庆市人民政府. 2014. 重庆市碳排放权交易管理暂行办法(渝府发〔2014〕17 号)[EB/OL]. http://www.cq.gov.cn/publicinfo/web/views/Show!detail.action?sid=3874934[2014-04-26].

崔连标, 范英, 朱磊, 等. 2013. 碳排放交易对实现我国十二五减排目标的成本节约效应研究[J]. 中国管理科学, 21(1): 37-46.

丁丁, 冯静茹. 2013. 论我国碳交易配额分配方式选择[J]. 国际商务——对外经济贸易大学学报, (4): 83-92.

杜慧滨, 王洋洋. 2013. 中国区域全要素二氧化碳排放绩效与收敛性分析[J]. 系统工程学报, 28(2): 256-264.

杜立民. 2010. 我国二氧化碳排放的影响因素: 基于省级面板数据的研究[J]. 南方经济, (11): 20-33.

樊勇, 张宏伟. 2013. 碳税对我国城镇居民收入分配的累退效应与碳补贴方案设计[J]. 经济理论与经济管理, (7): 81-91.

范英. 2011. 温室气体减排的成本、路径和政策研究[M]. 北京: 科学出版社.

范英, 莫建雷. 2016. 中国碳市场: 政策设计与社会经济影响[M]. 北京: 科学出版社.

范英, 腾飞. 2016. 中国碳市场: 从试点经验到战略考量[M]. 北京: 科学出版社.

范云奇, 李晓钟. 2013. 碳税最优税率模型设计与实证研究——基于中国省级面板数据的测算[J]. (1): 27-32.

付丽苹, 刘爱东. 2012. 征收碳税对高碳企业转型的激励模型[J]. 系统工程, (7): 94-98.

傅京燕, 代玉婷. 2015. 碳交易市场链接的成本与福利分析——基于 MAC 曲线的实证研究[J]. 中国工业经济, (9): 84-98.
广东省发展和改革委员会. 2014. 广东省 2014 年度碳排放配额分配实施方案的通知(粤发改气候〔2014〕495 号) [EB/OL]. http://210.76.72.13:9000/pub/gdsfgw2014/zwgk/zcfg/gfxwj/201503/t20150309_305043.html[2014-08-20].
广东省人民政府办公厅. 2014. 广东省碳排放管理试行办法(广东省人民政府令第 197 号) [EB/OL]. http://zwgk.gd.gov.cn/006939748/201401/t20140117_462131.html[2014-01-15].
广东省深圳市人民政府. 2014. 深圳市碳排放权交易管理暂行办法(深2014年第262号) [EB/OL]. http://www.sz.gov.cn/zfgb/2014/gb876/201404/t20140402_2335498.htm[2014-04-02].
何建坤, 刘滨. 2004. 作为温室气体排放衡量指标的碳排放强度分析[J]. 清华大学学报(自然科学版), 44(6): 740-743.
何凌云, 林祥燕. 2011. 能源价格变动对我国碳排放的影响机理及效应研究[J]. 软科学, 25(11): 94-98.
胡宗义, 刘亦文, 唐李伟. 2013. 低碳经济背景下碳排放的库兹涅茨曲线研究[J]. 统计研究, 30(2): 73-79.
湖北省发展和改革委员会. 2014. 湖北省碳排放权配额分配方案(鄂发改气候函〔2014〕141 号) [EB/OL]. http://fgw.hubei.gov.cn/ywcs2016/qhc/tztgqhc/gwqhc/201403/t20140327_76425.shtml [2014-03-28].
湖北省人民政府办公厅. 2014. 湖北省碳排放权管理和交易暂行办法(湖北省人民政府令第 371 号) [EB/OL]. http://gkml.hubei.gov.cn/auto5472/auto5473/201404/t20140422_497476.html [2014-04-25].
李钢, 廖建辉. 2015 . 基于碳资本存量的碳排放权分配方案[J]. 中国社会科学, (7): 66-81.
李凯杰, 曲如晓. 2012. 碳排放配额初始分配的经济效应及启示[J]. 国际经济合作, (3): 21-24.
李锴, 齐绍洲. 2011. 贸易开放、经济增长和中国二氧化碳排放[J]. 经济研究, (11): 60-71.
李陶, 陈林菊, 范英. 2010. 基于非线性规划的我国省区碳强度减排配额研究[J]. 管理评论, 21(6): 54-60.
李小胜, 宋马林. 2015. “十二五”时期中国碳排放额度分配评估——基于效率视角的比较分析[J]. 中国工业经济, (9): 95-113.
李岩岩, 赵湘莲. 2011. 我国开征碳税的税率问题研究——以石化塑胶行业为例[J]. 财经论丛, (1): 41-47.
李媛, 赵道致, 祝晓光. 2013. 基于碳税的政府与企业行为博弈模型研究[J]. 资源科学, 35(1): 125-131.
林伯强, 姚昕, 刘希颖. 2010. 节能和碳排放约束下中国能源结构战略调整[J]. 中国社会科学, (1): 58-71.
令狐大智, 叶飞. 2015. 基于历史排放参照的碳配额分配机制研究[J]. 中国管理科学, (6): 65-72.
刘明磊, 朱磊, 范英. 2011. 我国省级碳排放绩效评价及边际减排成本估计——基于非参数距离函数方法[J]. 中国软科学, (3): 106-114.
刘笑萍, 张永正, 长青. 2009. 基于 EKC 模型的中国实现减排目标分析与减排对策[J]. 管理世界, (4): 75-82.
聂华林, 周建鹏, 张华. 2011. 基于减排效应的能源类企业碳税政策的优化选择研究[J]. 资源科学, 33(10): 1906-1913.
彭水军, 张文城, 孙传旺. 2015. 中国生产侧和消费侧碳排放量测算及影响因素研究[J]. 经济研究, (1): 168-182.
平狄克 R S, 鲁宾费尔德 D L. 2000. 微观经济学[M]. 张军译. 北京: 中国人民大学出版社.
齐绍洲, 王班班. 2013. 碳交易初始配额分配: 模式与方法的比较分析[J]. 武汉大学学报(哲学社会科学版), (9): 19-28.
任志娟. 2012. 碳税、碳交易与行政命令减排——基于 Cournot 模型的分析[J]. 贵州财经学院学报, (6): 1-7.
上海市发展和改革委员会. 2016. 上海市 2016 年碳排放配额分配方案(沪发改环资〔2016〕138号)[EB/OL]. http://www.shdrc.gov.cn/fzgggz/nyglhjnjb/zcwj/24839.htm[2016-11-10].
上海市人民政府办公厅. 2013. 上海市碳排放管理试行办法(沪府令 10 号)[EB/OL]. http://www.shanghai.gov.cn/nw2/nw2314/nw2319/nw2407/nw31294/u26aw37414.html[2013-11-18].
深圳市发展和改革委员会. 2016. 深圳市发展和改革委员会关于开展 2016 年度碳排放权交易工作的通知[EB/OL]. http://www.szpb.gov.cn/xxgk/qt/tzgg/201609/t20160918_4938028.htm[2016-09-19].
石敏俊, 袁永娜, 周晟吕. 2013. 碳减排政策: 碳税、碳交易还是两者兼之[J]. 管理科学学报, (9): 9-19.
孙丹, 马晓明. 2013. 碳配额初始分配方法研究[J]. 生态经济, (2): 81-85.
孙睿, 况丹, 常冬勤. 2014. 碳交易的能源-经济-环境的影响和碳价合理区间测算[J]. 中国人口・资源与环境, 24(7): 82-90.
汤玲, 武佳倩, 戴伟. 2014. 碳交易机制对中国经济与环境的影响[J]. 系统工程学报, 29(10): 701-712.
腾飞, 吴宗鑫, 胡兆光. 2002. 趸售电力市场中市场力量——省级电力市场的事前分析[J]. 数量经济技术经济研究, (1): 109-111.
天津市人民政府办公厅. 2013a. 市发改委关于开展碳排放权交易试点纳入企业2013年度碳排放报告的通知[EB/OL]. http://www.tjdpc.gov.cn/zwgk/zcfg/wnwj/ny/201502/t20150209_54287.shtml[2013-12-18].
天津市人民政府办公厅. 2013b. 天津市碳排放权交易管理暂行办法(津政办发〔2013〕112号)[EB/OL]. http://qhs.ndrc.gov.cn/qjfzjz/201312/t20131231_697047.html[2013-12-20].
王群伟, 周德群, 陈洪涛. 2009. 技术进步与能源效率——基于 ARDL 方法的分析[J]. 数理统计与管理, 5(28): 914-920.
王媛, 程曦, 殷培红, 等. 2013. 影响中国碳排放绩效的区域特征研究——基于熵值法的聚类分析[J]. 自然资源学报, 28(7): 1106-1116.
王媛, 张宏伟, 杨会民, 等. 2009. 信息熵在水污染总量区域公平分配中的应用[J]. 水利学报, 40(9): 1103-1107.
魏一鸣, 刘兰翠, 廖华. 2017. 中国碳排放与低碳发展[M]. 北京: 科学出版社.
魏一鸣, 王恺. 2010. 碳金融与碳市场: 方法与实证[M]. 北京: 科学出版社.
吴洁, 范英, 夏炎, 等. 2015. 碳配额初始分配方式对各区域宏观经济及行业竞争能力的影响[J]. 管理评论, 27(12): 18-26.
吴力波, 钱浩祺, 汤唯祺. 2014. 基于动态边际减排成本模拟的碳排放权交易与碳税选择机制[J]. 经济研究, (9): 48-61.

夏德建, 任玉珑, 史乐峰. 2010. 中国煤电能源链的生命周期碳排放系数计量[J]. 统计研究, 27(8): 82-89.

夏炎, 范英. 2012. 基于减排成本曲线演化的碳减排策略研究[J]. 中国软科学, (3): 12-22.

徐士元. 2009. 技术进步对能源效率影响的实证分析[J]. 科研管理, 11(30): 16-24.

闫云凤. 2015. 全球碳交易市场对中国经济-能源-气候系统的影响评估[J]. 中国人口 · 资源与环境, 25(1): 32-39.

杨来科, 张云. 2012. 国际碳交易框架下边际减排成本与能源价格关系研究[J]. 财贸研究, (4): 83-90.

杨子晖. 2011. 经济增长、能源消费与二氧化碳排放的动态关系研究[J]. 世界经济, (6): 100-125.

姚林如, 杨海军. 2012. 最优差别碳税决定的模型分析[J]. 财经论丛, (11): 8-12.

姚西龙, 于渤. 2012. 技术进步结构变动与工业二氧化碳排放研究[J]. 科研管理, (8): 35-40.

尹详, 陈文颖. 2012. 基于学习曲线的 CO_2 捕集和可再生能源发电成本[J]. 清华大学学报(自然科学版), 52(2): 243-248.

于良春, 张伟. 2003. 强自然垄断定价理论与中国电价规制制度分析[J]. 经济研究, (9): 67-73.

查建平, 唐方方, 郑浩生. 2013. 什么因素多大程度上影响到工业碳排放绩效——来自中国(2003—2010)省级工业面板数据的证据[J]. 经济理论与经济管理, (1): 79-95.

张军, 章元. 2003. 对中国资本存量 K 的再估计[J]. 经济研究, (7): 35-43.

张伟, 朱启贵, 张伟文. 2013. 能源使用、碳排放与我国全要素碳减排效率[J]. 经济研究, (10): 138-150.

张跃军, 魏一鸣. 2011. 国际碳期货价格的均值回归: 基于 EU ETS 的实证分析[J]. 系统工程理论与实践, 31(2): 214-220.

张云, 杨来科, 李秀珍. 2012. 边际减排成本与能源价格关系的理论建模与实证检验[J]. 中央财经大学学报, (8): 78-84.

赵子健, 赵旭. 2012. 非线性投入产出关系的可再生能源电力补贴政策研究[J]. 生态经济, (12): 124-126.

邹安全, 罗杏玲, 全春光. 2013. 基于 EIO-LCA 的钢铁产品生命周期碳排放研究[J]. 管理世界, (12): 178-179.

Alberola E, Chevallierb J, Cheze B. 2008. Price drivers and structural breaks in European carbon prices 2005-2007[J]. Energy Policy, 36: 787-797.

Amir R, Ermain M G, Steenberghe V V. 2008. On the impact of innovation on the marginal abatement cost curve[J]. Journal of Public Economic Theory, 10(6): 985-1010.

Anger N, Brouns B, Onigkeit J. 2009. Linking the EU emissions trading scheme: economic implications of allowance allocation and global carbon constraints[J]. Mitigation and Adaptation Strategies for Global Change, (14): 379-398.

Anger N, Oberndorfer U. 2008. Firm performance and employment in the EU emissions trading scheme: an empirical assessment for Germany[J]. Energy Policy, (36): 12-22.

Arouri M E H, Jawadi F, Nguyen D K. 2012. Nonlinearities in carbon spot-futures price relationships during phase Ⅱ of the EU ETS[J]. Economic Modelling, (29): 884-892.

Asselt H V, Brewer T. 2010. Addressing competitiveness and leakage concerns in climate policy: an analysis of border adjustment measures in the US and the EU[J]. Energy Policy, (38): 42-51.

Baker E, Clarke L, Shittu E. 2008. Technical change and the marginal cost of abatement[J]. Energy Economics, 30(16): 2799-2816.

Barnett A H. 1980. The Pigouvian tax rule under monopoly[J]. American Economic Review, 70(5): 1037-1041.

Barradale M J. 2010. Impact of public policy uncertainty on renewable energy investment: wind power and the production tax credit[J]. Energy Policy, (38): 7698-7709.

Batlle C. 2011. A method for allocating renewable energy source subsidies among final energy consumers[J]. Energy Policy, (39): 2586-2595.

Beckerman W, Pasek J. 1995. The equitable international allocation of tradable carbon emission permits[J]. Global Environment Change, 5(5): 405-413.

Benz E, Truck S. 2009. Modeling the price dynamics of CO_2 emission allowances[J]. Energy Economics, (31): 4-15.

Bergh K V, Delarue E, Dhaeseleer W. 2013. Impact of renewables deployment on the CO_2 price and the CO_2 emissions in the European electricity sector[J]. Energy Policy, (63): 1021-1031.

Blyth W, Bunn D, Kettunen J, et al. 2009. Policy interactions, risk and price formation in carbon markets[J]. Energy Policy, (37): 5192-5207.

Boersen A, Scholtens B. 2014. The relationship between European electricity markets and emission allowance futures prices in phase II of the EU emission trading scheme[J]. Energy, (74): 585-594.

Bohringer C, Carbone J C, Rutherford T F. 2012. Unilateral climate policy design: efficiency and equity implications of alternative instruments to reduce carbon leakage[J]. Energy Economics, (34): S208-S217.

Bohringer C, Hoffmann T, Penate C M L. 2006. The efficiency costs of separating carbon markets under the EU emissions trading scheme: a quantitative assessment for Germany[J]. Energy Economics, (28): 44-61.

Bohringer C, Lange A. 2005. On the design of optimal grandfathering schemes for emission allowances[J]. European Economic Review, (49): 2041-2055.

Bollerslev T. 1986. Generalized autoregressive conditional heteroscedasticity[J]. Journal of Econometrics, 31(3): 307-327.

Boom J T, Dijkstra B R. 2009. Permit trading and credit trading: a comparison of cap-based and rate-based emissions trading under perfect and imperfect competition[J]. Environmental Resource Economics, (44): 107-136.

Branger F, Quirion P. 2014. Would border carbon adjustments prevent carbon leakage and heavy industry competitiveness losses? Insights from a meta-analysis of recent economic studies[J]. Ecological Economics, (99): 29-39.

Brechet T, Lambrecht S, Prieur F. 2009. Intertemporal transfers of emission quotas in climate policies[J]. Economic Modelling, (26): 126-134.

Brian C, Cropper M L, Chesnaye F C, et al. 2014. How effective are US renewable energy subsidies in cutting greenhouse gases[J]. American Economic Review: Papers & Proceedings, 104(5): 569-574.

Canton J, Soubeyran A, Stahn H. 2008. Environmental taxation and vertical Cournot oligopolies: how eco-industries matter[J]. Environmental and Resource Economics, (40): 369-382.

Caparros A, Pereau J C, Tazdait T. 2013. Emission trading and international competition: the impact of labor market rigidity on technology adoption and output[J]. Energy Policy, (55): 36-43.

Carlton D W, Perloff J M. 2004. Modern Industrial Organization[M]. New York: Addison-Wesley.

Cason T N, Gangadharan L, Duke C. 2003. Market power in tradable emission markets: a laboratory tested for emission trading in Port Phillip Bay, Victoria[J]. Ecological Economics, 46: 469-491.

Caves D W, Christensen L R, Diewert W E. 1982. Multilateral comparisons of output, input, and productivity using superlative index number[J]. Economic Journal, (92): 73-86.

Chan H S, Li S J, Zhang F. 2013. Firm competitiveness and the European Union emissions trading scheme[J]. Energy Policy, (63): 1056-1064.

Chang K. 2013. Empirical evidence on time-varying hedging effectiveness of emissions allowances under departures from the cost-of-carry theory[J]. Discrete Dynamics in Nature and Society, (12): 1-8.

Chang K, Chang H. 2016. Cutting CO_2 intensity targets of interprovincial emissions trading in China[J]. Applied Energy, 163(1): 211-221.

Chang K, Pei P, Zhang C, et al. 2017. Exploring the price dynamics of CO_2 emissions allowances in China's emissions trading scheme pilots[J]. Energy Economics, (10): 23-36.

Chang K, Zhang C, Chang H. 2016. Emissions reduction allocation and economic welfare estimation through interregional emission trading in China: evidence from efficiency and equity[J]. Energy, 113(10): 1125-1135.

Chappin E J L, Dijkema G P J. 2009. On the impact of CO_2 emission-trading on power generation emissions[J]. Technological Forecasting & Social Change, (76): 358-370.

Chavez C, Stranlund J. 2003. Enforcing transferable permit systems in the presence of market power[J]. Environmental and Resource Economics, (25): 65-78.

Chen B B, Dai H C, Wang P, et al. 2015. Impacts of carbon trading scheme on air pollution emissions in Guangdong province of China[J]. Energy for Sustainable Development, 27(8): 174-185.

Chen X H, Wang Z Y, Wu D D. 2013. Modeling the price mechanism of carbon emission exchange in the European Union emission trading system[J]. Human and Ecological Risk Assessment, (19): 1309-1323.

Chen Y N, Lin S. 2015. Decomposition and allocation of energy-related carbon dioxide emission allowance over provinces of China[J]. Natural Hazards, 76(3): 1893-1909.

Chen Y, Hobbs B F, Leyffer S, et al. 2006. Leader-follower equilibrium for electric power and NO_x permits markets[J]. Computational Management Science, (3): 307-330.

Cheng B B, Dai H C, Wang P, et al. 2015. Impacts of carbon trading scheme on air pollutant emissions in Guangdong province of China[J]. Energy for Sustainable Development, (27): 174-185.

Cheng H D, Chen J R, Li J. 1998. Threshold selection based on fuzzy c-partition entropy approach[J]. Pattern Recognition, 31(7): 857-870.

Cherry T L, Kallbekken S, Kroll S. 2012. The acceptability of efficiency-enhancing environmental taxes, subsidies and regulation: an experimental investigation[J]. Environmental Science &

Policy, (16): 90-96.
Chevallier J. 2011a. A model of carbon price interactions with macroeconomic and energy dynamics[J]. Energy Economics, (33): 1295-1312.
Chevallier J. 2011b. Detecting instability in the volatility of carbon price[J]. Energy Economics, (33): 99-110.
Chevallier J. 2011c. Nonparametric modeling of carbon prices[J]. Energy Economics, (33): 1267-1282.
Chicco G, Stephenson P M. 2012. Effectiveness of setting cumulative carbon dioxide emissions reduction targets[J]. Energy, (42): 19-31.
Choi J K, Bakshi B R, Haab T. 2010. Effects of a carbon price in the U.S. on economic sectors, resource use, and emissions: an input-output approach[J]. Energy Policy, (38): 3527-3536.
Christoph B, Andreas L. 2003. Market power and hot air in international emissions trading: the impacts of US withdrawal from the Kyoto protocal[J]. Applied Economics, (6): 651-663.
Clo S. 2010. Grandfathering, auctioning and carbon leakage: assessing the inconsistencies of the new ETS directive[J]. Energy Policy, (38): 2420-2430.
Cong R G, Wei Y M. 2010. Potential impact on carbon emissions trading on China's power sector: a perspective form different allowance allocation options[J]. Energy, (35): 3921-3931.
Cui L B, Fan Y, Zhu L, et al. 2014. How will the emissions trading scheme save cost for achieving China's 2020 carbon intensity reduction target[J]. Applied Energy, 136: 1043-1052.
Daskalakis G, Psychoyios D, Markellos R N. 2009. Modeling CO_2 emission allowance prices and derivatives: evidence from the European trading scheme[J]. Journal of Banking & Finance, (33): 1230-1241.
Deeney P, Cummins M, Dowling M, et al. 2016. Influences from the European parliament on EU emissions prices[J]. Energy Policy, (88): 561-572.
Demailly D, Uuirion P. 2008. European emission trading scheme and competitiveness: a case study on the iron and steel industry[J]. Energy Economics, (30): 2009-2027.
Diao X D, Zeng S X, Tam C M, et al. 2009. EKC analysis for studying economic growth and environmental quality: a case study in China[J]. Journal of Cleaner Production, (17): 541-548.
Dijkgraaf E, Vollebergh H R J. 2005. A test for parameter homogeneity in CO_2 panel EKC estimations[J]. Environmental & Resource Economics, (32): 229-239.
Ding Z L, Duan X N, Ge Q S, et al. 2009. Control of atmospheric CO_2 concentration by 2050: an allocation on the emission rights of different countries[J]. Science China Series D: Earth Science, (91): 249-274.
Dissou Y, Eyland T. 2011. Carbon control policies, competitiveness, and border tax adjustments[J]. Energy Economics, (33): 556-564.
Dolgopolova I, Hu B, Leopold A, et al. 2014. Economic, institutional and technological uncertainties of emissions trading—a system dynamics modeling approach[J]. Climatic Change, (124): 663-676.
Dong J, Zhang X, Xu X L. 2012. Techno-economic assessment and policy of gas power generation considering the role of multiple stakeholders in China[J]. Energy Policy, (48): 209-221.

Edenhofer O, Jakob M, Creutzig F, et al. 2015. Closing the emission price gap[J]. Global Environmental Change, (31): 132-143.

Egteren H V, Weber M. 1996. Marketable permits, market power, and cheating[J]. Journal of Environmental Economics and Management, (30): 161-173.

Ellerman A D, Wing I S. 2003. Absolute versus intensity-based emission caps[J]. Climate Policy, (3): 7-20.

Elzen M D, Schaeffer M. 2002. Responsibility for past and future global warming: uncertainties in attributing anthropogenic climate change[J]. Climatic Change, (54): 29-73.

Elzen M G J, Lucas P, Vuuren D. 2008. Regional abatement action and costs under allocation schemes for emission allowances for achieving low CO_2-equivalent concentrations[J]. Climatic Change, (90): 243-268.

Engle R. 1982. Autoregressive conditional heteroscedasticity with estimates of the variance of the United Kingdom inflation[J]. Econometrica, (50): 987-1007.

Eshel D M D. 2005. Optimal allocation of tradable pollution rights and market structures[J]. Journal of Regulatory Economics, (28): 205-223.

Fan J H, Akimov A, Roca E. 2013. Dynamic hedge ratio estimations in the European Union emissions offset credit market[J]. Journal of Cleaner Production, (42): 254 -262.

Fan J H, Roca E, Akimov A. 2014. Estimation and performance evaluation of optimal hedge ratios in the carbon market of the European Union emissions trading scheme[J]. Australian Journal of Management, 39(1): 73-91.

Fan J, Li J, Wu Y R, et al. 2016a. The effects of allowance price on energy demand under a personal carbon trading scheme[J]. Applied Energy, (170): 242-249.

Fan X H, Li S S, Tian L X. 2015. Chaotic characteristic identification for carbon price and an multi-layer perceptron network prediction model[J]. Expert Systems with Applications, (42): 3945-3952.

Fan Y, Wu J, Xia Y, et al. 2016b. How will a nationwide carbon market affect regional economies and efficiency of CO_2 emission reduction in China[J]. China Economic Review, (38): 151-166.

Fankhauser S, Hepburn C, Park J. 2010. Combining multiple climate policy instruments: how not to do it[J]. Climate Change Economics, 1(3): 209-225.

Ferguson T M, MacLean H L. 2011. Trade-linked Canada-United States household environmental impact analysis of energy use and greenhouse gas emissions[J]. Energy Policy, (39): 8011-8021.

Fischer C. 2003. Combining rate-based and cap-and-trade emissions policies[J]. Climate Policy, (3): 89-103.

Fre R, Grosskopf S, Norris G, Zhang Z Y. 1994. Productivity growth, technical progress, and efficiency change in industrialized countries[J]. American Economic Review, (84): 66-83.

Freitas C J P, Silva P P. 2015. European Union emissions trading scheme impact on the Spanish electricity price during phase II and phase III implementation[J]. Utilities Policy, (33): 54-62.

Gambhir A, Napp T A, Emmott C J M, et al. 2014. India's CO_2 emissions pathways to 2050: energy system, economic and fossil fuel impacts with and without carbon permit trading[J]. Energy, (77): 791-801.

Gawel E, Strunz S, Lehmann P. 2014. A public choice view on the climate and energy policy mix in the EU—how do the emissions trading scheme and support for renewable energies interact[J]. Energy Policy, (64): 175-182.

Gilalana L A, Gupa R, Gracia F P. 2016. Modeling persistence of carbon emission allowance prices[J]. Renewable and Sustainable Energy Reviews, (55): 221-226.

Godby R. 2000. Market power and emissions trading: theory and laboratory results[J]. Pacific Economic Review, 5(3): 349-363.

Godby R. 2002. Market power in laboratory emission permit markets[J]. Environmental and Resource Economics, (23): 279-318.

Golley J, Meng X. 2012. Income inequality and carbon dioxide emissions: the case of Chinese urban households[J]. Energy Economics, 34(6): 1864-1872.

Golombek R, Kittelsen S A C, Rosendahl K E. 2013. Price and welfare effects of emission quota allocation[J]. Energy Economics, (36): 568-580.

Gorenflo M. 2013. Futures price dynamics of CO_2 emission allowances[J]. Empirical Economics, (45): 1025-1047.

Goulder L H, Hafstead M A C, Dworsky M. 2010. Impacts of alternative emissions allowance allocation methods under a federal cap-and-trade program[J]. Journal of Environmental Economics and Management, (60): 161-181.

Greaker M. 2006. Spillovers in the development of new pollution abatement technology: a new look at the porter-hypothesis[J]. Journal of Environmental Economics and Management, (56): 411-420.

Greaker M, Hagen C. 2014. Strategic investment in climate friendly technologies: the impact of global emissions trading[J]. Environmental Resource and Economics, (59): 65-85.

Grimm V, Ilieva L. 2013. An experiment on emissions trading: the effect of different allocation mechanisms[J]. Journal of Regulatory Economics, 44(3): 308-338.

Grossman G M, Krueger A B. 1991. Environmental impacts of a North American free trade agreement [R]. Cambridge: National Bureau of Economic Research Working Paper.

Gupta S M, Bhandari P. 1999. An effective allocation criterion for CO_2 emissions[J]. Energy Policy, 27(12): 727-736.

Hahn R W. 1984. Market power and transferable property rights[J]. The Quarterly Journal of Economics, 99(4): 753-765.

Hammoudeh S, Nguyen D K, Sousa R M. 2014. What explain the short-term dynamics of the prices of CO_2 emissions[J]. Energy Economics, (46): 122-135.

Hao Y, Liao H, Wei Y M. 2015. Is China's carbon reduction target allocation reasonable— an analysis based on carbon intensity convergence[J]. Applied Energy, 142(15): 229-239.

Harris J L C, Chambers D, Kahn J R. 2009. Taking the U out of Kuznets— a comprehensive analysis of the EKC and environmental degradation[J]. Ecological Economics, (68): 1149-1159.

He J, Chen W, Teng F, et al. 2009. Long-term climate change mitigation target and carbon permit allocation[J]. Advances in Climate Change Research, (5): 78-85.

Higgins P A T. 2013. Frameworks for pricing greenhouse gas emissions and the policy objectives they promote[J]. Energy Policy, (62): 1301-1308.

Hintermann B. 2011. Market power, permit allocation and efficiency in emission permit markets[J]. Environmental Resource & Economics, (49): 327-349.

Hitzemann S, Homburg M U, Ehrhart K M. 2015. Emission permits and the announcement of realized emissions: price impact, trading volume, and volatilities[J]. Energy Economics, (51): 560-569.

Hohne N, Blok K. 2005. Calculating historical contributions to climate change discussing the Brazilian proposal[J]. Climatic Change, (71): 141-173.

Homburg M U, Magner M. 2009. Futures price dynamics of CO_2 emission allowances: an empirical analysis of the trial period[J]. Journal of Derivatives, (4): 73-88.

Hu G, Liu Y. 2009. Contribution of accumulative per capita emissions to global climate change[J]. Advances in Climate Change Research, (5): 30-33.

Huang J, Xue F, Song X F. 2013. Simulation analysis on policy interaction effects between emission trading and renewable energy subsidy[J]. Journal of Modern Power System and Clean Energy, 1(2): 195-201.

Ibrahim B M, Kalaitzoglou I A. 2016. Why do carbon prices and price volatility change[J]. Journal of Banking & Finance, (63): 76-94.

Jog C, Kosmopoulou G. 2014. Experimental evidence on the performance of emission trading schemes in the presence of an active secondary market[J]. Applied Economics, 46(5): 527-538.

Jotzo F, Loschel A. 2014. Emissions trading in China: emerging experiences and international lessons[J]. Energy Policy, (75): 3-8.

Kaika D, Zervas E. 2013. The Environmental Kuznets Curve (EKC) theory —part A: concept, causes and the CO_2 emissions case[J]. Energy Policy, (7): 1-11.

Kanamura T. 2016. Role of carbon swap trading and energy prices in price correlations and volatilities between carbon markets[J]. Energy Economics, (54): 204-212.

Karali N, Xu T F, Sathaye J. 2014. Reducing energy consumption and CO_2 emissions by energy efficiency measures and international trading: a bottom-up modeling for the U.S. iron and steel sector[J]. Applied Energy, (120): 133-146.

Kemfert C, Kohlhaas M, Truong T, et al. 2006. The environmental and economic effects of European emissions trading[J]. Climate Policy, (6): 441-455.

Keyuraphan S, Thanarak P, Ketjoy N, et al. 2012. Subsidy schemes of renewable energy policy for electricity generation in Thailand[J]. Procedia Engineering, (32): 440-448.

Kirat D, Ahamada I. 2011. The impact of the European Union emission trading scheme on the electricity-generation sector[J]. Energy Economics, (33): 995-1003.

Kirsten S. 2014. Renewable energy sources act and trading of emission certificates: a national and a supranational tool direct energy turnover to renewable electricity-supply in Germany[J]. Energy Policy, (64): 302-312.

Klepper G, Peterson S. 2005. Trading hot-air the influence of permit allocation rules, market power and the US withdrawal from the Kyoto protocol[J]. Environmental and Resource Economics, 32(2): 205-227.

Koseoglu N M, van den Bergh J C M, Lacerda J S. 2013. Allocating subsidies to R&D or to market applications of renewable energy? Balance and geographical relevance[J]. Energy for Sustainable Development, (17): 536-545.

Kuik O, Brander L, Tol R S J. 2009. Marginal abatement costs of greenhouse gas emissions: a meta-analysis[J]. Energy Policy, (37): 1395-1403.

Lai Y B. 2008. Auctions or grandfathering: the political economy of tradable emission permits[J]. Public Choice, (136): 181-200.

Lange A. 2012. On the endogeneity of market power in emissions markets[J]. Environmental and Resource Economics, (52): 573-583.

Lantz V, Feng Q. 2006. Assessing income, population, and technology impacts on CO_2 emissions in Canada: where's the EKC[J]. Ecological Economics, (57): 229-238.

Lanzi E, Chateau J, Dellink R. 2012. Alternative approaches for levelling carbon prices in a world with fragmented carbon markets[J]. Energy Economics, (34): 240-250.

Lee C H, Lin S J, Lewis C. 2008. Analysis of the impacts of combining carbon taxation and emission trading on different industry sectors[J]. Energy Policy, (36): 722-729.

Lee M, Zhang N. 2012. Technical efficiency, shadow price of carbon dioxide emissions, and substitutability for energy in the Chinese manufacturing industries[J]. Energy Economics, (34): 1492-1497.

Lennox J A, Nieuwkoop R V. 2010. Output-based allocations and revenue recycling: implications for the New Zealand emissions trading scheme[J]. Energy Policy, (38): 7861-7872.

Li H Z, Guo S, Wang B. 2011. Analysis on environmental value of wind power in China[J]. Energy Technology and Economics, (23): 35-39.

Li J F, Zhang Y X, Wang X, et al. 2012. Policy implications for carbon trading market establishment in China in the 12th five-year period[J]. Advances in Climate Change Research, 3(3): 163-173.

Li K, Lin B Q. 2015a. Metafroniter energy efficiency with CO_2 emissions and its convergence analysis for China[J]. Energy Economics, (48): 230-241.

Li K, Lin B Q. 2015b. How does administrative pricing affect energy consumption and CO_2 emissions in China[J]. Renewable and Sustainable Energy Reviews, (42): 952-962.

Li W, Lu C. 2015. The research on setting a unified interval of carbon price benchmark in the national carbon trading market of China[J]. Applied Energy, (155): 728-739.

Li W, Ou Q X, Chen Y L. 2014. Decomposition of China's CO_2 emissions from agriculture utilizing an improved Kaya identity[J]. Environmental Science and Pollution Research, 21(22): 13000-13006.

Li X, Deng S J, Thomas V M. 2016a. Carbon emission permit price volatility reduction through financial options[J]. Energy Economics, (53): 248-260.

Li Y, Wang Y Z, Cui Q. 2016b. Has airline efficiency affected by the inclusion of aviation into European Union emission trading scheme—evidences from 22 airlines during 2008-2012[J]. Energy, 96(1): 8-22.

Liao C N, Onal H, Chen M H. 2009. Average shadow price and equilibrium price: a case study of tradable pollution permit markets[J]. European Journal of Operational Research, (196): 1207-1213.

Lin B Q, Li A J. 2011. Impacts of carbon motivated border tax adjustments on competitiveness across regions in China[J]. Energy, (36): 5111-5118.

Lindmark M. 2002. An EKC-pattern in historical perspective: carbon dioxide emissions, technology, fuel prices and growth in Sweden1870-1997[J]. Ecological Economics, (42): 333-347.

Liski M, Montero J P. 2006. On pollution permit banking and market power[J]. Journal of Regulatory Economics, 29(3): 293-302.

Liu G Z, Yu C W, Li X R, et al. 2011. Impacts of emission trading and renewable energy support schemes on electricity market operation[J]. IET Generation, Transmission & Distribution, 5(6): 650-655.

Liu L W, Chen C X, Zhao Y F, et al. 2015. China's carbon-emissions trading: overview, challenges and future[J]. Renewable and Sustainable Energy Reviews, 49(9): 254-266.

Liu L, Zhou J Z, An X L, et al. 2010. Using fuzzy theory and information entropy for water quality assessment in three Gorges region, China[J]. Expert Systems with Applications, 110(1): 252-256.

Liu X L. 2012. China CO_2 control strategy under the low-carbon economy[J]. Procedia Engineering, (37): 281-286.

Liu Y, Wei T Y. 2016. Linking the emissions trading schemes of Europe and China—combining climate and energy policy instruments[J]. Mitigation and Adaptation Strategies for Global Change, (21): 135-151.

Lund P. 2007. Impacts of EU carbon emission trade directive on energy-intensive industries—indicative micro-economic analyses[J]. Ecological Economics, (63): 799-806.

Lynskey M J. 2006. Transformative technology and institutional transformation: coevolution of biotechnology venture firms and the institutional framework in Japan[J]. Research Policy, (35): 1389-1422.

Mackenzie I A, Hanley N, Kornienko T. 2008. The optimal initial allocation of pollution permits: a relative performance approach[J]. Environmental Resource & Economics, (39): 265-282.

Maeda A. 2003. The emergence of market power in emission rights markets: the role of initial permit distribution[J]. Journal of Regulatory Economics, 24(3): 293-314.

Malueg D, Yates A J. 2009. Bilateral oligopoly, private information and pollution permit market[J]. Environmental and Resource Economics, 43(4): 553-572.

Marousek J, Kova H, Zeman R, et al. 2014. Assessing the implications of EU subsidy policy on renewable energy in Czech Republic[J]. Clean Technologies and Environmental Policy, (6): 370-375.

Martin R, Muuls M, De Preux L B, et al. 2014. Industry compensation under relocation risk: a firm-level analysis of the EU emission trading scheme[J]. American Economic Review, 104(8): 2482-2508.

Meleo L. 2014. On the determinants of industrial competitiveness: the European Union emission trading scheme and the Italian paper industry[J]. Energy Policy, (74): 535-546.

Meunier G, Ponssard J P, Quirion P. 2014. Carbon leakage and capacity-based allocation: is the EU right[J]. Journal of Environmental Economics and Management, (68): 262-279.

Montagnoli A, de Vries F P. 2010. Carbon trading thickness and market efficiency[J]. Energy

Economics, (32): 1331-1336.

Most D, Fichtner W. 2010. Renewable energy sources in European energy supply and interactions with emission trading[J]. Energy Policy, (38): 2898-2910.

Mukherjee S, Chatterjee A K. 2006. The average shadow price of MILPs with integral resource availability and its relationship to the marginal unit shadow price[J]. European Journal of Operational Research, (169): 53-64.

Muller R, Mestelman S, Spraggon J, et al. 2002. Can double auctions control monopoly and monopsony power in emissions trading markets[J]. Journal of Environmental Economics and Management, (44): 70-92.

Narayan P K, Narayan S, Popp S. 2011. Investigating price clustering in the oil futures market[J]. Applied Energy, (88): 397-402.

Oberndorfer U. 2009. EU emissions allowances and the stock market: evidence from the electricity industry[J]. Ecological Economics, 68(4): 1126-1136.

Okada A. 2007. International Negotiations on Climate Change: A Non-cooperative Game Analysis of the Kyoto Protocal[M]. Berlin: Springer Publisher.

Olçum G A, Yeldan E. 2013. Economic impact assessment of Turkey's post-Kyoto vision on emission trading[J]. Energy Policy, (60): 764-774.

Ouyang X L, Lin B Q. 2014a. Impacts of increasing renewable energy subsidies and phasing out fossil fuel subsidies in China[J]. Renewable and Sustainable Energy Reviews, (37): 933-942.

Ouyang X L, Lin B Q. 2014b. Levelized cost of electricity (LCOE) of renewable energies and required subsidies in China[J]. Energy Policy, (70): 64-73.

Palao F, Pardo A. 2012. Assessing price clustering in European carbon markets[J]. Applied Energy, (92): 51-56.

Pan X F, Liu Q, Peng X X. 2015. Spatial club convergence of regional energy efficiency in China[J]. Ecological Indicators, (51): 25-30.

Pan X Z, Teng F, Wang G H. 2014. Sharing emission space at an equitable basis: allocation scheme based on the equal cumulative emission per capita principle[J]. Applied Energy, 113: 1810-1818.

Park H, Hong W K. 2014. Korea's emission trading scheme and policy design issues to achieve market-efficiency and abatement targets[J]. Energy Policy, (75): 73-83.

Park S, Lee Y. 2011. Regional model of EKC for air pollution: evidence from the republic of Korea[J]. Energy Policy, (39): 5840-5849.

Phylipsen G, Bode J W, Blok K, et al. 1998. A triptych sectoral approach to burden differentiation: GHG emissions in the European bubble[J]. Energy Policy, 26(12): 929-943.

Piplani R, Wetjens D. 2007. Evaluation of entropy-based dispatching in flexible manufacturing systems[J]. European Journal of Operation Research, (176): 317-331.

Qi S Z, Wang B B, Zhang J H. 2014a. Policy design of the Hubei ETS Pilot in China[J]. Energy Policy, (75): 31-38.

Qi T Y, Winchester N, Karplus V J, et al. 2014b. Will economic restructuring in China reduce trade-embodied CO_2 emissions[J]. Energy Economics, (42): 204-212.

Raupach M R, Davis S J, Peters G P, et al. 2014. Sharing a quota on cumulative carbon emissions[J].

Nature Climate Change, 5(10): 873-879.

Rebennack S. 2014. Generation expansion planning under uncertainty with emissions quotas[J]. Electric Power Systems Research, (114): 78-85.

Reichenbach J, Requate T. 2012. Subsidies for renewable energies in the presence of learning effects and market power[J]. Resource and Energy Economics, (34): 236-254.

Requate T, Unold W. 2003. Environmental policy incentives to adopt advanced abatement technology: will the true ranking please stand up[J]. European Economics Reviews, 47(1): 125-146.

Rickel W, Gorlick D, Peterson S. 2014. Explaining European emission allowance price dynamics: evidence from phase II[J]. German Economic Review, 16(2): 181-202.

Rittler D. 2012. Price discovery and volatility spillovers in the European Union emissions trading scheme: a high-frequency analysis[J]. Journal of Banking & Finance, (36): 774-785.

Rodseth K L. 2013. Capturing the least costly way of reducing pollution: a shadow price approach[J]. Ecological Economics, (92): 16-24.

Rose A, Tietenberg T. 1993. An international system of tradable CO_2 entitlements: implications for economic development[J]. Journal of Environment & Development, (2): 1-36.

Rose M A. 2008. Allocating carbon dioxide emissions from cogeneration systems: descriptions of selected output-based methods[J]. Journal of Cleaner Production, (16): 171-177.

Rosendahl K E. 2008. Incentives and prices in an emissions trading scheme with updating[J]. Journal of Environmental Economics and Management, (56): 69-82.

Rousse O. 2008. Environmental and economic benefits resulting from citizens' participation in CO_2 emissions trading: an efficient alternative solution to the voluntary compensation of CO_2 emissions[J]. Energy Policy, (36): 388-397.

Sartzetakis E S. 2004. On the efficiency of competitive markets for emission permit[J]. Environmental and Resource Economics, 27(1): 1-19.

Sather A C, Qu J S, Wang Q, et al. 2011. Carbon inequality at the sub-national scale: a case study of provincial-level inequality in CO_2 emissions in China 1997-2007[J]. Energy Policy, 39(9): 5420-5428.

Schleich J, Rogge K, Betz R. 2009. Incentives for energy efficiency in the EU emissions trading scheme[J]. Energy Efficiency, (2): 37-67.

Schlomann B, Eichhammer W. 2014. Interaction between climate, emissions trading and energy efficiency targets[J]. Energy Environment, 25(3/4): 709-731.

Schmidt R C, Heitzig J. 2014. Carbon leakage: grandfathering as an incentive device to avert firm relocation[J]. Journal of Environmental Economics and Management, (67): 209-223.

Schultz E, Swieringa J. 2014. Catalysts for price discovery in the European Union emissions trading system[J]. Journal of Banking & Finance, (42): 112-122.

Shammin M R, Bullard C W. 2009. Impact of cap-and-trade policies for reducing greenhouse gas emissions on U.S. households[J]. Ecological Economics, (68): 2432-2438.

Shepherd W G. 1972. The elements of market structure[J]. The Review of Economics and Statistics, 54(1): 25-37.

Shuiabi E, Thomson V, Bhuiyan N. 2005. Entropy as a measure of operational flexibility[J]. European Journal of Operation Research, (165): 696-707.

Smith S, Swierzbinski J. 2007. Assessing the performance of the UK emissions trading scheme[J]. Environmental Resource & Economics, (37): 131-158.

Song Y W. 2011. The effect of renewable energy policies on renewable energy production[J]. Atlantic Economics Journal, (39): 195-196.

Stewart J, Williams R. 1998. The coevolution of Society and multimedia technology[J]. Social Science Computer Review, 16(3): 268-282.

Sturm B. 2008. Market power in emissions trading markets ruled by a multiple unit double auction: further experimental evidence[J]. Environmental Resource and Economics, (40): 467-487.

Sun T, Zhang H W, Wang Y. 2013. The application of information entropy in basin level water waste permits allocation in China[J]. Resources, Conservation and Recycling, (70): 50-54.

Tanaka M. 2012. Multi-sector model of tradable emission permits[J]. Environmental and Resource Economics, (51): 61-77.

Tanaka M, Chen Y. 2012. Market power in emissions trading: strategically manipulating permit price through fringe firms[J]. Applied Energy, (96): 203-211.

Tang L, Wu J Q, Yu L, et al. 2015. Carbon emissions trading scheme exploration in China: a multi-agent-based model[J]. Energy Policy, (81): 152-169.

Taylor S J. 1986. Modelling Financial Time Series[M]. Hoboken: John Wiley and Sons Ltd.

Teng F, Wang X, LV Z Q. 2014. Introducing the emissions trading system to China's electricity sector: challenges and opportunities[J]. Energy Policy, (75): 39-45.

Tian X, Chang M, Shi F, et al. 2014. How does industrial structure change impact carbon dioxide emissions — a comparative analysis focusing on nine provincial regions in China[J]. Environmental Science & Policy, (37): 243-257.

Tian X, Chang M, Tanikawa H, et al. 2012. Regional disparity in carbon dioxide emissions[J]. Journal of Industrial Ecology, 16 (4): 612-622.

Tomas R A F, Ribeiro F R, Santos V M S, et al. 2010. Assessment of the impact of the European CO_2 emissions trading scheme on the Portuguese chemical industry[J]. Energy Policy, (38): 626-632.

Tsai W H, Lee K C, Liu J Y, et al. 2012. A mixed activity-based costing decision model for green airline fleet planning under the constraints of the European Union emissions trading scheme[J]. Energy, 39(1): 218-226.

UNFCCC. 1992. United Nations framework conversion on climate change[R]. New York: United Nations General Assembly.

Unruh G C, Moomaw W R. 1998. An alternative analysis of apparent EKC-type transitions[J]. Ecological Economics, (25): 221-229.

Veld K V, Planting A. 2005. Carbon sequestration or abatement-the effect of rising carbon prices on the optimal portfolio of greenhouse gas mitigation strategies[J]. Journal of Environmental Economics and Management, (50): 59-81.

Verma Y P, Kumar A. 2013. Potential impacts of emission concerned policies on power system operation with renewable energy sources[J]. Electrical Power and Energy Systems, (44):

520-529.

Wang N. 2001. The co-evolution of institutions, organizations and ideology: the Longlake experience of property rights transformation[J]. Politics & Society, 29(3): 415-445.

Wang P, Dai H C, Ren S Y, et al. 2015. Achieving Copenhagen target through carbon emission trading: economic impacts assessment in Guangdong province of China[J]. Energy, (79): 212-227.

Wang Y, Cheng X, Yin P H, et al. 2013. Research on regional characteristics of China's carbon emission performance based on entropy method and cluster analysis[J]. Journal of Nature Resource, 28(7): 1106-1116.

Webster M, Paltsev S, Reilly J. 2010. The hedge value of international emissions trading under uncertainty[J]. Energy Policy, (38): 1787-1796.

Wei C, Ni J L, Du L M. 2012. Regional allocation of carbon dioxide abatement in China[J]. China Economic Riview, (23): 552-565.

Wei D, Rose A. 2009. Interregional sharing of energy conservation target in China: efficiency and equity[J]. Energy, 30(4): 81-111.

Wei Y M, Liu L C, Fan Y, et al. 2007. The impact of lifestyle on energy use and CO_2 emission: an empirical analysis of China's residents[J]. Energy Policy, (35): 247-257.

Weron R, Bierbrauer M, Trück S. 2004. Modeling electricity prices: jump diffusion and regime switching[J]. Physica A, (336): 39-48.

Westkog H. 1996. Market power in a system of tradable CO_2 quotas[J]. Energy Journal, (17): 85-103.

Winkler H, Brouns B, Kartha S. 2006. Future mitigation commitments: differentiating among non-Aneex I countries[J]. Climate Policy, 5(5): 469-486.

Wu L, Qian H, Li J. 2014. Advancing the experiment to reality: perspectives on Shanghai pilot carbon emissions trading scheme[J]. Energy Policy, (75): 22-30.

Yao Y. 2012. A socio-political analysis of policies and incentives applicable to community wind in Oregon[J]. Energy Policy, (42): 442-449.

Yi W J, Zou L L, Guo J, et al. 2011. How can China reach its CO_2 intensity reduction targets by 2020-a regional allocation based on equity and development[J]. Energy Policy, (39): 2407-2415.

Yu S W, Wei Y M, Fan J L, et al. 2012. Exploring the regional characteristics of inter-provincial CO_2 emissions in China: an improved fuzzy clustering analysis based on particle swarm optimization[J]. Applied Energy, (92): 552-562.

Yu S W, Wei Y M, Wang K. 2014. Provincial allocation of carbon emission reduction targets in China: an approach on improve fuzzy cluster and Sharpley value decomposition[J]. Energy Policy, (66): 630-644.

Yu Y G. 2012. An optimal ad valorem tax/subsidy with an output-based refunded emission payment for permits auction in an oligopoly market[J]. Environmental Resource and Economics, (52): 235-248.

Yuan Y N, Shi M J, Li N, et al. 2012. Intensity allocation criteria of carbon emissions permits and regional economic development in China: based on 30 provinces/autonomous region computable general equilibrium model[J]. Advances in Climate Change Research, 3(3): 154-162.

Zeitlberger A C M, Brauneis A. 2016. Modeling carbon spot and futures price returns which GARCH and Markov switching GARCH model: evidences from the first commitment period (2008-2012) [J]. Central European Journal of Operations Research, 24 (1): 149-176.

Zhang D, Karplus V J, Cassisa C, et al. 2014b. Emissions trading in China: progress and prospects[J]. Energy Policy, (75): 9-16.

Zhang D, Rausch S, Karplus V, et al. 2013. Quantifying regional economic impacts of CO_2 intensity targets in China[J]. Energy Economics, (40): 687-701.

Zhang X P, Xu Q N, Zhang F, et al. 2014c. Exploring shadow prices of carbon emissions at provincial levels in China[J]. Ecological Indicators, 46 (11): 407-414.

Zhang Y J, Wang A D, Da Y B. 2014a. Regional allocation of carbon emission quotas in China: evidence from the Shapley value method[J]. Energy Policy, 74 (11): 454-464.

Zhao H R, Guo S, Fu L W. 2014. Review on the costs and benefits of renewable energy power subsidy in China[J]. Renewable and Sustainable Energy Reviews, (37): 538-549.

Zhao Z Y, Zhang S Y, Hubbard B, et al. 2013. The emergence of the solar photovoltaic power industry in China[J]. Renewable and Sustainable Energy Reviews, (21): 229-236.

Zhou P, Zhang L, Zhou D Q, et al. 2013. Modeling economic performance of interprovincial CO_2 emission reduction quota trading in China[J]. Applied Energy, (112): 1518-1528.

Zhu Y, Li Y P, Huang G H, et al. 2015. A dynamic model to optimize municipal electric power systems by considering carbon emission trading under uncertainty[J]. Energy, (88): 636-649.